어느 화학자의 초상

肖像

어느 화학자의 초상 肖像

회당 진정일, 한국의 고분자화학을 일군 80년 삶의 기록

궁리 KungRee

머리말

작고하신 부모님과 사랑하는 아내에게 바칩니다.

그저 써내려 갔습니다. 내 기억 속에 짙게 자리 잡고 있는 옛이야기뿐만 아니라 평소에 글로 남기고 싶었던 느낌과 생각을 글자로 옮기고 또 옮겼습니다. 80여 년(금년이 내 팔순의 해랍니다.) 살아왔으나 철도 없었고 기억도 흐릿한 10여 년을 뺀다면 그저 칠십 인생이라고나 할까요. 그중에서 과학자로는 60여 년 살았다고 할 수 있지요. 2년 전에 궁리출판이 펴내주신 『오늘도 나는 과학을 꿈꾼다』에 담지 못했던 글들을 이번에도 궁리가 다시 출판해주신 덕분에 이 글들이 세상의 빛을 보게 되었습니다. 이갑수 사장님, 김현숙 주간님과 출판사 여러 분들께 깊은 감사의 말씀을 드립니다.

회고의 글을 쓰다보니 머리에는 항시 작고하신 부모님이 어른거렸습니다. 또 내 곁을 평생 지켜준 아내의 사랑이 얼마나 큰 힘이 되어왔는지 뒤늦게 깨달았습니다. 자식들과 그 배필들, 또 손자와 손녀가 나의 삶에 얼마나 큰 터를 차지하는지도 알게 되었습니다. 해가 갈수록 형제자매와 그들의 후손이 내 삶에 가져다주는 행복도 점점 더 깊어짐을 느겼습니다.

글 속에 등장하는 여러 분들께 특별히 고맙다는 말씀 드리고 싶습니다. 모든 분들이 제 생을 풍요롭고 의미있게 해주셨고, 또 많은 가르침을 주셨기 때문입니다. 혹시 내가 쓴 글이 어느 한 분의 마음을 조금이라도 불편하게 했다면, 넓은 마음으로 받아달라고 미리 용서를 빕니다.

평생을 학교와 연구실을 맴돌며 살아왔으나 인연을 맺어온 국내·외 지인들은 매우 광범위합니다. 교육, 연구, 학술발표, 국제협력을 증진을 위해 지금까지 50여 개국을 방문하였으며, 현재도 여러 학자들과 소식을 주고받고 있습니다. 특히 국제순수·응용화학연합(IUPAC, International Union of Pure and Applied Chemistry, 2008~9, 회장), 아시아 고분자학회 연합회(FAPS, Federation of Asian Polymer Societies, 2009~10, 창립 초대회장), 아시아 과학편집인 협의회(CASE, Council of Asian Science Editors, 명예회장) 등 국제단체 회원, 임원들과는 지금도 종종 연락중입니다. 이런 교류를 통해 저는 여전히 국제적인 과학자임을 자각하며 책임감도 느낍니다.

학교, 학계의 스승님들, 선배, 동료와 친구들, 후배들, 그 많은 제자들과 참으로 다양한 추억과 꿈을 나누며 힘든 시간들을 버티기도 하고, 달콤하고 행복한 시간을 즐기기도 했습니다. 그 덕분에 희망과 행복의 씨줄과 날줄을 촘촘히 엮을 수 있었습니다. 지나고 보니 후회되는 일도 많고, 옳고 그름이 무엇을 뜻하는지 알게 되기도 했습니다. 나의 삶을 가치 있게 만들어준 여러 지인들의 사랑과 이끎에 머리를 숙여 고마움을 표합니다.

이 책 『어느 화학자의 초상』은 다섯 장으로 이루어져 있습니다. 글을 쓰는 동안 제 마음과 머리에는 청소년들이 가장 크게 자리를 잡게 되었습니다. 그렇기에 요즘도 멀고 가까움을 계산하지 않고 강연을 요청하는 학교에는 달려가 흥미로운 과학 이야기를 들려주고 있습니다. 그들이 과학의 중요성에 동감하여, 과학자의 길을 많이 걸어주길 바라는 마음이 간절하기 때문입니다. 무엇보다 이 글들이 그들에게 도움이 되기를 소망합니다.

끝으로 원고를 정리 · 검토하고 표현들을 다듬어준 김자영 양과 유혜빈 양에게 깊은 감사를 드립니다.

2021년 1월

회당(回堂) 진정일

차례

1부
과학교육과 연구를 다시 생각한다

2부
깊은 뿌리의 힘을 느끼다

•

3부
어떻게 살아야 하는가를 배우다

4부
하루하루가 쌓여 80년이 되다

5부
나의 든든한 지원군 가족

1부

과학교육과 연구를 다시 생각한다

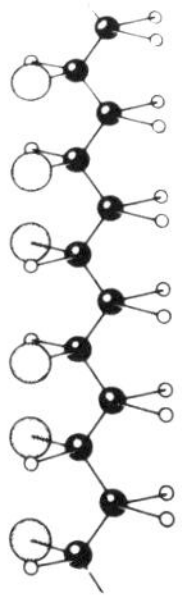

대한화학회 제51회 춘계총회. 한국과학기술연구원. 1983년 4월 23일.

대한화학회 주최 국제화학올림피아드 여름학교(KAIST). 오른쪽 세 번째가 본인. 1991년 8월.

러시아 토볼스크에서 IUPAC과 러시아 학술원이 개최한 '초중원소들의 발견과 응용' 국제회의.
2009년 9월 15-19일.

전자 · 광 감응분자센터 표지판 앞에서,
아산이학관 3층. 1999년 2월 25일.

대한화학회 임원들과 함께, 대한화학회 회의실. 2000년 12월.

미국화학회 고분자분과회 창립 50주년 기념 학술회의에서. 미국 샌디에이고. 2001년 4월.

제17차 방사광 이용자 연구 발표회 및 정기총회, 포항가속기연구소 강당. 2005년 11월 17일.

화학회관 내 3층 IUPAC 회장 사무실에서. 2009년 5월.

방글라데시 다카대학교 화학과 교수들과 함께. 2010년 12월 9일.

과학기술앰버서더 초청 강연 후 인천남고등학교에서 학생들과 함께. 2011년 6월 18일.

국립과천과학관에서 열린 과학문화융합 탐구마당에서. 2012년 11월 3-4일.

IUPAC-2015 총회 개회식장에서. 제주도 ICC. 2015년 8월.

지전일이 후 회당

화학을 거꾸로 가르치고 있지 않은가

"할아버지, 실험과 체험은 재미있고 좋은데 이론은 싫어요!"

"그래? 하지만 실험에서 관찰한 내용을 정리하다보면 이론이 자연스레 만들어진단다. 채언아!"

초등학교 5학년인 손녀와 나눈 대화의 한 조각이다. 손녀의 솔직한 의견은 나에게 특별한 의미로 다가왔다. 우리는 초·중·고등학교의 청소년과 대학생들에게 과학을 어떻게 가르쳐왔나?

'과학적 연구방법'의 첫 단계는 자연현상 관찰에서 출발한다. 실험적 방법론을 앞세운 근대 자연과학은 고대 그리스의 철학자 아리스토텔레스에서 비롯되었다. 그 후 중세의 암흑기를 지나 르네상스(문예부흥)와 종교개혁을 거치면서 17세기에 이르러서야 실험적 방법과 함께 논리적인 설명을 가능하게 하는 이론과 법칙을 중요하게 여기기 시작했다. 현재는 자연현상의 관찰에 그치지 않고, 인위적으로 형성된 현상의 관찰도 중요시된다.

예전에 비해 청소년을 위한 과학교육은 많이 활성화되었다. 그러나 내가 보는 청소년들의 교육현장에는 아직도 개선되어야 할 요소들이 남아 있다. 실험, 실습, 관찰 등을 위해서는 공간, 소비재의 지속적인 공급, 충분한 장비의 구입, 유지 및 개선이 필수적이다. 지도교사들의 재교육 또한 꾸준히 할 필요가 있다. 이에 덧붙여 과학교육을 융합적으로 행해야 한다는 시대적 요청과 필요성에 따라 소위 STEAM(과학, 기술, 공학, 예술(인문), 수학)식 교육이 강조되고 있는데, 실제 수업 현장에서 이를 적극적으로 수용하기는 어렵다. 아직 표준 교재가 준비되어 있지 않아서 일회성 교육 프로그램으로만 진행되고 있을 따름이다.

융합적 과학교육을 지향한다는 교재들도 전면적인 개선이 필요할 듯하다. 참다운 융합이 아닌 과거의 물리, 화학, 생물, 지구과학 분야가 섞인 '짬뽕' 교재가 되어 있다. 고교 교육은 대학 입시에 매몰되어, 고교생들은 과학을 교실에서만 공부한다. 고교 과학 실험실들은 깨끗이 정돈되어 있는 전시장에 불과할 따름이다.

전라남도 광주시에 있는 한 고등학교에서 한국과학기술한림원이 후원하는 '한림석학강좌' 프로그램에서 특별 강연을 한 적이 있다. 제목은 '분자의 과학, 화학—융합과학시대의 중심'이었다. 화학 및 고분자 소재 과학의 중요성을 강조하고, 융합과학기술시대의 도래 및 현명한 진로 선택에 관한 내용으로 강연을 진행했다. 70여 명이 1시간 30분 동안 경청해주어 고마운 마음이 들었다.

이 특별 강연 중에도 다른 강연 때와 비슷한 경험을 했다. 몇 가지 즉석실험, 즉 플라스틱(폴리프로필렌) 봉투 찢기, 수팽윤 가루 고분자에 물을 부어 부풀리기(히드로겔 만들기), 플라스틱 지폐에 물 뿌려보기(젖지 않는다), 플라스틱 보안경 던져보기(깨지지 않는다), 연질 PVC와 경질 PVC 비교하기 등을 학생들이 직접 참여할 수 있게 보여주었을 때 그들의 호응도가 매우 높은 것을 볼 수 있었다. 과학이, 특히 화학이 추상적인 이론으로 끝나지 않고, 우리의 일상 속에서 발견될 때 학생들은 흥미를 느끼고 그 중요성을 깨닫게 된다.

더 큰 문제는 대학의 현실도 더 나아지지 못하고 있다는 점이다. 제한된 내용이라도 학생들 스스로가 실험과 관찰을 통해 새로운 지식을 찾아내는 능력을 키울 수 있는 교육과정이 제대로 운영되지 못하고 있다. 많은 시간, 노력, 시설과 환경이 올바른 교육철학을 뒷받침해주어야 하는데, 선생, 학생, 현실이 모두 제 몫을 다하지 못하고 있다. 과학실험 중에는 안전을 걱정해야 하는 실험이 특히 많으므로 특수 시설이나 장치를 필요로 하지만 우리나라 대학의 현실은 이들을 갖추지 못하고 있다. 대학교육과정을 보아도 실험실습은 이론수업 뒤로 밀려 있다. 따라서 학생들은 익숙해 있는 고교시절의 잘못된 과학교육의 연장 정도로 대학과정을 바라보게 된다.

대학에서 사용하는 교재도 많은 문제점을 지니고 있다. 거의 모든 일반화학 교재는 미시적 세계에서 시작한다. 학생들의 관심과 호기심을 끌기 쉬운 재료, 자연, 환경, 일상생활, 생명, 인체, 산업 등에 관련 내용은 뒤편에서 다루고 있다. 학생들은 일찌감치 '화학은 재미없다!'고 느끼게 된다. 중요 개념들을 추상적으로 다루지 말고 우리의 일상 속으로 끌고 들어와야 한다.

내가 항상 손가방에 넣고 다니는 조그만 시약병이 하나 있다. 이 시약병에 들어 있는 하얀 솜 모양의 물질은 중 · 고 · 대학생, 일반인들을 가리지 않고 모두를 놀라게 하는데, 이 반응을 접할 때마다 나는 안타까운 마음이 든다. 아무도 이를 제대로 배운 적이 없다는 이야기이기 때문이다.

"여러분, 이게 바로 여러분이 수없이 들었을 DNA 시료입니다. 이건 연어 정충에서 추출한 것입니다."

모두 자기들의 눈을 의심한다.

"교수님, 우리들이 유전자라고 배우는 DNA라는 말씀입니까?"

"네, 그런데 왜 그리 놀라십니까?"

"교수님, 우리는 DNA분자가 이중나선이라 배웠는데, 이 시료는 솜뭉치 같아 보여요."

"그렇지요? 이중나선 모양의 분자들이 수없이 뭉쳐 있어 그렇습니다. 여러분은 지금 DNA 시료를 보고 있는 거예요."

화학을 배우기 시작할 때 으레 원자, 분자, 원자량과 분자량, 몰 등을 먼저 공부하는데 이렇게 시작하니 학생들이 화학을 더욱 지루한 학문으로 느끼는 듯하다. 이때 '화학은 분자의 과학이다'라고 배우는데, 많은 학생들이 분자를 눈에 보이지 않는 추상적인 개념으로 생각한다. 분자 하나는 우리가 보지 못할지언정—분자량이 매우 큰 분자는 우리 눈으로도 볼 수 있다!—우리가 일상적으로 접하는 분자의 집합체들이 바로 눈으로 볼 수 있는 분자들의 큰 뭉치다. 밥과 감자는 녹말분자, 머리털과 피부, 근육, 살, 장기들은 단백질 분자로, 소고기의 기름은 지방 분자로 구성되어 있다. 우리들이 사용하는 모든 섬유, 플라스틱, 고무제품도 모두 분자들의 집합체다.

"왜 이들은 모두 이렇게 다양할까요?"

"그런 답을 찾으려는 노력이 화학의 중심과제입니다."

"화학은 분자들이 지니는 화학구조와 그들의 물리, 화학, 생물학적 특성이 어떻게 관계되는지를 끊임없이 찾는 과학입니다. 그 각각의 분자들뿐만 아니라 분자들이 집단적으로 만드는 집합체의 구조와 특성도 알아내려 노력합니다."

그제야 학생들은 화학이 무엇인지 이해하는 듯 보였다. 더 기쁜 일은 학생들이 화학을 재미있는 과학이라고 느끼기 시작한다는 점이다. 흥미와 호기심이야말로 과학의 첫걸음이 아니던가! 같은 내용이라도 교사가 어떻게 가르칠지 얼마나 고민하고 길을 찾는지에 따라 큰 차이가 난다. 교재에 씌어 있는 내용을 더 잘 이해하고 있다고 훌륭한 교사가 되는 것은 아니다. 잘 가르치고, 옳게 가르치기란 정말 어려운 일이다. 자라고 있는 세대의 앞날을 좌우하는 일이기에 더욱 그렇게 느낀다.

오늘도 나는 어떻게 하면 화학을 더욱 재미있고 쉽게 가르칠 수 있을까 궁리중이다. 제대로 가르치는 법을 나는 끊임없이 배우고 있다.

'화학'이라는 오묘한 학문명

화학(化學)을 배우기 시작한 지 60년이 지났다. 가르치는 것 또한 50년 이상이 되었다. 그러나 화학이라는 이름에 익숙해져버려 이 학문을 왜 화학이라 부르는지에 대해서는 의문을 품지 않았다. 그러던 중 화학의 역사를 공부하다가 아시아권 특히 중국-한국-일본에서 공통적으로 쓰고 있는 화학이라는 이름을 언제부터 사용하게 되었을까 궁금해졌다. 그렇다면 화(化)라는 글자는 본디 무슨 뜻을 지녔을까.

옥편(최신홍자옥편(弘字玉篇), 민중서점, 1987)의 화(化) 자를 찾아보니 다음과 같이 풀이되어 있다.

· 음양운행(陰陽運行) 될 화, 또는 화할 화
· 만물생식변화(萬物生息變化) 변화할 화
· 상행하효(上行下效) 본받을 화
· 변형(變形) 바뀔 화
· 사야(死也) 죽을 화
· 환술(幻術) 요술 화

이들로부터 '화'라는 글자가 참으로 여러 의미가 있음을 알 수 있었다. 네이버의 한자사전에서 '화'를 찾아보아도 비슷하였다.

· 되다
· 교화하다. 강화시키다
· 가르치다
· 따르다. 본받다
· 변화하다. 달라지다
· 죽다. 망하다
· 없애다. 제거하다
· 교열하다

끝에서 두세 번째 의미인 '죽다, 망하다, 없애다, 제거하다'는 뜻밖이라고 여겨졌다. 역학(易學)사전에서 살펴본 '화(化)'는 오행이 변하는 것, 형상이 없어지는 것으로 풀이하고 있었다. 한자사전에서 풀이된 '죽다, 망하다, 없애다, 제거하다'와 역학사전에서 풀이한 화(오행의 변화, 형상의 제거) 사이에 맞닿은 지점이 많다는 것을 알 수 있다. 국어사전(민중서관, 2001)에는 화자를 '천지자연이 만물을 생육하는 작용'이라고 말하고 있다.

그렇다면 이상의 '화'의 풀이를 통합하여 화학의 정의를 내리면 어떻게 될까? 가장 넓게 통용되는 의미는 '우주를 구성하는 모든 물질의 조성과 성질 및 이들의 변화와 상호 간의 작용을 연구하는 자연과학의 한 부문'이다. '물질'이란 '질량을 지니고 있는 모든 것'을 뜻한다. '변화'는 '물리적 변화'와 '화학적 변화'를 포함하고, 이들 변화는 에너지의 출입을 수반한다. 물론 화학은 생체 내의 물질도 대상으로 삼는다. 생체 내 물질 또는 화합물들의 생성, 구조와 성질, 변화와 또 그들 간의 상호 작용 등도 다룬다. 이런 특성 때문에 화학은 물리학 및 생물학과도 밀접한 관계를 지니며, 이 두 분야를 좌우에 두며 중간 자리를 차지한다. 실제로 대학의 화학과 학생들은 물리화학과 생물화학이라는 복합과학적 과목을 배운다.

그뿐이 아니다. 화학자들은 이미 알려진 또는 새로운 화합물들을 합성해서 만들어내는 능력이 있다. 이는 화학자들이 새로운 기능을 지닌 소재들을 만들어내는 특별한 재능이 있다는 뜻도 된다. 그렇기 때문에 우리가 흔히 공학분야라 부르는 화학공학 및 재료(소재)공학과 밀접한 연관이 있다. 최근에는 기능성 신소재에 의존하는 전기 · 전자공학 및 기계공학과도 깊은 관계를 유지한다.

이제 '화학'이라는 학문명이 한 · 중 · 일 세 나라에서 쓰게 된 시초를 찾아본다. 영어로는 화학을 'chemistry'라고 쓰는데, 3개국 중 이 단어가 제일 먼저 전파된 곳은 일본인 듯하다. 일본은 유럽의 네덜란드와 교류하면서 헤미(chemie)라는 단어를 접하게 되었다. 기록에 의하면 우다가와 요안(宇田川榕庵, 1798~1843)가 이 단어를 음역해 헤미 또는 세미(舍密)라 불러 소개했다고 한다. 아마도 1820~1830년대쯤으로 추정된다. 우다가와는 화란어에 능통하였고, 해부학 책도 번역하여 출간한 의학자였다. 그는 일본 최초의 화학책 『사밀개종(舍密開宗)』을 발간하였으며, 여기서도 화학을 '세미'라 칭했다.

1860년에 가와모토 고민(川本幸民, 1810~1871)이 『만유화학』(万有化學)이라는 제목의 책 출간 허가를 신청했으나 받지 못했다 한다. 이 책은 일본에서 처음으로 '화학'이라는 이름이 사용된 책이다. 이듬해 가와

모토 고민은 유명한 『화학신서』를 출판했다. 이 책은 일본에서 교과서로 널리 사용되었다.

일본화학회가 '화학'이라는 학문명을 공식적으로 사용하기로 한 결정은 1884년부터 논의하다가 1885년 1월에 이루어졌다. 우리나라에서도 이후 '화학'이라는 학문명을 사용하게 되었다. 1884년 초《한성순보》의 한 기사에 '화학'이라는 말이 등장하지만 그 의미를 설명하고 있지는 않다. 그보다 훨씬 전인 1866년, 최한기(1803~1877)의 『신기천험』(身機踐驗) 8권에 화학이 소개되어 있다.

『신기천험』은 동서의학을 집성한 의학서지만 물리, 화학 등 자연과학 분야도 일부 소개하고 있다. 화학 부문에서는 원소 56가지를 소개하고 있으며, 물의 전기분해, 도시가스 성분, 황산, 질산, 염산 등 화학물질 등의 설명도 들어 있다. 최한기는 화학원소와 기론(氣論)의 접합을 추구하려 했다. 물론 현대과학의 관점에서 보면 불가능한 시도라고 생각할 수도 있다. 따라서 우리나라에서 '화학'이라는 학문명의 사용은 1866년을 그 시효라 볼 수 있다. 그러나 '화학'을 광범위하게 사용하기 시작한 것은 20세기 이후다.

그렇다면 '화학'이라는 학문명은 일본 학계에서 처음 사용하기 시작한 걸까 아니면 중국으로부터 배워서 쓰기 시작한 걸까? 지금까지 조사한 문헌에 따르면 놀랍게도 일본학계도 '화학'이라는 표현을 중국으로부터 배운 듯하다.

중국에서도 '화학'이라는 학문명이 언제부터 어떻게 사용되었는지에 관한 몇 가지 이론이 있기는 하지만, 대체로 1855~1858년경부터 사용되었다고 알려져 있다.

이에 관련된 문헌을 살펴보던 중에 중국의 왕타오(王韜, 왕도, 1828~

1897)가 중요한 역할을 했음을 알게 되었다. 왕도는 20살 되던 해에 상하이에 있던 영국계의 런던 선교회 출판사의 메드허스트(Walter Henry Medhurst, 1796~1857)를 도와 신 · 구약 성서를 중국어로 번역했다. 중국 문헌에 묵해서관(墨海書館)이라고 칭하고 있는 출판사는 런던 선교회 출판사를 말한다.

메드허스트는 1847~1848년에 걸쳐 영한사전을 발간했으나, 영어 chemistry를 연용법으로 칭하고 있다. 당시 중국에서는 화학자(chemist)를 흔히 단가(丹家)로 번역하고 있었다.

왕타오는 자기의 일기장에 영국 선교사 테일러(James Hudson Taylor, 1832~1905)에게서 서구의 현대과학인 '화학'이라는 학문에 관해 들었다고 기술하고 있다. 후에 이 화학이라는 용어가 상해에서 발간된《육합총담(六合叢談)》잡지에 1857년에 등장하였다. 이 잡지는 4~5개의 수필과 세계 뉴스, 특히 서구 문명에 관한 글들을 주로 싣는 잡지였다. 중요한 점은 이 잡지가 일본에서 재출간되었다는 점이다. 따라서 '화학'이라는 학문명이 일본에서 사용하던 '세미'를 자연스레 대치하게 되었다고 본다.

청나라 시절 중국의 수학자 이선란(李善蘭, 1810~1882)은 서구의 수학책을 중국어로 번역했다. 이 과정에서 그가 '화학'이라는 말을 처음으로 사용했으리라는 설도 있으나 증명되지 않고 있다. 그 후 일본으로부터 '화학'이 우리나라에 들어왔다고 추론한다. 물론 중국으로부터 직접 '화학'이라는 학문명을 배웠었을 수도 있으나 이 점은 더 연구해야 할 부분이다.

학문의 흐름은 매우 복잡한 경로를 밟는 경우가 많으며, 학문명의 전달도 그에 크게 벗어나지 않는 듯하다. 한자 문화 영역에 속하는 한 ·

중·일의 학문적 교류와 주고받은 영향을 파헤치는 일은 역사적으로도 중요한 의미를 지닌다.

끝으로 이 글 내용의 주요 부분은 일본 간사이대학 심국위(沈國威)교수의 『번역어 화학의 탄생』(자연과학사 연구, 2000년, 제19권, pp.55~71)과 데이비드 라이트(David Wright)의 『과학을 번역하기(Translating Science)』(Brill, Boston, 2000년)을 참고하였음을 밝힌다.

화학용어를 어떻게 정리할 수 있을까

길거리 상점들의 간판들을 들여다보노라면 글씨만 한글로 씌어 있을 뿐 무슨 뜻인지 헤아릴 수 없는 단어와 표현들이 쏟아져 나온다.

'메디칼 스킨케어, 레이저 클리닉', '시니어들을 위한 실버하우스 오픈'

'의학적 피부관리, 레이저 병원'이 왜 싫으며, '노인들을 위한 요양원 개원'이 더 이해하기 쉬울텐데 말이다.

'섬머 세션 인터내셔날 스쿨'이라니 '여름 학기 국제학교'가 무엇이 문제이기에 영어식 표현을 고집하는 걸까?

'프라이드 치킨 딜리버리 됩니다.'

'런치 스페셜'

회사 이름들도 영어를 비롯한 외국식 이름들이 점점 늘어나고 있다. 이러다간 머지않아 글자만 한글을 사용할 뿐 단어는 모두 외국말이 차지할 지경이다. 일상생활뿐만 아니라 과학기술 분야에서도 이런 현상이 오랫동안 지속되어왔다.

현대과학기술이 서양과 일본으로부터 우리나라에 전파되어 들어왔기 때문에 과학기술 용어의 외래화는 심각한 편이다. 일부는 중국의 영향도 받았다. 따라서 과학기술 용어의 국어화는 국가과제가 되었다. 교육부의 편수국과 각 분야 학회들은 이 문제를 심각하게 고민하기 시작했다. 내가 평생 관여해온 대한화학회는 '화학술어 위원회'를 1951년에 만들었다. 이 위원회는 외래어 화학술어의 국어화를 가장 중요한 책무로 삼았다. 술어의 정의를 표준화하는 것도 중요시했다.

젊었을 때 이 위원회에 참여해 대선배님들이 연구하고 고민하는 모습을 곁에서 여러 번 보았다. 큼직한 우리말 사전과 영어, 독일어, 일본어 사전들을 펼쳐보며 외래어들을 차근차근 짚으시던 그분들의 뜻 깊은 표정들이 떠오른다. 박기채, 장세헌, 이태녕, 윤능민, 장세희, 박인원, 안운선, 이우영, 김시중, 이윤영 선생님의 기억이 새롭다. 1974년 노력의 결과물로 『대한화학회 화학술어집』이 출판되었고, 그 후 여러 번 개정 증보되어 개정 5판이 2007년에 출판되었다. 안타깝게도 화학술어를 우리말화하는 작업이 요즈음에도 계속되는지에 대해서는 별다른 소식을 접하지 못하고 있다.

홍수처럼 밀려오는 신조(新造) 외래어를 어떻게 우리 상황에 맞게 국어화할지 막막할 지경이다. 더구나 같은 뜻을 지닌 외래용어라도 분야마다 학회마다 사용하는 우리말이 통일되어 있지 않아 과학을 배우는 청소년들은 용어를 쓰는 데 혼란을 겪고 있다. 한국과학기술단체 총연합회(과총)에서 한때 과학기술 술어의 통일을 시도한 적도 있었으나, 의견의 일치를 보기 힘들어 각 학회가 추천하는 우리말식 표기를 열거하는 정도로 마무리 지었던 일이 생각난다.

화학술어 중에서 가장 많이 사용하면서도 마땅치 않았던 우리말의 예가 몇 개 떠오른다. 그 첫 번째 예로 화학구조식에서 자주 등장하는 'resonance structure'의 'resonance'를 어떻게 우리말로 표현할 것인가 하는 문제였다. 못마땅하지만 현재까지도 '공명(共鳴)'이라 부른다. 한 가지 전자구조로 실제 구조를 표현할 수 없을 때 가상적인 공명구조로 표시하는 경우인데, 국어사전에서 공명을 찾으면 화학과 관련된 정의는 보이지 않는다. 벤젠의 실제 전자구조는 아래 어느 구조도 아니며 이들의 공명구조라 설명한다.

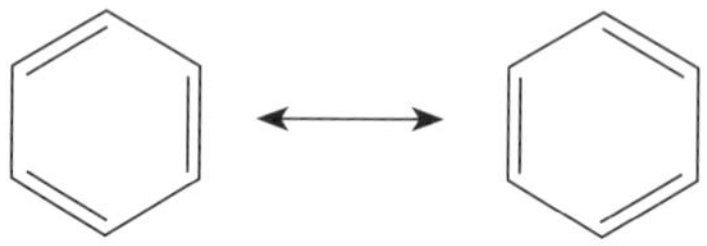

또 한 예로는 conjugated double bond가 있다. 흔히 '공액 이중결합'이라 번역하는데, 국어사전에서는 공액을 '켤레'라고 풀이하고 있다. 하지만 공액이라는 단어는 일상에서는 거의 쓰지 않는다. 한때는 '걸러 짝지은 이중 결합'이라고 제법 긴 이름이 붙여지기도 했다. 그러나 현재는 짧게 '짝지은 이중결합'이라 부른다. 이중결합이 단일결합을 통해 짝지어져 있다는 의미다.

$$-CH=CH-CH=CH-$$

북한이 전통적으로 외래어의 한글화에 공을 들여 북한의 과학기술 술어집을 참고한 예도 있었다. 그러나 본인이 2007년에 평양에서 개최된 남북한 공동 화학 학술대회에서 변화를 느꼈다. 한글화에 그렇게 공들이던 북한도 최근 들어 외래어 특히 영어를 많이 사용하고 있음을 발견했다. 북한의 제1외국어가 영어가 되었다는 안내원의 설명이 이를 잘 보여주는 듯했다.

제법 오래된, 조금은 당황스러웠던 경험이 기억난다. 미국생활을 접고 귀국한 날이 하필 8월 14일이었다. 아직 여름의 열기가 식지 않고 있었다. 에어컨디셔너(air conditioner, 에어컨)를 사려고 안사람과 집 가까이 있던 전자상가를 찾았다. 점원이 반갑게 맞아준다.

"에어컨디셔너 보러 왔습니다."

"무엇 말씀입니까?"

"에어컨디셔너요."

"어떤 물건 말씀이시죠?"

나는 진열되어 있는 에어컨디셔너를 가리켰다.

"아이구, 아저씨도. 에어컨 말씀이군요?!"

그때 나는 알았다. 에어컨디셔너를 에어컨이라 짧게 부르는 것을…. 일본식으로 줄여 부르고 있음을.

"기사양반, 왜 이렇게 차가 출렁이지요? 승차감이 나쁘네요!"

"네, 손님. 뒷쇼바를 손 보아야 하는데 바빠서요…."

"뒷쇼바요?"

"네…."

택시에서 내린 후 혼자 곰곰이 생각했다. 뒷쇼바는 무엇을 의미하지? 한참만에 충격흡수장치(shock absorber)를 '쇼바'라 부르고 있음을 헤아리고는 배꼽을 잡았다.

'맞다. 뒷쇼바도 있고 앞쇼바도 있지….' 이런 식으로 외래어가 우리말이 되어가는구나…. '미쑝'이라는 것도 있단다. transmission(전동〔변속〕장치)를 뜻한다.

어지럽게 물건들이 쌓여 있는 플라스틱 제품가게에 들어섰다.

"무엇을 찾으시죠?"

"PVC 파이프를 사려고요."

그런데 재미난 광고가 눈에 들어왔다.

'반네루도 팝니다.'

"반네루라니? 아저씨 반네루가 무엇이지요?"

"네, 저기 있는 플라스틱 판들 말씀입죠…."

영어로 패늘(panel, 판넬)이 반네루가 되었구나.

나는 씨익 웃으며 PVC 파이프를 골라보았다.

일상에까지 파고 들어온 외래어 정리는 어떻게 해야 할지, 우리가 신경을 써나가야 할텐데 하는 걱정이 앞선다. 어느 탈북자가 한 TV 토크쇼(talk show, 이것도 영어다!)에 나와서 한 말이 내 머리에서 떠나지 않는다.

"남한에 와보니 국어는 어디 가고 영어와 다른 나라 외래어만 사용하고 있어 새로운 국어 배우느라 힘이 듭니다."

역사가 불붙인 흥분과 존경심
—대학의 역사

머리가 절로 숙여졌다. 갈릴레오(Galileo Galilei, 1564~1642)의 동상이 피사대학의 한 건물 앞에 우뚝 서 있다. 갈릴레오의 동상을 매일 보며 공부하는 이 학교의 학생들은 심오한 학문의 길을 어떻게 걸어가고 있을까?

1980년 여름의 일이다. 당시 나는 미국 매사추세츠대학에서 연구년을 보내고 있었는데, 멀리 이탈리아 피사대학의 키엘리니(Emo Chiellini) 교수의 초청을 받고 피사의 사탑으로 유명한 피사대학에서 액정고분자에 관한 세미나를 하기로 했다. 공식적으로 서기 1343년에 대학으로 인정받았다는 피사대학. 일부 학자들은 피사대학의 역사를 11세기까지 뒤로 파악하고 있다. 우리나라로 치면 고려시대부터 있어온 대학이다. 천문학, 물리학, 수학자였던 갈릴레오는 1589년부터 이 대학의 수학교수이기도 했다.

그렇게 오랜 시간 동안 수많은 역사적 인물들의 발자취가 숨쉬고 있는 고풍스러운 대학. 매일 갈릴레오의 동상을 보며 이상을 키우는 대학의 학생들이 부럽기만 했다. 우리나라 대학들은 역사가 짧으며, 주로 설립자의 동상을 세워두는데, 설립자 중에는 역사적 인물이라고 치부할 수 없는 경우도 종종 있어 실소를 금할 수가 없다.

피사의 사탑과 곁에 있는 피사대성당, 피사세례당와 대성당 광장이 어우러진 고색창연한 건축의 아름다움이 가슴을 설레게 했다. 이 대학의 키엘리니 교수는 여든이 넘은 지금도 연구를 하고 있다.

기차로 다음 목적지인 독일의 프라이부르크시에 도착했다. 헤르만 스타우딩거 하우스(고분자화학연구소)가 가까워질수록 내 심장 박동이 빨라졌다. 스타우딩거(1881~1965)는 1953년에 노벨화학상을 받았다. 우리는 그를 고분자화학의 아버지라 부르는데, 그는 1920년에 '중합'을 통해 고분자 합성이 가능하며, 천연고무 등은 공유결합으로 연결되어 있는 고분자 화합물이라고 주장했다. 이 주장은 당시 큰 파장을 일으켰다.

IUPAC의 고분자 분과회는 스타우딩거의 주장 이후 100주년이 되는 2020년을 특별히 기념하기 위한 여러 가지 국제 행사를 준비하고 있었다. 스타우딩거 하우스에서 4시부터 내 세미나 발표가 예정되어 있다. 이 역사적 장소에서 '진정일이 세미나 강연을 한단다!' 물론 한국 교수로는 처음 있는 일이었다. 고분자화학의 발상지에서 내가 강단에 서다니 믿기 힘들었고 전율까지 느껴졌다. 피사에서의 경험과는 완전히 다른 새로운 감동이었다. 건물을 지어준 단체나 사람 이름이 아닌 위대한 과학자의 이름을 커다랗게 붙여놓은 건물이 부럽기만 했다. 마침 렌츠 교수가 이곳에 있어 함께 기념사진을 찍었다.

스타우딩거 하우스를 품고 있는 프라이부르크대학(혹은 알베르트 루드비히 대학)은 로마 왕국 시절 1457년에 설립된 역사적인 대학이다. 도심 중심부의 성당과 시내를 가로질러 흐르는 아주 조그만 물길이 인상적이었다. 베그너(Gerhard Wegner) 교수 내외와 함께 찾은 슈바르츠 발트(검은 숲)는 매우 인상적이었다. 특이한 건축 양식도 눈길을 끌었다.

미국에 살고 있을 동안에 찾은 하버드대, 프린스턴대, 콜럼비아대, 듀크대, 다트머스대, 코넬대, 스탠포드대 등도 모두 감동적인 면면들이 있었지만 유럽의 오래된 대학들만큼 큰 인상을 주지는 못했다. 긴 역사에서 나오는 무게감이 압도적이라고 생각했다.

1997년에 한 학기 동안 영국의 케임브리지대학에 머무르면서도 다양한 일들을 색다르게 경험했다. 오래된 캠퍼스를 걷기만 해도 학자다움의 경건함과 지성인의 자리에 오른 듯한 환희가 느껴졌다. 도서관과 박물관도 둘러보았다. 학계를 지배했던 세계의 최고의 과학자들과 철학자들의 이름이 수없이 벽에 새겨져 있었다. 뉴턴의 대리석상이 우뚝하니 서 있는 것은 물론 그의 자필 연구노트가 진열장에서 학생들에게 손짓을 한다. 학생들은 시대를 넘어 그들과 함께 호흡하고 있지 않은가! 점심 식사를 한 뒤 도서관에서 휴식을 취하거나 명상에 잠기면서 다양한 상상과 고뇌를 하고 있는 학자들의 모습이 눈에 들어왔다. 관광객들이 많이 방문해서인지 입장권 없이는 학교 안으로 들어갈 수가 없다. 특히 킹스 칼리지나 트리니티 칼리지 등 오래된 유명 캠퍼스 등이 그렇다.

1209년을 대학의 창립년으로 삼고 있는 케임브리지대학의 졸업생인 하버드(John Havard)로부터 '하버드대학'이라는 이름이 탄생했다고 한다. 미국에서도 옥스퍼드와 케임브리지에 대한 존경심(?)은 대단할 정도다. 아직도 오래된 교육 전통을 지키고 있는 케임브리지대학에서 우리가 배워야 할 것들을 깊이 반추해보았다. 수단이 목적이 되어버리는 요즘 세상에 변혁은 종종 화려한 말잔치로 끝나고 만다. 변혁에도 전통의 가치를 잃지 않는 것이 중요하다.

전체 31개의 대학으로 구성된 케임브리지대학교의 운영은 신비스러울 정도다. 나는 대학원생만 뽑는 클레어 홀(Clare Hall)에 소속되었지만 오래된 클레어대학에도 연계되어 있었다. 이력서를 보내 방문교수(Visiting Professor) 자리를 원한다고 편지를 썼더니, 이력을 보니 방문학자(Visiting Scholar)로 와야 한다며 내 위치를 정해 통지해왔다.

클레어대학 소속 멜비에 연구실(Melville Lab)의 홈즈(Andrew Holmes) 교수가 내 호스트였다. 한 학기 3개월이 빨리 지났다. 대학원생들을 위한 특강, 홈즈 연구진을 위한 4번의 세미나 발표와 연구 토론회 참가, 옥스퍼드대 방문, 클레어 홀에서 매주 금요일에 열리는 만찬(세계 각국의 여러 분야 학자들을 만날 수 있어 좋았다.), 홈즈 내외와 케임브리지 근방을 관광하는 등 아름다운 추억들을 함께 했다. 요즘도 종종 안사람과 그때의 추억을 되새기곤 한다.

우리나라에는 별로 알려지지 않은 폴란드 크라코프시에 있는 야겔로니아대(Jagiellonian University) 방문도 기억에 깊이 남아 있다. 공식적으로 1364년을 창립의 해로 삼고 있으니 650년이 넘는 역사를 지닌 대학이다. 초기에는 크라코프시의 여러 성당에서 대학교육이 시행되다가 1390년대에 들어 야겔로 왕의 도움으로 지금 위치에 건물이 세워져 정착하게 되었다고 한다. 이 대학은 나치 독일의 점령기간인 1939~1945년 사이 강제로 학교의 문을 닫아야 했던 슬픈 역사를 지니고 있다. 더구나 많은 대학교수들과 간부들이 나치 집단수용소에서 감금, 처형되었으며 대학의 소유물이었던 대부분의 수집품들도 나치에 의해 파괴되었다. 그러나 가장 오래된 대학건물의 일부가 남아 있어 그 긴 역사의 배움을 들이마실 수 있었다. 크라코프 나치 캠프의 방문은 인간의 잔악성에 가슴을 찢는 무서운 전율이 느껴졌다.

오래된 카르텔 시장 건물, 성당, 소금동굴 등 역사와 자연의 아름다움을 지닌 그 도시에 나치 캠프가 있었다니…. 어쨌든 야겔로니아대는 폴란드의 대학의 역사를 지배하며, 그 고풍스러운 자태를 지금도 뽐내고 있다.

체코의 프라하대(Charles University of Prague, 1348), 영국의 글래스고대(University of Glasgow, 1451), 독일의 튀빙겐대(University of Tübingen, 1477) 등을 방문했을 때도 오랫동안 이곳을 거쳐 간 수많은 선구자들의 숨결을 느낄 수 있어 내 가슴이 뛰었다. 우리나라에도 수없이 많은 서당이 있었고 향교가 있었다. 그 훌륭한 선현들의 발자취를 더듬어 볼 수 있게 역사의 발자취를 지금이라도 서둘러 정리하며 후세들에게 감동을 주도록 노력해야 한다. 또한 역사적 사실과 역사 그 자체를 존중하는 문화적 풍토를 키워야 하겠다. 정치적 신념을 추종해 자기들의 입맛에 맞게 역사를 왜곡하려는 몰염치한 시도가 만연하는 현실은 개선되어야 한다.

멘델레예프의 고향에서 화학의 미래를 구상하다

2009년 러시아 여행을 하면서 나는 놀랍고도 새로운 경험을 했다. 그중 하나가 멘델레예프(Dmitri Ivanovich Mendeleev, 1834~1907)가 원소주기율을 발표한 1869년으로부터 140년이 되는 해를 기념하는 러시아 한림원의 행사에 참여한 경험이다. 러시아는 멘델레예프에 대한 자긍심이 대단하다. IUPAC 회장으로 2009년 9월 중순에 모스크바를 거쳐, 튜멘에서 일박하고 멘델레예프의 고향이며 주행사지인 토볼스크로 향했다.

모스크바에 도착하니 이미 날씨가 꽤 선선해져 있었다. 첫 방문은 아니었지만 왠지 모스크바는 낯설게만 느껴졌다. 영어권이 아니어서일 수도 있지만 러시아의 시스템은 쉽사리 익숙해지지 않았다. 다음날 아침 모스크바의 국내선 비행장에는 러시아 한림원의 화학자들이 여럿이 나와 있었다. 멋진 수염을 자랑하는 앨도신(Aldoshin), IUPAC에서 자주 만나온 네페도프(Nefedov), 미야세도프(Myaseodov), 드미트리예프(Dmitriev), 사르키소프(Sarkisov), 타라소바(Tarasova, 2016~2017, IUPAC 회장) 등.

토볼스크로 가기 전에 튜멘시로 비행하기로 되어 있었다. 튜멘시는 우랄산 동쪽에 있으며 러시아 시베리아의 현 수도다. 마침 튜멘시 도서관 개관식이 있어 그 기념식에 참여했다. 도지사도 참여한 기념식이었다. 널찍하게 지어진 건물이었지만 크게 인상적인 점을 찾지는 못하였다. 저녁 후에는 호텔의 회의실에서 원탁회의를 가졌다. 다분히 즉흥적 토론회 같았고, 주 의제는 멘델레예프의 업적과 화학의 미래, 국제 협력 증강 등이었다. IUPAC 회장인 나는 자연스럽게 여러 차례 내 생각을 말할 기회를 가졌다. 토론자들은 꽤 진지하였으나 바깥세상의 변화와 IUPAC의 역할과 활동상황은 잘 숙지 못하는 듯했다.

저녁 만찬은 진수성찬이었다. 문제는 러시아식 음주에 있었다. 돌아가며 그 독한 러시아 보드카로 건배를 요청하는 그들의 습관을 무시할 수도 없는 지경이었다. 그러나 아직도 앞으로 남아 있는 일정을 생각해 음주를 최소한으로 줄이려 애썼지만 그들의 강요는 그를 쉽지 않게 만들었다. 매번 느끼지만 이런 음주 습관에 익숙해서인지 보드카를 그렇게 마시고도 러시아 과학자들은 다음날 아침에는 모두 멀쩡해 보였다.

일정이 끝난 후 쉬고 싶었으나 튜멘의 아름다움을 보여주려고 애쓰는 튜멘국립대학의 핵화학 전문가인 젊은 교수의 열정을 물리칠 수가 없었다. 스테판은 대학의 첫 건물, 연인의 다리와 자기가 살고 있는 아파트 단지 등을 보여주었다. 그런데 가장 당황스러운 일은 꼭 나를 자기 부인에게 소개하고 싶다며, 아파트를 잠깐이나마 들르자고 했다.

"아닙니다. 너무 늦었고, 부인을 위한 선물도 마련하지 못했는데요!"

"괜찮습니다. IUPAC 회장을 만나보는 영광을 안사람에게 꼭 안겨주고 싶습니다. 내가 기억하는 한 당신이 튜멘을 방문한 첫 IUPAC 회장인 걸요!"

"그러나 이미 밤 11시가 다 된 걸요!"

역시 부인은 당황스러움을 감추지 못했다.

스테판은 내가 IUPAC 회장임을 열심히 소개했다. 튜멘시는 가까이에 석유 생산단지가 조성되어 최근에 크게 성장하고 있는 도시라 했다. 도시의 오래된 부분은 예스러운 경관을 잘 보여주고 있었고, 동시에 새로운 번영을 자랑하는 현대식 건물들이 시 중앙에 들어서 있었다. 우랄산 넘어 남단에 튜멘시가 자리잡고 있으며, 목적지 토볼스크(멘델레예프의 고향)는 북쪽으로 240킬로미터나 떨어져 있었다. 튜멘에서 토볼스크까지는 버스로 이동하기로 되어 있었다. 쾌청하고 시원한 날씨 덕분에 마음이 가벼워졌으나, 매끈하지 못한 포장도로와 구형 버스 여행이 편하게만 느껴지지는 않았다.

튜멘시를 벗어나자 길 양편에 자작나무, 백양나무, 소나무 등 하늘을 찌를 듯이 곧게 자란 나무들이 초가을에 접어든 날씨로 조금씩 단풍색을 띠어가고 있었다. 러시아는 남북으로 길게 뻗은 우랄산맥 동쪽을 시베리아라 부른다. 놀랍게도 우리가 향하고 있는 토볼스크시가 시베리아의 첫 수도였단다. 토볼스크는 1590년에 정식 마을이 된 오래된 도시로 인구는 10여만 정도였다. 우리를 태운 버스가 토볼스크로 닿아가자 경호차가 바뀌었다. 토볼스크시 경계에서 경호 책임구역이 바뀌기 때문이었다.

'와, 이렇게 아름다운 도시가 있네! 눈부시게 아름답구나!'

절로 함성이 터져 나왔다. 토볼스크는 토볼강과 어티쉬강이 만나는 위치에 자리잡고 있다. 토볼스크 크레믈린궁과 성 소피아 성당이 낮은 흰 성벽에 둘러싸여 언덕 위에 우뚝 솟아 있는 그 아름다운 정경은 지금도 눈에 선하다. 그 밑으로 토볼스크 마을이 있고, 멘델레예프가 다니던 학교가 있었다. 멘델레예프의 고장 토볼스크 방문은 나에게는 마치 성지 순례처럼 느껴졌다.

2009년 9월 16일 토볼스크에서는 러시아 한림원 주최로 멘델레예프 주기율표 탄생 140주년을 기념함과 동시에 소규모 국제학술회의(Role of Mendeleyeev in Progress of World Science)가 개최되었다. 학술, 역사 및 문화행사가 섞인 모임으로 10여 개 국가에서 100여 명이 참여했다. 회의는 토볼스크 크레믈린 내 지사성(Governor-General Palace) 내의 회의실에서 동시통역으로 진행되었다. 나는 개회식에서 IUPAC 회장으로 멘델레예프의 생애와 공적, IUPAC 활동과 러시아 과학자들의 기여와 2011년 국제화학의 해를 내용으로 반시간 남짓 연설을 했다. 내 뒤에는 커다란 멘델레예프의 초상화가 걸려 있었다. 나는 조금 들떴고, 내가 그 자리에 있음이 자랑스러웠다. 초중원자(超重原子, superheavy atom) 과학자들이 여럿이 참여해 초중원자 연구에 관한 세계적 상황을 토론했다. 당시 러시아는 듀브나에 있는 플레로프(Flerov) 핵반응 연구실에서 새로운 원자번호 114번인 원소를 가속기를 이용해 합성한 사실을 세계적으로 인정받고 싶어했다. 나는 듀브나의 핵 연구소 초청으로 그곳을 방문해 초중원자 합성 연구에 관여한 과학자들을 만난 적이 있었다.

결국 2012년에 이 원소의 이름을 IUPAC은 플러로븀(flerovium)으로 명명했다. 원자번호 105번의 이름이 이미 듀브늄(Dubnium)이므로 그 연구소에서 합성한 두 원소가 러시아 이름을 갖게 되었다.

우리나라에도 중이온가속기를 건설하기로 했다. 타깃 원자에 중이온을 충돌시키면 원자량이 큰 새로운 원소를 합성할 수 있다. 이런 연구가 활성화되면 머지않아 한국 이름이 붙은 새로운 원소가 원소 주기율표에 등장할 수도 있게 된다. 이미 이웃 나라인 일본은 니호니움(Nihonium; Nh, 원자번호 113번)을 가지고 있다. 일본의 이화학 연구소(Riken) 연구진들이 비스무스(Bi)에 아연(Zn)을 충돌시켜(가속기 내 핵융합 반응) 이원소를 만들었기 때문에 그 공로를 인정받아 일본(Nihon, 日本)이라는 이름을 붙였다.

토볼스크 학술대회에 참여해 놀라운 과학적 내용들을 배웠다. 가속기의 종류도 다양하고, 연구자들의 관심사도 생각보다 매우 넓었다. 이 과학자들은 종종 몇 개의 원자밖에 얻지 못하고, 또 핵분해를 쉽게 하는 반감기가 짧은 새로운 원소들의 원자구조(원자 크기와 전자 구조), 끓는점과 녹는점, 밀도 등 물리적 특성과 이온화 에너지, 산화 상태, 결정 구조까지 알아내야 하는 힘든 연구를 하고 있었다. 새로운 원소라는 미지의 세계에 도전하고 있는 이들 과학자들의 노력이 너무나 멋져 보였다.

멘델레예프의 생애를 살펴보면 그는 단순히 원소 주기율을 발견한 화학자였을 뿐만이 아니었다. 앞으로의 사회와 교육의 미래, 러시아를 위한 자원개발(특히 석유 발굴)에 깊은 연구를 행하는 등 만능과학자—현 세계가 필요로 하는 융합적 과학자—로서 능력을 발휘했다. 두 번씩이나 노벨상 최종후보로 올랐으나 일부 유럽과학자들의 반대로 노벨상을 수상하지 못한 아쉬움은 영원히 남아 있다. 멘델레예프는 지금으로부터 150여 년 전인 1869년 3월 6일 러시아 화학회에서 원소주기율에 관한 논문을 발표했다.

그 논문의 제목은 '원소의 성질과 원자량 사이의 의존성(The Dependence between the Properties and the Atomic Weights of Elements).'

이 논문 이후 화학의 학문적 체계가 공고히 되었다 해도 과언이 아니다. 아직 원자의 구조조차 알지 못하고 있던 시절에 멘델레예프는 당시까지 알려져 있던 63개의 원소를 질량순으로 나열해보면서 깜짝 놀랄 규칙성을 발견했다. 다시 말해 원소들은 원자량 크기 순서로 배열하면

주기적 성질을 보인다는 점이었다. 이렇게 해서 그는 아직 발견되지 못한 원소들의 존재를 예언했고, 그 예언은 모두 훗날 증명되었다. 단 현대 주기율표에서는 원자량 대신 원자번호를 사용한다. 원소 주기율표에서 원자번호 101번은 멘델레예프를 기리는 멘델레븀(Md)이 자리 잡고 있다.

러시아 화학자 3명이 IUPAC 회장이었는데 그들 중 2명이 시베리아 출신이었다. 당시 러시아 한림원장인 오시포프(Osipov) 박사도 토볼스크 출신이었다.

목조로 지은 주택들(크레믈린 궁과 성당만 석재)이 인상 깊었고, 멘델레예프가 대학 가기 전까지 살던 그 발자취를 마음껏 느낀 특별한 여행이었다. 토볼스크를 떠나기 전날 토볼강과 어티쉬강이 만나는 강가에 천막을 치고, 악단까지 불러 가진 마지막 파티는 음식, 음악, 경관의 아름다움이 언덕 위의 크레믈린 궁과 성당의 황홀함과 어울려 우리 참석자들 모두를 어두워질 때까지 보드카로 취하게 만들었다. 아름다웠던 그 석양, 그곳에 다시 가보고 싶다. 깊은 역사가 깃들어 있기에 그 도시가 더욱 빛나 보였다.

방글라데시 과학교육 지원 교류의 추억

우리나라를 비롯한 전 세계의 많은 국가들이 과학교육 방법 개선을 위한 시도를 다각도로 추진해왔다. 나는 학교에서 진행되는 과학교육 방법 중에서도 특히 실험교육과 체험교육의 중요성과 그 개선의 필요성을 강조해왔다. 학교 과학교육의 개선을 위해 정부부처는 물론 민간단체들도 여러 아이디어들을 모아 시행하려고 노력하고 있다. 소위 STEAM(Science, Technology, Engineering, Arts and Mathematics: 과학, 기술, 공학, 예술(인문학), 수학 융합교육) 교육방법이 자주 회자되고 있는 까닭도 바로 거기에 있다.

우리나라가 OECD(경제협력개발기구)에 29번째 회원국으로 가입한 지도 22년이 다 되어간다. 현재 OECD 가입국은 35개국이다. OECD의 설립목적 중 하나에 '개도국의 건전한 경제성장에 기여'가 들어 있다. 바로 이 목적을 달성하기 위한 여러 노력에 우리나라가 참여함으로써, 원조공여국가의 지위를 갖게 되었다. OECD 산하의 DAC(개발원조위원회)가 개발도상국 원조를 담당하고 있다. DAC는 OECD 회원국이 자체 재정자금을 개발도상국에 공여(원조)하도록 하고 있다. 이 원조를 우리는 ODA(공적개발원조)라 칭한다.

우리나라에서는 KOICA(한국국제협력단)에서 ODA사업과 여러 가지 개발도상국의 경제사회 발전지원 및 국제 협력 증진사업을 진행하고 있다. 우리나라는 OECD 회원국으로서의 국제적 지위를 굳혀가면서 OECD 분담금과 ODA 출자금도 늘려가고 있다. 따라서 KOICA도 더욱 바빠지고 있다. 한국 과학문화교육단체연합(과문연)의 회장으로 KOICA를 두어 번 방문해 저개발국가의 과학교육개선 지원사업에 참여 가능성을 타진했다.

KOICA는 여러 나라를 대상으로 고려하다가 우선 방글라데시를 선정했다. 예비 사업 지원사업을 우선 진행하고 나서 1년 뒤 평가를 통해 정규 사업으로 진입할지의 여부를 결정하겠다고 했다. 우리 계획을 위해서 필요한 자금은 2억 원 정도였다. 사업의 계획, 집행 등 모든 사항은 한양대 최정훈 교수의 한양대 청소년 교육센터와 진행하기로 했다.

"진 교수님, KOICA에서 5천만 원 지원 결정을 해왔습니다. 턱없이 모자라는 액수인데… 어떻게 하지요? 더구나 매칭펀드(Matching fund)를 끌어와야 한다는군요."

"그렇군요, 최 교수. 어떻게 해봅시다."

전화를 끊고 나는 긴 생각에 잠겼다.

어떻게 하지? 어느 기관에 접촉해야 하지? 우선 운영위원회를 개최해 상의해보자!'

운영위원들에게 진행상황도 알릴 겸 큰 기대는 갖지 않고 회의를 소집했다. 몇몇 위원들이 가능성이 있는 대기업 공익재단에 접촉해보겠다고 했다. 나는 방글라데시의 다카시에 지점을 갖고 있는 우리은행과 효성에 접촉해보기로 했다. 며칠 후 전화가 왔다.

"교수님, 저 김묘은입니다. 안녕하셨습니까?"

"네, 묘은 님도 안녕하셨습니까?'"

"교수님, 좋은 소식이 있습니다. 한화공익재단으로부터 1억 지원을 약속받았습니다. 꽤 큰 액수를 방글라데시 사업에 쓸 수 있을 것 같습니다."

"아이쿠, 정말 반가운 소식 고맙습니다."

결국 KOICA와 한화의 지원금에 과문연 기금을 일부 합쳐 방글라데시 사업을 진행하기로 했다. 우리들은 과문연의 첫 해외지원사업에 큰 희망과 기대를 걸며 들떠 있었다.

아직도 왜 방글라데시를 첫 지원국가로 택했는지 궁금해하는 회원들이 일부 있어 약간의 설명과 설득도 필요했다.

첫째, 다카대학의 원로 화학과 교수들은 대부분이 영국의 옥스퍼드나 케임브리지에서 교육을 받은 실력 있는 분들로 나와도 꽤 깊은 교류를 해온 사이었다.

둘째, 다카대 자연대학장이 화학과 교수로, 총장과도 가까워 협조를 받기가 용이하다. 실제로 다카대 자연과학대에서 이용 가능한 방글라데시 사업 사무실을 열기로 합의가 되어 있었다.

셋째, 우리 사업에 필요한 현지 조교(대학원생 등)들의 참여를 쉽게 받을 수 있고, 젊은 교수들의 동참을 유도하기 쉽다.

넷째, 비교적 접근이 쉬운 이슬람 국가라는 점, 한국의 공업단지가 있는 등 한국에 대한 인식이 꽤 좋다는 점을 들 수 있었다.

다섯째, 현지 한국 대사관과 KOICA 지국의 협조를 잘 받을 수 있다. 현지 KOICA 책임자가 고려대 출신으로 교신중이었다.

여섯째, 숙소의 안전이 보장된다.

"교수님, 방글라데시에 친구들이 있다고 하셨죠?"

"네… 최 교수."

"그럼 우리 사업 준비를 위해 현장 방문이 필요치 않을까요?"

최 교수 제안이 정말 훌륭했음을 깨달았다. 우리는 함께 다카와 다카 교외 학교들을 둘러보았다. 가장 좋다는 다카대 부속 중학교도 방문했다. 교외로 나가는 도로는 매우 좁아 대형버스의 이동은 상상할 수도 없다는 판단이 섰다. 따라서 실험장비를 중소형버스 2대로 싣고 다녀야 했다. 심지어 중학교 실험실과 강당에는 전기가 들어오지 않았다. 발전기를 공급해야 전기가 필요한 실험장비 가동이 가능함을 알게 되었다. 질소, 산소, 헬륨 등 기체를 공급받기 불가능하므로 이러한 기체가 필요한 실험은 배제하기로 했다. 또 방글라데시의 초 · 중 · 고등 과학교재들을 공급받아 그곳의 교육내용을 검토하기로 했다.

"진 교수님, 수개월 전에 우리가 공급한 실험장비와 약품 등이 이곳 세관에 도착했지만 통관절차가 끝나지 않았답니다. 이틀 후 오픈을 해야 하는데 큰 걱정입니다."

우여곡절 끝에 마련된 모든 준비물들이 아직도 세관창고에 있다는 최 교수의 보고였다. 다행히 소형트럭 2대는 다카에서 구매하도록 해 준비가 되어 있었다. 다카대학 관계자들과 회의를 거듭했다. 돌파구가 보이지 않았다. 그러나 기적이 일어났다.

"진 교수님, 오늘 저녁에 모든 화물이 대학에 도착한답니다. 계획대로 '이동 실험실' 개소식을 할 수 있게 되었습니다."

밤새 최 교수팀의 준비로 이동 실험실 개소식이 성황리에 개최되었다. 식에는 방글라데시 과기부 장관, 다카대 총장 및 학장, 다카주재 한국대사 및 KOICA 소장, 우리들과 관련 다카대 교수, 조교, 중고교 학생

대표들이 참석했다. 이 프로젝트 총책임자로 나는 큰 기쁨을 전하는 연설을 했다.

그렇게 오랫동안 통관을 못하던 물품이 어떻게 겨우 시간에 맞추어 배달되었을까? 후에 다카대 학장이 세관원들에게 수고비(?)를 지불했다는 후문을 들었다. 이 프로젝트 진행이 얼마나 어려웠는지는 언급된 바가 별로 없으나, 원조성 교육기부가 얼마나 어려운 일인지 깊이 배웠다. 다카대에서 이 프로젝트가 여러 해 동안 지속되길 바랐으나 KOICA가 내세운 매칭펀드 조건을 충족시키지 못해 중단되었다.

민간 NGO에게 매칭펀드를 강요하는 KOICA의 정책이 왜 개선되지 않고 있는지 잘 이해가 되지 않는다. 예산이 늘어나고 있는 KOICA의 명예와 신뢰를 위해서도 많은 제도가 개선되어야 한다고 믿는다. 특히 교육 원조는 장기성이 보장되어야 한다. 교육의 특성을 생각하면 이는 너무나 자연스러운 결론이다. 방글라데시 교육원조가 지속되지 못해 그곳의 여러 친구들에게 미안한 마음을 금치 못하고 있다. 노벨문학상을 수상한 작가 타고르의 시비가 우리나라를 향하고 있는 다카는 내 마음속의 빚으로 남아 있다.

네팔에서 맞이한 국제 화학의 해 행사

인천공항에서 네팔의 카트만두까지 직항이 있어 나의 첫 네팔 방문길은 순조로웠다. 작은 비행장을 벗어나려는데 뜻밖의 환영을 받았다.

"우리 음식점을 방문해주세요. 방금 열었습니다."

한복을 곱게 입은 젊은 여성 대여섯 명이 공항 출구에서 자기들 음식점 광고지를 건넸다. 그러나 그들이 한복을 입은 모습이 어쩐지 조금 어색해 보였다.

"선생님 혹시 북한 여성들인가 싶네요."

"그렇게 보이지?"

"네…."

"처음 열었다니까 기회 되면 한번 가볼까?"

동행한 조교수와 말을 나누며 공항을 나섰다. 마중을 나와준 네팔 화학회장 아드히카리(Rameshwa Adhikari) 교수와 반갑게 인사를 나누고, 카트만두 교외에 자리 잡은 숙소에 도착했다. 우리는 네팔화학회가 주최하는 세계화학의 해(2011년) 행사에 참여하도록 초청을 받았다. 2011년은 마리 퀴리가 두 번째로 노벨 화학상을 받은 지 100주년이 되는 해다. IUPAC은 이를 기념하기 위해 2011년을 국제 화학의 해로 정했고, UN도 이를 채택하였다. 더구나 2011년은 IUPAC의 전신인 국제 화학 학회 연합(IACS, International Association of Chemical Societies)의 창립 100주년이 되는 해이기도 하다. IACS는 1차 세계대전으로 해체되다시피 했으며 이후 1919년에 IUPAC이 새로이 창립되었다.

화학의 중요성과 유익성은 세상이 잘 알고 있으나, 최근 확산되는 반화학물질 정서를 감소시키고 화학의 진수를 일반인들이 깨닫게 하자는 뜻에서 국제화학의 해 기념행사를 하고 있었다. 네팔은 화학 분야에 종사하는 인구가 많지 않을 뿐더러 화학 관련 기술도 시작 단계이지만 아시아 화학연합회에도 가입했으며, 곧 IUPAC에도 가입하겠다는 의사를 표하여 네팔화학회의 기념행사에 IUPAC대표로 참가하기로 했다. 대만의 리 교수(Yuen-Tse Lee, 1986년 노벨화학상 수상)도 참여했다. 아시아 화학연합회 대표로는 우리나라 서강대의 윤경병 교수가 함께 했다.

우리 셋은 100여 명의 청중을 대상으로 화학의 중요성, 화학의 당면과제, 화학의 최신 발전에 관한 강연을 진행했다. 나의 강연 제목은 '21세기 화학의 도전과 비전'이었다.

특강이 끝나자 주최 측에서 우리 세 연사에게 네팔 전통숄을 어깨에 둘러주는 예식을 행했다. 개인적으로도 영광이라고 느껴졌지만, 무엇보다도 IUPAC이 추진해온 '국제 화학의 해'의 정신이 지구 곳곳에 퍼지고 있음을 실감할 수 있어 더욱 즐거웠다. 지난 1월에 프랑스 파리의 UNESCO 본부에서 진행했던 국제화학의 해 런칭 모임 자리에서 느꼈던 전율이 헛되지 않기만을 빌었다.

네팔화학회장에게 부탁하여 네팔의 국립대학인 트리부반대학 이과대학과 화학과를 방문하는 기회를 마련해 특별강연도 했다. 1959년 대학

창설 이래 첫 IUPAC 회장이 방문했다며 환대가 좋았다. 경사가 급하게 만들어진 계단형 강의실 중강당은 학생들과 교수들로 입추의 여지도 없이 꽉 차 있었다. 강연 후 대학건물 앞에서 전체가 기념 촬영도 했다. 후에 들으니 그 사진이 그 건물 내부 벽에 커다랗게 걸려 있다고 했다.

그러나 이런 얘기보다 나를 놀라게 한 것은 사실 네팔의 사회 현실의 목격이었다. 그곳에서 화학과의 공동 기기실을 보게 되었는데 기체크로마토그래프(GC: Gas Chromatograph), 액체크로마토그래프(LC: Liquid Chromatograph), 자외선 및 적외선 분광분석기 등이 한 번도 가동되지 않은 채 깨끗이 덮개로 덮여 있는 것이었다. 모두 차관 및 원조물자라고 했다. 한 번도 사용해보지 못한 까닭은 간단했다. GC에 사용할 정제된 질소나 헬륨 기체(carrier gas), LC에 사용할 용매(THF 등) 등을 구입할 능력이 없는 것이 그 이유였다.

우리나라도 1970년대까지 이와 같은 환경을 겪으며 성장해왔기에 아픈 과거를 회상하게 했다. 드라이아이스를 사기 위해 웃옷이 땀에 젖는 줄도 모르고 사방으로 뛰어다니던 대학원생들의 모습이 눈에 선하다. 우리나라의 연구 여건이 많이 좋아진 것은 사실이지만, SQUID 등 특수장비의 미비로 나의 마지막 연구과제를 진척시키지 못한 채 현직에서 물러나야 했던 가슴 아픈 경험이 지금도 큰 아쉬움으로 남아 있다.

연이어 카트만두에서 개최된 첨단 고분자 및 재료 국제회의(International Conference on Advanced Polymers and Materials)에 참석하였다. 숙소를 카트만두 시내에 있는 게스트하우스로 옮겼다. 저녁 때는 같은 학술대회에 참여한 과학자들과 맥주잔을 나누며 국적을 불문하고 친교를 즐겼다. 아드히카리 교수가 독일에서 공부해서인지 독일 교수들이 여러 명 끼어 있었다.

카트만두시 중심의 두르바르 광장의 여러 고창한 건축물에 나는 완전히 매료당했다. 카트만두시 외곽에 있는 거대한 스투파도 그 크기로 사람을 압도하는 느낌을 주었다. 힌두교와 불교 문화가 공존하는 네팔이 나에게는 신비하게 느껴졌다. 가장 큰 아쉬움은 석가의 탄생지인 룸비니를 방문하지 못했다는 점이었다. 룸비니는 아직도 내가 방문하고 싶은 장소 중 하나로 남아 있다. UNESCO 세계 문화유산으로 채워져 있던 두르바르 광장이 큰 지진으로 인해 많은 피해를 입어 가슴이 아프기도 했다. 지난 2015년 4월 25일에 네팔에 진도 8의 큰 지진이 있었는데 이로 말미암아 8,400명 이상이 사망했고, 두르바르 광장을 포함해 카트만두시에 큰 피해를 주었다.

같은 해 8월에 우리나라 부산 벡스코(Bexco)에서 IUPAC 총회 및 세계 화학자대회가 대한화학회 주최로 열렸다. 세계 여러 나라 과학자들의 도움을 받으면 좋겠다는 생각이 들었다. 화학회에 부탁해 네팔화학회를 돕고자 하는 취지에 대해 설명한 포스터와 기부금 통을 총회장 내부에 비치해두었다. 총회와 학술대회가 끝날 때쯤 대한화학회 대표가 네팔화학회장 및 대표들에게 간단한 구호금(약 2천 달러)을 전달하는 전달식을 가졌다. 적은 금액이었으나 내 뜻이 작게나마 이루어졌다는 사실에 대한 기쁨이 모인 금액보다 훨씬 컸다. 얼마인가 시간이 지나 네팔화학회장으로부터 기부금으로 네팔화학회 사무실을 마련했다는 기쁜 소식이 날아왔다. 힌두교의 많은 신을 믿고 있는 사람들과 석가를 섬기는 불교신도가 조화롭게 어우러져 선하게 살고 있는 네팔에 평화와 평안이 영원하길 빈다. 또 IUPAC 모임에 열심히 참가하고 있는 아드히카르 교수를 보면서 네팔화학회의 커다란 발전을 빈다.

내게 가장 큰 즐거움을 주는 강연들

"여보, 다음주에는 강원도 태백시에 있는 황지고교에서 강연을 하기로 되어 있어요. 혹시 나와 함께 다녀오지 않을래요?"

"저도 당신 강의 들으라고요?"

"그래도 좋고…. 아니면 내 강의시간에 태백시 구경하고 계시던지요. 나나 당신 태백시에 다녀온 적이 없잖아요."

"그럴까요."

"그렇게 합시다. 갈 때는 동서울터미널에서 우등 고속을 타고, 돌아올 때는 기차를 탑시다. 맛있는 점심과 저녁을 사먹고요."

안사람이 나와 강연지에 동행하는 것은 드문 경우다. 나는 요청이 들어오면 전국 어디든지 청소년 학생들을 위한 강연을 다녔다. 드물게 일반인들을 위한 강연을 하기도 했다. 전남 광주, 부산, 울산, 공주, 춘천, 파주, 청주, 경남 김해, 전북 전주, 경기 일산, 인천, 부평, 수원, 오산, 강원 원주, 태백시를 비롯하여 서울시의 여러 학교까지 가서 강연을 했다. 일반 고등학교에서 뿐만 아니라, 과학고교, 영재학교, 지방자치단체 주최 행사에도 참여했다. 특히 정년퇴임 후에는 강연 봉사가 중요한 업무가 되어, 강연을 위한 출장에는 기쁘게 발걸음을 옮겼다. 작게는 30여 명에서 많게는 700여 명의 청중이 대상이 되었다.

"당신, 오늘 저녁에 안색도 좋고 활기차 보여요!"

"왜, 무슨 특별한 일이라도 있었나요?"

"당신은 강연하기를 정말 즐기시는 듯해요. 강연 준비 하실 때도 그렇고 끝내고 오신 후에도 즐거웠던 강당이나 강의실 무대를 되새기는 것 같아요!"

"사실 그래요. 당신이 잘 보고 계셔요."

현직 시절에도 그런 면이 있었다. 강의 준비를 최대한 철저히 했고 교재의 내용을 뛰어넘는 강의 내용을 구상하려 노력했다. 강의실에 발을 들여놓을 때면 항시 긴장이 되었다. 그러나 강당에서 학생들과 눈만 마주치면 그 긴장감도 슬그머니 사라졌다. 학생들의 시선이 모두 나에게 집중되기를 바랐다.

고등학교 학생들을 위한 강연은 일반적으로 호응도가 매우 높았다. 여러 가지 이유가 있다고 생각한다. 학생들이 보지 못한 새로운 얼굴이라는 점과 더불어 화학자라는 나의 신분이 학생들의 호기심을 끌기에 충분했다고 생각한다.

근년에 들어서는 학생들이 나에 관한 정보를 쉽게 얻을 수 있게 되어 활발히 활동해온 내 이력이나 자신들이 읽은 책들의 저자라는 점 등이 그들의 관심을 끄는 요인들이었으리라.

무엇보다 그들의 마음을 끄는 데에 가장 중요한 점은 강의 제목과 내용이다. 강의 내용을 요약한 요약문이 강연 전에 학교 게시판에 붙여지기도 하고, 학생들에게 이메일로 사전에 배포되기도 하므로 요약문 작성에도 신경을 써야 했다. 결국은 치밀한 준비가 필요하다는 말이다.

내가 요즘 즐겨 강연하는 내용은 다음과 같다.

1. 화학이 가져다준 신비한 세계
2. 우리는 고분자 시대에 살고 있다.
3. 화학 없이는 못 살아
4. 융합시대에 앞서가기
5. 4차 산업혁명과 진로의 고민

이러한 주제들 중에서 초청자들이 원하는 주제의 내용으로 강연을 한다.

그 밖에도 나의 저서인 『시에게 과학을 묻다』와 『소설에게 과학을 묻다』에 관한 강의 요청이 들어오기도 한다. 강연을 마칠 때 매번 끝으로 남기는 말이 있다.

"여러분, 여러분이 가장 행복하다고 느끼는 길을 가십시오. 결국 우리는 행복을 위해 힘든 길도 마다하지 않고 가고 있지 않습니까?!"

인생에 가장 값어치 있는 일은 가장 큰 행복이 있을 길을 찾아가는 일이다. 우리는 제2의 인생이니, 이모작 인생이니 등의 이야기를 자주 접한다. 인간의 수명이 연장되고, 사회활동 가능 연령이 길어지면서 이런 단어들이 제법 마땅하게 그리고 친숙하게 들린다. 첫 번째 정년퇴직을 하고서 어떤 제2의 인생을 가질지는 그 개인의 배경과 경험, 취향과 인생철학, 건강 및 재력, 배우자의 이해와 협력 등이 좌우한다. 나의 인생 2막은 비교적 부드럽게 시작되었다.

2007년 만 65세에 33년간 봉직한 고려대에서 정년퇴직이라는 1막이 내려졌으나, 완벽한 단절로서의 끝이 아니었다. IUPAC 회장직과 관련

된 3년여를 빼고는 '석좌교수'라는 영예스러운 타이틀을 얻어 7년간 머물다 고려대에 발을 디딘 지 43년 만인 2017년, 내 연구실을 닫고 떠날 수 있었다. 따라서 정년 이후 시작된 제2의 인생 출발이 매우 순조롭게 느껴졌다. 석좌교수로 지내는 동안 화학연구에서는 서서히 멀어졌고, 교수로서의 책임이나 여타 잡무에서도 거리를 두게 되었다. 그러는 사이 제2의 인생이 자연스럽게 시작되어 발을 내디뎠다.

대학 이곳저곳에서도 초청강연을 행했으나 그 횟수는 해가 지날수록 줄었다. 그러나 중·고등학교에서의 초청강연 기회는 계속 늘어갔다. 부지런히 원고를 모아 몇 권의 저서도 발간했다. 이 책들이 나와 사회(특히 고등학생들) 사이의 간격을 상당 부분 좁혀주는 역할을 했다.

몇 개의 비영리 단체와 재단의 회장, 이사(장), 위원 등의 역할을 맡아 사회 봉사적 책무를 이행하면서 인간관계가 더욱 새롭게 확장되기도 했다. 동시에 옛 인연들도 계속 이어갈 수 있도록 노력했다. 그러다보니 어느 때는 '정년 후에 과로사하기가 쉽다네, 조심하게나' 하는 어느 친구의 농담이 무엇을 뜻하는지도 알 것 같았다. '과욕은 금물!'이라고 나 자신에게 다짐하며 일과를 조정해 나갔다. 대부분의 일과들이 불규칙적으로 이루어진다는 점에 적응하기 어려웠다. 건강을 위해 걷는 시간을 내기가 쉽지 않을 때가 종종 발생했다. 더구나 요즘처럼 (초)미세먼지가 공기를 덮어버리는 때가 오면 야외운동은 피할 수밖에 없어 시간이 나도 운동을 하기 어려운 때가 더 잦아진다.

'시간을 최대한 아끼고, 건강을 최우선으로 하자!'

가장 당황스러운 일 중의 하나는 국제협력에 계속 참여하기가 점점 어렵게 되어가는 사정이었다. 국제활동을 하는 데에는 비용이 꽤 들게 마련이고, 비용의 조달이 어렵게 되어 여러 초청이 와도 거절하는 수밖에 없었다. 중국의 경제 사정이 매우 좋아졌기 때문에 명예교수로 있는 창춘의 길림대와 베이징의 베이징화공대 방문은 내게 부담이 되지 않고 있다. 요즘은 왕복항공료, 현지 비용 등 일체의 비용은 물론 강연비용도 부담해주고 있다. IUPAC과 FAPS 활동도 아직까지는 큰 경제적 부담이 되지 않고 있어 다행이다. 금년에 프랑스 파리에서 있는 IUPAC 창립 100주년과 원소주기율표의 해(International Year of Periodic Table, IYPT) 행사에도 대한화학회의 배려로 참석하도록 되어 있다. 많은 친구들을 만나게 되겠지….

꽤 여러 가지 일에 끼어들고 있지만, 역시 고등학교 학생들을 위한 강연이 가장 즐겁다.

'우수한 청소년 한 명이라도 더 과학, 아니 화학 분야로 끌어들이자. 우리나라의 살 길은 과학기술을 제외하고 어디에 있는가?!'

이 같은 나의 신념은 학생들의 눈동자와 부딪힐 때 더욱 작열한다.

'우리나라의 미래를 위해 한 곳이라도 더 찾아가 흥미로운 과학 이야기를 들려주자!'

내일은 김해의 한 여자고등학교에서 '융합과 4차 산업혁명 시대를 위한 우리들의 준비'라는 제목으로 2시간 동안 강의를 하도록 되어 있다. 여성들의 사회참여가 더욱 요구되는 이때에 뜻깊은 경험이 되리라 믿는다. '현 고교생들이 머지않아 우리나라의 기둥이 되지 않겠는가?!'

'그들을 위해 최선을 다해 가르치자. 아니, 이야기를 나누자!'

오늘도 나는 그들에게 보여줄 슬라이드를 한 장씩 넘기며, 곧 만나게 될 그들의 얼굴을 그려본다. 젊은이들이여, 과학을 즐기자! 또 훌륭한 과학자가 되자!

열정으로 가득했던 학회활동

1976년은 내 생에서 유달리 특별한 해였다. 유학 전에도 대한화학회 총회와 학술대회에 대학원생으로 참여했지만 학회 임원으로 일하기는 1976년이 시작이었다.

"진 박사, 학회 규모가 점점 커지고, 사업 내용도 다양화되니 학회 내에 기획위원회를 새로 만들어야겠어."

"네, 선생님. 좋은 생각이십니다. 그렇게 해보시지요!"

"동의하니 다행이네. 첫 번째 기획위원장을 진 박사가 맡아주면 좋겠어."

"네, 제가요? 귀국한 지도 아직 2년밖에 안 되었고, 아직 그런 책임을 맡을 경험도 갖지 못해서요…."

"그게 무슨 문제야! 학회 사무실도 고려대에 붙어 있다시피 하고 여러모로 편리하니 꼭 도와주게. 믿겠네!"

대한화학회의 살림을 도맡아 하는 '간사장' 취임을 앞둔 장세희 선생님의 전화였다. 지금은 돌아가셨지만 유학 전 내 석사학위 지도교수이기도 하셨다.

오랜 미국 생활 후 귀국한 지 1년 반도 되지 않아 아직 국내 사정에 어두운데 우리나라에서 가장 큰 대한화학회의 임원이 된다고 생각하니 걱정이 앞섰다. 다행히 장 선생님이 꾸린 간사진이 함께 일하기 좋은 분들이었다. 그 속에는 친히 지내던 벗인 이조웅(서울대, 작고)도 있었고, 총무간사로 이우영(서울대, 작고) 선배가 봉사하기로도 되어 있었다. 이 외에 박긍식(후에 과기처 장관), 변종서(서강대), 김정엽(KIST) 박사들이 간사진에 들어 있었다. 더구나 회장으로 남기동 원로께서 내정된 상태였다.

임기기간이 1년뿐이었으나, 새로 자리가 마련된 기획간사는 1년 행사를 기획하는 중책을 지녔다. 또 학회 차원에서 새로 만든 '화학분석' 교육 프로그램은 정기총회 및 학술 발표회와 별도로 진행시켜야 했다. 1차로 많은 화학기업체가 자리하고 있는 울산을 개최지로 택했다. 울산공대가 협조해주었다. 석유화학 관련 업체가 많은 점을 고려해 일반적 화학분석술 이외에도 고분자 재료의 열 분석법 등을 프로그램에 포함시켰다.

첫 시도로서는 큰 성공이었다. 이후에도 오랫동안 프로그램이 계속 진행되다가 분석장치의 자동화 및 국내기업 실험실의 수준의 향상으로 중단되었다. 초기에는 참여자들로부터 받은 수강료가 학회운영에 도움이 되었다. 그보다는 학회가 기업체들을 위해 무언가 도움을 주기 시작했다는 점에 큰 의미를 부여하게 되었다.

학회의 여러 가지 사업과 프로그램에 참여하면서 실험실에서는 맛보지 못했던 새로운 경험을 할 수 있었다. 전국 여러 지부를 방문하여 그곳의 화학자들과 친교를 맺을 기회를 가질 수 있었다. 나를 소개하는 기회가 되었음은 물론 지부 화학자들의 연구내용도 가까이 접할 수 있어서 그들과의 만남은 곧 나의 연구활동에도 자극제가 되었다. 또한 내 연구실로 지방 대학생들을 유치하는 기회도 마련되었다.

선배학자들과 친교를 맺게 된 계기도 전에 경험하지 못한 즐거운 맛을 주었다. 당시의 낙후된 연구시설과 환경이 나를 크게 실망시키고 있었는데, 지방대학의 사정은 더욱 열악하였다. 이런 상황에서도 학회임원들은 조금이라도 우리나라 학술활동이나 교육환경이 개선될 수 있도록 고군분투했다. 재정적 지원이 어려웠기 때문에 여러 학술발표회나 특별교육 프로그램을 통해 대한민국 화학계의 활성화를 도모했다.

처음 참여한 학회활동은 1년이 어떻게 지나갔는지 알 수 없을 정도로 바빴다. 그 후에도 여러 위원회의 위원으로 계속 불려 다니는 신세가 되었다. 학자는 학회활동에 적극적으로 참여해야 한다는 신념을 지니고 있었으므로 시간을 많이 할애해야 한다는 점을 크게 신경쓰지는 않았다. 물론 개인적 연구활동과의 충돌이 가끔 나를 괴롭힐 때도 있었다.

고려대 화학과는 대한 화학회장을 여러 명 배출했다. 박기채, 한만운, 김태린, 김시중 선생님이 그분들이었고 후에 나와 정봉영 교수도 회장이 되었다. 특히 김시중 선생이 나를 학회에 더 깊숙이 관여하도록 만드셨다. 1983년에 그분이 학회의 간사장으로 임명되어 학회 운영의 중심이 될 간사진을 꾸리셔야 했다.

"진 박사, 연구에 바쁜 건 알지만, 학회 일 좀 도와주어야겠어!"

"네, 물론이지요. 그렇게 하겠습니다."

"그런데 여느 간사가 아니고 총무간사 일 좀 해줘!"

"아니에요, 선생님. 아직 경험도 적고 나이도 그렇고 그냥 어느 간사자리나 하나 주십시오!"

"그런 소리 말아, 진 박사가 총무간사직을 맡아주어야 돼!"

일 욕심이 많은 김 교수님과 함께 학회를 이끌어 가는 일이 만만치 않으리라는 것은 진작부터 예상했다. 아니나 다를까! 우선 예산부터 짜야 했다. 당시 대한화학회 예산이 7천, 8천여만 원이었다고 기억한다. 총무 진정일, 뉴스지 편집 윤창주(작고), 재무 전병식, 학술지 편집 이조웅(작고), 기획 이대운 등 간사들이 모인 자리였다.

"여러분, 바쁘신데 학회 일에 협조해주시겠다니 대단히 감사합니다. 우선 내년도 사업을 기획하고 예산을 짭시다."

표준화된 대학 일반화학 실험교재 준비, 화학술어 제정사업 등 굵직한 프로그램을 거침없이 풀어놓으셨다. 한참 토의를 거친 뒤 다음 모임에서 예산을 짜기로 하고 흩어졌다.

대한화학회는 1946년에 조선화학회로 출범한, 우리나라에서 가장 오래된 기초과학 관련 학회 중 하나로 선배들의 헌신적 노력으로 제법 현대적 학회로 자라고 있었다.

"지난번에 금년도 학회 사업들을 생각하셨는데 오늘은 예산 좀 논의해봅시다."

1983년도 간사진들은 전년 1982년 10월경부터 모여 내년도 사업을 논의해 가고 있었다. 사업을 확장하고 있었던지라 전년에 비해 10여 퍼센트 증액으로는 턱없이 예산이 부족했다.

"우리 이렇게 합시다. 예산을 최소 1억 원으로 합시다. 학회 역사상 예산 1억을 넘긴 첫 간사진이 됩시다!"

김시중 선생님의 결의는 단단했고, 자랑스럽게 보이기도 했다. 1983년에 들어서서 밀어 닥치는 일을 처리하기 위해서는 매주 간사회를 열어야 했다. 재무간사가 정부부처 일로 바빠 총무인 내가 재무간사 일도 맡아야 했다. 1년이 어떻게 지나갔는지 모를 정도로 많은 학회 일들에

휩싸였다. 그러나 대한화학회라는 거대한 조직이 어떻게 움직이는지 세세히 배울 수 있는 좋은 기회이기도 했다.

또 한편으로는 '진정일'이라는 이름을 전국 화학계에 깊게 뿌리내릴 수 있는 기회가 되기도 했다. 요즘 표현으로 말하자면 잘 연결된 전국적 네트워크의 중심에 자리를 잡는 행운을 얻은 셈이었다. 김시중 선생님이 원망스러운 때도 있었으나 이렇듯 내가 성장할 수 있도록 배려해 주신 점에 고마움을 제대로 표하지 못한 점이 아쉬울 따름이다. 또 한편으로는 이런 활동을 통해 얻은 명성에 걸맞는 연구 성과를 내어야 한다는 채찍질도 하게 되었다. 과학자의 가장 중요한 임무는 '우수한 연구' 결과의 도출이므로, 소위 명성(?)에 어울리는, 아니면 그보다 더 훌륭한 연구 성과를 발표하도록 더욱 노력하게 되었다.

아마도 이런 경험과 노력이 나를 성장하게 만들었는지 1991년에는 대한화학회 간사장, 1997년에는 한국고분자학회장, 2000년에는 대한화학회장으로 당선(회원들의 직선제였으나 단일 후보로 찬반의 투표만 받았다.) 되는 영광을 차지했다. 학회활동을 통해 외국 화학자들과의 친교도 많이 만들었고, 후에 IUPAC의 고분자분과회장, IUPAC 회장으로 당선되는 발판이 되었다.

특히 1991년에 대한화학회를 함께 이끌어갔던 신국조(총무, 서울대), 박호군(KIST, 후에 과학기술부 장관), 홍석인(고려대), 김자홍(전북대), 이대실(한국생명공학원), 노동석(KIST), 도영규(KAIST), 이해황(인하대) 박사의 도움과 노력은 감동적이었다. 2000년에 학회장이 되었을 때도 이 후배들을 고스란히 다시 모아 함께 고생을 나누었다. 이런 인연은 지금도 회당회를 통해 이어지고 있다.

학회 발전을 통한 우리나라 학술활동의 활성화 및 선진화를 꾀함과 동시에 회원들 사이의 인간적 소통과 유대를 강화시키기 위해 우리들이 쏟아부은 노력과 희생이 큰 씨앗이 되어 길게 뿌리 내렸다고 자부한다.

"학회활동을 게을리 하지 말아라. 나는 이것이 학자들 의무의 일부라고 생각한단다."

제자들에게 종종 들려주는 충고다. 요즘 후배들은 연구와 교육에 바쁘다는 핑계로 학회활동을 등한시하는 듯하다. 학회의 성장이 자기들의 성장과 함께하는 사실을 잘 모르는 듯하다. 2021년 창립 75주년을 맞는 대한화학회와 창립 45주년을 맞는 한국고분자학회의 무궁한 발전을 빈다.

융합시대,
과학기술협동과정의 탄생

“웬일이야, 최 박사?”

“네, 상의 드릴 게 있어서요!”

“뭔데?”

“우리가 앞서가야 되지 않습니까?”

“물론이지! 무슨 얘긴데….”

“선배님도 관심 가지고 계신 일이에요. 얼마 전에도 말씀 드렸고요.”

“어서 말해보시지.”

“대학원에 새로운 프로그램을 신설하면 좋겠다 싶어서요!”

“응, 무슨 프로그램인데?”

“과학기술과 사회를 함께 대상으로 삼는 과학기술학(Science and Technology Studies 또는 Science, Technology, and Society, STS) 석 · 박사 과정을 신설하는 일이지요. 관심 있는, 관계되는 여러 교수들과 단과 대학들이 공동으로 참여하는 프로그램을 구상하고 있거든요.”

“그거, 참 좋은 생각이네. 이미 미국 일부 대학에서는 STS를 학부 때도 가르치고 있지. 과학과 기술의 사회적 중요성이 더 커지고 있으니 대학에서도 이 문제를 빨리 다룰 필요가 있지."

"그럼, 선배님도 동의하시는 거지요?!"

"물론! 내가 직접 참여하기는 힘들 것 같고, 최 박사가 팀을 잘 짜보도록 해. 주관대학(단과대학)을 어디로 할지, 입학정원은 어느 정도로 생각하시는지…. 행정적으로 여러 관문을 통과해야 할 것이네. 필요에 따라 내가 힘을 보태도록 하겠소…."

고려대학교에 소위 '과학기술협동과정'의 신설 노력은 이렇게 시작되었다.

"선생님, 신 학장님이 뵙고 싶다고 하십니다. 시간 나실 때 학장실에 들르라십니다."

학과 직원의 말을 듣고 학장실로 향했다.

"안녕하십니까. 진 교수?"

"네, 학장님. 바쁘시지요? 무슨 일로 저를…."

"조금 전에 최 교수가 저에게 STS 프로그램 신설에 대해서 설명하셨는데, 진 교수께서는 어떻게 생각하십니까?"

"저는 좋은 생각이라 판단하고 있습니다만…."

"글쎄, 그 프로그램을 이과대학에 신설하자고 하던데요. 그리고 아마도 최 교수가 그 프로그램을 이끌고 가고 싶나 본데, 그 점이 조금 마음에 걸리고요…."

"네. 그 프로그램을 주체하는 대학이 어디가 좋을지는 좀 더 생각해봐야겠지요. 저는 개인적으로 문과대학에 두면 좋겠다는 생각이 드는군요. 과학철학, 과학사회학 등을 전문으로 하는 분들이 문과 대학에 계시거든요. 솔직히 최 교수가 리더로 나서는 것이 대외적으로 어떨지 염려되는 점도 있군요."

"진 교수님도 그렇게 생각하시죠. 제 생각도 비슷합니다. 최 교수가 진 교수와 상의했다고 해서 진 교수님의 생각을 듣고 싶었습니다."

"학장님, 현재로서 저는 직접 관여하고 싶지는 않습니다. 관심은 많으나 그 분야에 관한 전문지식도 별로 없고, 제 연구 일만 해도 너무 바빠서요."

"네, 잘 알겠습니다. 진 교수님. 고맙습니다."

항상 크고 혁신적 아이디어를 내고는 고집스럽게 추진하는 최 교수의 노력을 나는 곁에서 보고만 있었다. 후에 보니 최 교수는 이과대뿐만 아니라 문과대와 정경대 교수 여러 명을 이미 접촉해 철저히 준비를 했던 모양이다. 1994년 3월에 드디어 과학학 협동과정(석 · 박사과정) 신설을 대학 본부에 건의했고, 같은 해 10월에는 문교부의 인가를 획득했다. 우리나라에서 효시가 되는 프로그램의 출발이었다. 곧이어 초대 주임교수로 철학과의 이초식 교수가 취임했고, 주관대학은 문과대학이 되었다. 최 교수는 초대 협동과정 관리위원이 되었다. 공식적으로는 1995년 3월에 과학학 협동과정이 출범하였다. 현재(2018년)는 미디어 학부의 심재철 교수가 10대 주임교수로 프로그램을 이끌고 있다. 사회학과의 김문조 교수가 제2대 주임교수로 취임(1996년 7월) 후 이초식 초대교수와 함께 협동과정 운영의 중심이 되었다.

나는 후에 김문조 교수의 요청에 따라 운영위원 역할을 맡기도 했으나, 강의에 직접 참여하지는 않았다. 단 여러 명의 석 · 박사 학위 논문 지도 교수 노릇을 했다. 이 프로그램에서는 학위 지도 교수를 인문 · 사회계에서 한 명, 이공의학계에서 한 명, 이렇게 두 명이 공동으로 지도하도록 배정하여 나의 비전문성이 어느 정도 가려질 수 있었다. 초기부터 행정학과의 안문석 교수가 이 프로그램에 깊이 관여했고 후에는 같은 과의 염재호 교수가 적극적으로 참여했다.

이같이 훌륭한 프로그램이 고려대에서 시작되도록 심혈을 기울인 고(故) 최 교수의 혜안과 노력에 큰 찬사를 보내고 싶다.

대학은 여러 가지 역할을 한다. 지식의 보고 노릇에 덧붙여 지식의 전파를 큰 의무로 여긴다. 적극적으로 미래를 대비하는 미래지향적 리더의 양성 또한 중요하다. 앞서 말한 프로그램에서는 과학철학 및 과학사, 과학사회학, 과학관리학, 과학언론학 등의 세부 전문 분야 인재를 양성하고 있는데 이와 같은 프로그램이 과학윤리학, 과학정보학, 과학교육학 등의 분야로까지 확장되기를 바란다.

"김 총장, 총장 취임을 진심으로 축하합니다. 고대 발전을 위해 커다란 업적을 남기시길 바랍니다."

"고맙습니다, 선생님. 앞으로 많은 지도와 편달을 주십시오."

"에이, 어련히 잘 하시려고요. 단 하나 부탁의 말씀이 있습니다. 우리 대학이 한국에서 최초로 시작한 독특한 석 · 박사 과정 프로그램이 있습니다."

"네. 그렇습니까?"

"과학기술협동과정을 말씀드립니다. 1995년에 본격적으로 시작되었으니 벌써 20년 가까운 역사를 지니고 있습니다."

"네, 그렇군요. 그런데요, 선생님?"

"물론 이 프로그램을 시작할 때 대학에 부담을 주기 싫어 절대로 새로 전임교수 채용을 요구하지 않겠다고 약속을 했다고 기억합니다. 그런데 20년이나 전임교수가 없이 겸임교수들로만 운영을 해오고 있어 발전에 한계가 있습니다. 이 프로그램 출신이 국회, 정부 각 부처, 연구소, 대학 등에 널리 활발하게 활동하고 있으니 이 프로그램의 성과가 상당하지요. 더 큰 발전을 위해 전임 딱 한 사람만 모실 수 있도록 배려해 주십쇼."

"네, 선생님. 살펴보겠습니다."

전 총장에게도 부탁한 바이지만 다시 신임 총장께 부탁했고, 내 건의는 계속되었지만 아직도 실현되지 못하고 있는 실정이다. 학문의 융합이 나날이 크게 요구되고 있다. 20여 년 훨씬 전인 그 시절에 일찍이 학문의 융합을 시도하고 가르치기 시작했고 사회가 절대적으로 필요로 하는 인재 양성을 위한 노력을 사반세기 동안 계속 해왔다. 그러나 그곳에는 전임교수가 한 명도 없다. 앞으로 전진하지 못하는 우리나라 대학의 현실이 안타깝다. 현재는 특수하게 보일지 모르겠으나 올바른 교육의 길에 속히 뛰어드는 미래 지향적 대학, 혁신적 대학들이 많아지길 간절히 기도한다. 21세기는 융합시대라는 말을 자주 듣고 있다. 실제로 여러 대학에서 융합적 학과와 프로그램이 운영되고 있다. 이는 우리나라 청소년들의 미래를 위해서 매우 중요한 변화이고 시도이다.

수많은 추억이 어린 내 연구실 풍경

대학교수들은 흔히 자기들의 연구실을 일종의 성역으로 생각해 그 속에 깊숙이 빠져든다. 교수 중에서 운 좋게 남향의 넓은 연구실을 배정받아 30년 이상 그곳에서 생활하다 보면 오랜 시간 한 연구실을 차지하므로 자연스레 연구실 주인의 인간사와 취향을 엿볼 수 있게 된다. 연구실도 주인을 따라 역사박물관화가 되기 때문이다. 그러기에 우리가 가끔 듣는 말이 있다.

'교수 한 사람이 정년을 하면 박물관 하나가 사라지는 것과 같다.'

손 털고 떠나야 하는 교수들의 적적한 심정을 달래보려는 멘트라 생각한다. 다행히 내 경우에는 나의 많은 개인적 자료가 고려대 중앙 박물관으로 이관 · 보관되는 중이라 '사라진다'는 표현이 해당되지 않음에 스스로를 위로하고 있다.

교수 연구실에서 나는 항상 바빴다. 강의 준비, 시험 문제 출제 및 채점, 학점 평가, 연구비 신청 제안서 및 연구결과 보고서 작성(후반에는 발간된 학술논문으로 거의 대체가 가능하게 되었다.), 학술논문 작성과 제출 및 심사평에 대한 답 쓰기, 국내외 학술대회 참가 준비 및 발표논문 자료 마련(처음에는 2×2 슬라이드로 시작해 트랜스패런시(transparency)를 거쳐 요즘은 파워포인트) 작업 등이 주요 업무였다.

이외에도 여러 종류의 자문과 봉사 업무들에 꽤 많은 시간을 할애했다. 기업체 연구소와 중역들을 위한 자문과 교육, 학회 운영, 각종 연구 관련 단체의 운영과 도움활동, 때때로 정부와 연구재단의 각종 위원회 활동에 참여를 위한 준비나 평가업무와 관련한 서류들이 내 책상을 어지럽혔다. 가끔씩 정리를 해도 내 책상에는 여러 가지 서류들이 항상 어지럽혀져 있었다. 그러나 모든 일에 비교적 즐겁게 임했기 때문에 정리되지 않은 책상 때문에 괴롭지는 않았다.

가끔 방문객이 내 연구실을 찾았지만, 주로 호출한 대학원생과 과 사무직원이 계속 들렀다. 다른 교수들도 어찌나 바쁘게들 지내고 있는지 잘 알고 있는지라, 동료 연구실을 찾는 경우도 역시 드물었다. 동료 중 내 연구실을 가장 자주 들르는 후배는 정봉영 교수였다. 1962년 내가 석사과정을 밟으며 학부 유기화학실험 조교 노릇을 할 때 수업을 듣던 학부 학생 중 한 명으로 그의 성품과 우수성이 내 마음에 꼭 들어 평생 매우 좋아해왔다.

캐나다 명문 맥길대에서 박사학위를 취득한 후 연구원 생활을 하고 있을 때 접촉해 귀국하도록 권했고, 고려대의 내 곁으로 와주어 매우 고마웠다. 이로서 60여 년의 인연을 이어오고 있다. 그는 학부 학생 시절부터 선두를 유지한 수재인데 이후 고려대에 와서 화학과 학과장, 이과대학장, 연구처장 등 여러 중책을 맡기도 했다.

예순이 넘어서부터는 학과회의에 참여하지 않아서 종종 정 교수가 나에게 과의 상황을 알려주곤 했다. 때로는 주요 안건에 대한 나의 의견을 물어 과 회의에서 내 뜻이 반영되도록 노력해주었다. 학과의 인화와 발전을 위해 노력해준 고마운 후배다.

그나 나나 술을 즐겨 가끔 저녁시간을 함께하곤 한다. 정 교수는 소주를 나는 막걸리를…. 최 교수도 함께했으나 2017년 5월에 갑자기 타계해 그 허전함을 달랠 길이 없다. 다행히 정 교수가 다른 후배 교수인 조봉래, 전승준 교수 등도 데리고 와 웃음소리가 끊이지 않는 저녁자리가 되곤 한다. 고마운 후배들이다.

나는 고려대에서 40년 이상을 보냈다. 그동안 사용한 사무실이 7개나 된다. 옛 이공대 건물 3층에서 3개 연구실을 썼었다. 여유가 없던 당시의 공간 사정을 잘 말해준다. 그 후, 아산이학관이 준공된 이후 1996년에 이학관 305호실에 들어가 정년까지 11년을 보냈다. 가장 정이 많이 든 장소이며 학자로서의 연구 업적도 가장 신나게 쌓았던 기간이었다. 정남향 사무실은 겨울에조차 아늑한 분위기를 주었다. 후에 KU-KIST 융합대학원장, 석좌교수로 연구실을 두 번 옮겼으니 총 3개 연구실을 사용한 셈이다. 이는 융합대학원의 정착 과정이 평탄치 못했음을 잘 말해준다. 처음에는 CJ 식품안전관에 자리를 잡고 있다가, 간호대학에서 새로 지어진 별도의 건물로 이전하면서 의대의 양해를 받아 그 공간을 이용했다. 그 후 현 R&D센터 건물 4층에 융합대학원이 정주하게 되었다. 지난 2017년 10월, 석좌교수 계약 기간이 만료되었을 때 나는 결단을 내렸다.

"남 원장님, 이달 말로 제 연구실 사용은 중단하겠습니다. 짐 이사만 도와주십쇼. 그동안 정말 고마웠습니다."

대학 정년이 만 65세이지만 중간 2~3년을 빼고는 7년을 석좌교수로 지내 만 75세까지 봉직하였다. 더 이상 학교에 나오고 싶지 않았다. 더 늦게까지 학교에 나오면, 소위 말하는 제2의 인생을 가꾸고 즐길 시간이 없을 것 같았다.

비록 연구실을 여러 번 옮겼지만, 모든 연구실에서 나는 항상 안락함과 평온함을 느꼈다. 서두에서 말했듯이 한 교수의 연구실은 치외법권적 불가침의 공간처럼 성역화된 곳으로 느껴졌는데 교수들의 안위를 중요시 여기는 고려대의 학풍이 이를 가능케 했다고 생각한다. 내가 고려대 교수임이 평생 자랑스러웠던 가장 큰 이유도 바로 이런 점에 있다.

연구실 이외에도 기초과학지원 연구원장실, 교무처장실, 대학원장실, 부총장실 등 교내 보직 때문에 따른 사무실도 몇 곳을 점령해보았으나 연구와 학생들 교육의 중심이었던 연구실과 비교하면, 훨씬 어수선했으며 정도 들지 않았다. 업무의 성격 때문이기도 했겠으나, 교내 행정사가 그리 쉽지 않음을 깨달았고 그 복잡성에 놀라기도 했다. 대학이 다뤄야 하는 행정상의 업무가 보통 사람들이 상상하기 힘들 정도로 다양하고, 풀기 쉽지 않게 엉켜 있는 경우가 많았다.

'과학연구가 훨씬 재미있고, 열심히 하면 우수한 결과도 나오지 않던가?! 어찌 그뿐인가! 우수한 제자들도 쑥쑥 자라고 있지 않는가!'

그에 비해 행정업무는 주로 얽혀 있는 이해관계를 푸는 일에 매달리게 했다. 종종 무의미한 시간 낭비라는 생각이 들고는 했다.

화학과 연구실을 떠나야 할 날이 다가오고 있었다. 과의 행정직원이 찾아왔다.

"김 선생, 웬일이지?"

"뭐 그냥 들렀습니다. 교수님이 학과장이실 때 저 뽑아주신 것 기억하시죠?"

"물론이지. 까다로운 여러 선생님들 비위 맞추느라 고생 많이 했소! 과를 위해서도 열심히 일해주어 고마웠고…!"

"별 말씀을요. 교수님이 항상 따뜻이 감싸주신 덕분이었죠. 다름이 아니라 이 연구실 집기는 모두 갖고 가셔도 됩니다. 제가 듣기로 왕십리 쪽에 개인 사무실을 여신다면서요?!"

"그래도 되나? 그럴 수 있으면 큰 도움이 되겠지만…."

"네, 신임이 교수님 연구실에 들어오면 어차피 집기는 모두 새로 마련하거든요."

그래서 나는 현재의 새 사무실에서도 오랫동안 사용하던 책상과 책상 옆 보조 테이블을 사용하고 있다. 그 옛날의 고려대 온기를 놓치지 않고 지금도 그 안락함을 즐기고 있다. 아직도 교수 연구실에 파묻혀 있는 양….

과학의 무기력함을 극복해야 할 때

나는 종종 학생들에게 강조한다.

"여러분, 여러분은 과학이 더 진전할 수 없을 정도로 발달했다고 믿고 계실지 모르겠으나, 저는 그렇게 생각하지 않습니다. 이미 오래전에 달을 정복하고, 화성의 정복을 눈앞에 두게 된 인류이지만, 우리는 아직도 미개하다고 할 정도로 일상 속에서 그 원인을 파악할 수 없는 일들에 둘러싸여 있습니다."

이런 식으로 시작하는 내 강연은 그날의 주제에 따라 우리가 그 분야에 관해 현재 얼마나 일부만을 밝혀내었는가를 지적하면서, 산적해있는 미지의 질문의 예를 던져준다. 현대과학의 시작이 어느 때 부터인지 판단하기는 관점에 따른 차이가 있겠으나, 화학의 아버지라 불리는 프랑스의 라부아지에(Antoine Laurent Lavoisier, 1743~94)가 1789년 화학 반응 전후에 총 질량의 변화가 없다는 '질량 보존의 법칙'을 발표했음을 보았을 때, 현대과학의 역사는 줄잡아 300여 년 되었다고 말할 수 있다. 그렇다고 본다면 약 20만 년 전 현생 인류 호모사피엔스의 출현 이후 인류 역사에 비해 현대과학의 역사는 매우 짧다. 이 같은 역사적 사실과 현 인류가 모르는 사실이 얼마나 많은가를 따져보면, 우리는 아직 미개하다고 해도 과언이 아니다.

특히 2019년 말부터 전 세계에 확산된 COVID 19와의 싸움에서 미국에서만 35만여 명이 목숨을 잃는 대참사를 경험하고 있다. 이 질병과의 싸움이 언제 끝날지는 아직 알 수 없다. 마땅한 치료제를 아직 찾지 못하고 있으며, 예방약(백신)의 개발에는 시간이 꽤 걸릴 수밖에 없다.

나는 요즈음 평생 나의 관심 영역 밖에 있던 내용의 새로운 질문을 나에게 종종 던지곤 한다. 간단한 질문이지만 답을 찾기란 거의 불가능에 가까울 수도 있겠다는 생각을 한다.

'코로나 바이러스의 구조가 밝혀져 있다고 한다. 그렇다면, 그 바이러스를 이루고 있는 화합물들이 도대체 어떻게 그런 3차원적 구조를 만들었을까? 더구나 숙주에 들어가 번식까지 할 수 있는 고약한 능력을 지닌 구조가 어떻게 이루어진 걸까? 하기야 이 질문은 모든 바이러스에 적용되며, 특히 병원성 바이러스에게 묻고 싶다.'

화합물들의 집합체 중 인체를 포함한 모든 생물체들이 보여주는 형태적 다양성과 기능적 다기능화는 신비의 극치라 해도 과언이 아니다. 그들도 모두 화합물들의 집합체에 지나지 않는다. 화합물들은 자기조합(self-assembly) 능력을 통해 여러 모양의 초분자적(supramolecular) 집합체를 만든다. 이 분야 연구자들 중의 일부가 인공세포의 제조 가능성을 보여주고 있다. 이와 같은 연구가 제어할 수 없는 새로운 세균성(병원균) 물질(분자 집합체)을 생성하는데 이르지 않을까 하고 경계하는 시선을 보내는 사람들도 많지만, 아직 법적인 제재나 규제가 이루어지지는 않고 있다.

요즘 코로나 바이러스가 어느 연구실에서 만들어져서 확산되었을 가능성이 있다는 주장이 간간히 들리는 까닭을 이해할 만하다. 이런 내용의 소설이 여러 해 전, 이미 미국에서 발간된 바 있으며, 우리나라에서도 번역되어 출판되기도 했다. 소설 속 중국 우한의 한 연구소가 등장하기 때문에 더욱 관심을 끌고 있는 모양이다. 물론 소설 속 허구의 이야기에 지나지 않고 우연의 일치라고도 생각한다.

흑사병, 천연두, 매독, 최근에 만연했던 조류독감, 메르스 등에 이어 코로나 바이러스는 전 세계 인류를 위협하고 있을 뿐 아니라 과학자들의 무기력함을 꾸짖게 만들기도 한다. 이런 병원균에 비해 어마어마하게 큰 인간은 서로를 활, 총, 대포, 폭탄 및 원자탄을 이용하여 쉽게 죽여왔으나, 가장 작은 바이러스 균과의 싸움에는 무기력해왔다. 감기 바이러스와의 전쟁에서 인간이 영원히 승리할 수 있을까 하는 의문이 든다.

바이러스보다 큰 박테리아와의 전쟁에서는 항생제라는 무기가 도움을 주고 있으나, 바이러스와 싸울 무기는 아직 발견되지 않았다. 코로나 바이러스의 크기가 대략 12나노미터(1nm=1×10^{-9}m)라고 하니 그리 크지 않은 분자 집합체다. 따라서 분자과학적으로 코로나 바이러스 형성 방지 및 파괴법을 강구해야 하지 않을까? 그러기 위해서는 코로나 바이러스(모든 병원성 바이러스)의 구성분자들에 대한 완벽한 분자 수준의 분석이 필요하다. 그 후 그 분자들이 자기조합을 통해 바이러스라는 집합체가 만들어졌는지를 밝혀야 한다. 그런 이해를 통해 바이러스 분자 집단이 생성되지 못할 여건을 찾아 바이러스의 생성 자체를 차단해야 한다. 지금까지처럼, 바이러스에 의한 감염이 발견된 후에 바이러스의 정체조차 완벽하게 파악하지 못한 체 치료약을 찾고, 백신을 개발하는 방식은 근본적으로 질병을 해결할 접근법이 되지 못한다. 그야말로 '땜질' 방식의 처방법에 불과하다.

'답이 쉽지 않을 때에는 기본으로 되돌아가라'는 나의 인생철학이 여기에 적용되어야 한다. 돌려 말하면 이런 때야말로 기초과학의 힘을 빌려야 하며, 기초과학자들이 나서야 한다. 최근에 국내 과학자들이 포함된 연구진이 코로나 바이러스의 구조를 가장 세밀하게 밝혔다는 반가운 뉴스가 있었다. 빠르게 그 연구발표 내용을 살펴보고는 또다시 실망할 수밖에 없었다. 화학자가 연구팀의 주요 연구자였으나 화학적인 분석 내용은 찾아볼 수 없었다. 현미경적 구조 분석과 시뮬레이션 방법을 동원하고 있었다. 코로나 바이러스 표면의 스파이크 단백질과 결합하고 있는 당의 구조도 부분적으로나마 밝혔다는 점이 두드러진 결과라 하겠다.

과학이 인류의 안녕을 위해 무엇을 했는가에 대한 논란과 비판이, 특히 무서운 전염병이 요즘처럼 창궐하는 때에는 강해진다. 과학자들은 이와 같은 사회적 비판을 무겁게 받아들여야 한다. 반면 사회와 국가(특히 교육지원 부서)가 연구 지원에 일관성을 잃고 있는 점도 지적할 수밖에 없다. 예컨대 전염병이 사라지면, 유사 전염병이 다시 번질 위험성이 있음에도 불구하고, 사회와 국가는 근본적 방어와 신속한 치료를 할 수 있는 능력 배양의 중요성을 망각한다. 근본적 해결책을 찾기 위해 필수적인 기초 과학 연구 지원을 가장 먼저 포기한다. 그렇다고 기초과학자들의 책임이 면제되는 것은 아니다. 우리나라 사람들을 특정지우는 대표적인 표현 중 하나가 바로 '빨리빨리'이다.

과학계라고 다르지 않다. 이에 덧붙여 '한탕주의' 또한 큰 문제이다. 단기적이고 '한 방'에 세계를 놀라게 하겠다는 지나친 열의에 찬 과학자들이 많아 보인다. 기초과학의 최대 목표는 '새로운 지식'을 발굴해내고, 그에 따라 '우주와 자연의 현상을 새롭게 이해하며 과학적으로 설명할 수 있는 데'에 있다. 이러한 목표를 달성하기 위해서는 지속적이고 장기적인 연구과정을 요한다. 즉 연구자, 연구 지원기관, 사회가 모두 기초과학의 본질과 기초과학 지식이 인류에게 줄 수 있는 '지식의 열매'의 가치를 깊이 이해하기를 바란다. 오늘도 코로나 바이러스와 싸우고 있는 전 세계 환자들의 고통을 생각하면 '나라는 과학자는 별로 할 일이 없다'는 현실이 가슴 아프고 안타깝기만 하다. 속히 이 싸움에서 모두 승리하길 두 손 모아 기도한다.

내가 생각하는 창의적 과학자의 태도

33년간의 교수 생활을 마치며 느낀 가장 큰 아쉬움은 '내가 값어치 있는 연구업적을 내고 교단을 떠나나?' 하는 질문에 바랬던 답을 주지 못하는 답답함에 있었다. 여러 가지 이유들로 변명을 늘어놓으면서 그러지 못할 수밖에 없었다고 방어적 태도를 취할 수 있으련만 선뜻 그러지도 못하겠다. 내 연구에 대한 평가에 대해서는 마음 편하게 이 세상에, 또 후세에 맡겨버리면 되지 않을까? 그러나 과학자로서 살아온 삶을 통해 깨달은 몇 가지 이야기를 제자들과 미래 과학자들에게 들려주고 싶다.

첫째, 나만의 고유한 문제를 찾아 풀려고 노력해라. 과학자가 갖춰야 할 덕목 중에서도 중요하게 손꼽히는 가치는 바로 창의성이다. 창의성의 가치는 '새로움'에 있다. 다시 말해 '새로운 생각'은 과학자의 생명이다. 이 점을 대학에서 교육과 연구에 종사하고 있는 제자들과 후배들에게 특히 강조한다.

'모방이 아닌 자신만의 방법으로 진리를 찾도록 노력해라. 실패를 두려워하지 마라. 실패는 결코 가치 없는 헛된 경험이 아닐세. 실패는 그만큼 자네를 성숙한 과학자로 만들 걸세! 불가(佛家)에는 화두(話頭)라 하여 수행자가 깨달음에 도달하기 위해 참선하면서 연구하는 커다란 과제가 있지. 과학도 연구도 마찬가지다.'

둘째는 전념(專念)하거라. 연구는 결코 놀이가 아니다. 연구는 실로 진지하고 심각한, 큰 노력을 요구하는 작업의 연속이다. 혹자는 학문을 노닐며 하라한다. 물론 인간이 한 가지 생각이나 문제에 하루 24시간을 내내 매달릴 수는 없다. 가끔 자기 문제에 멀리 떨어져서 그 문제를 바라볼 때 더 전체를 조망하며 보는 시각을 갖게 되고 그 과정에서 생각지도 못한 영감을 떠올리기도 하고 새로운 길을 발견하기도 한다. 많이 나아지고 있기는 하나, 아직도 우리나라는 학문 속에 빠져 한 가지 길을 걷거나 한 가지 문제를 끝까지 '물고 늘어질 수 있게' 하지를 않는다. 다시 말해 연구에 '전념'하기가 쉽지 않은 여건이 우리를 둘러싸고 있다. 그런 여건에 휘둘리지 말고 '한 길'에 머무르도록 노력하거라. 사실 평생 하나의 의미 깊은 업적(발견, 발명)만 이룩해도 우리는 성공적인 삶을 영위했다고 만족해도 좋다. 한 길에 전념하여 추구하기 위해서는 끈질긴 지구력과 집중력이 요구된다. 미켈란젤로는 '천재는 끝없는 인내의 결과'라고 했다.

셋째는 창의성은 한 개인의 지적인 능력에만 의존하지 않으며 사회적 상황에도 좌우된다는 것을 기억해라. 본인이 편안하게 연구에 집중할 수 있는 분위기와 문화를 만들고, 타인들과의 효과적인 대화 능력을 키워라. 요즘처럼 융합적 사고와 연구가 요구되는 사회에서는 타인, 그러니까 타 분야의 과학자들과 대화하고 협업하는 일이 절대적으로 중요하다. 협업과 공동연구에 인색한 태도를 보여서는 안 된다. 어떤 훌륭한 연구결과를 얻은들 주위의 과학자들과 사회가 그 가치를 인정하지 않는다면, 무의미한 일에 전력한 꼴이 되고 만다. 그러나 절대로 잊지 말아야 할 사항이 있다. '내가 한 일의 가치가 후일에 인정받게 될 게 틀림없다'는 확신이 있다면 당장의 즉각적인 인정에 연연하지 않고 인내를 가지고 기다릴 줄도 알아야 한다.

요즘 젊은 교수들 중에서는 우수한 논문 한 편을 발표하고는 세계 사람들이 자기를 우러러보기를 원하는 눈치인 후배들이 있다. 소위 '한 방'에 정상에 오르고 싶어하는 듯싶다. 그러나 학문의 길은 멀고도 험하다. 새로운 분야를 꾸준히 개척하여 세계 곳곳에서 학문적 추종자들이 솟아나도록 연구의 우수성과 창의성을 지속적으로 펼쳐 나가야 한다. 그럴 때 노벨상도 가능해진다.

네 번째는 직감을 무시하지 마라. 직감과 냉철한 이성이 조화를 이루는 판단력을 길러라. 과학사를 공부하다 보면 지금도 우리가 존경하고 있는 위대한 과학자들 중에서도 '우연'이나 '직감', '몽환'을 이야기한 과학자들을 만나게 된다. 과학사에 남은 과학자 중에서도 멘델레예프, 케쿨레, 아인슈타인 등이 그러하다. 이 같은 '계시'에 가까운 경험은 몰입할 때만 가능하다고 믿는다. 예측된 결과를 얻을 때 만족을 느낄지는 모르나, 아마도 창의성 면에서는 흡족하지 못할 것으로 생각된다. 왜냐하면 창의적 연구의 결과는 정말이지 예측이 불가능하기 때문이다. 오히려 의아하게 여기고, 믿을 수 없는 결과를 얻는 상황을 평소에 지니고 있던 편견에서 벗어나 새로운 세계를 여는 대문으로 여길 수 있어야 한다.

연구자들은 틀림없이 여러 단계의 연구과정을 거쳐야 하며, 각 과정을 거칠 때 마다 연구가 올바른 방향으로 진행되고 있는지를 판단하여야 한다. 올바른 판단을 하는데 있어서 편견은 치명적이며 암적인 장애물이 될 수 있다. 과학자는 고집스럽되 열린 마음의 소유자여야 된다.

아인슈타인은 '생산적 사고의 필수적 요소는 직감'이라 하였다. 더 나아가 그는 '어느 학자도 수식을 먼저 생각하지 않는다'며 직감의 중요성을 강조했다. 19세기 후반의 가장 위대한 수학자였던 푸앵카레(Jules Henri Poincare, 1854~1912)는 『과학과 방법』'(Science and Method)에서 역시 '논리로 증명하지만 직감으로 발견한다'고 말한 바 있다. 여기서 과학자들과 예술가 사이의 공통점을 발견할 수 있다. 그들의 통찰은 느낌과 직감이라는 공통의 영역에서 출발하여 창조적 과정을 거쳐 지각의 세계로 탄생한다. 플랑크(Max Planck)는 '과학자는 예술적인 창의적 상상력을 필요로 한다'고 직감의 중요성을 강조하였다.

끝으로 '창의성은 어디서 올까?' 하는 질문에 답을 찾아보자. 내가 가장 자주 듣는 질문 중 하나다. 돌이켜보면 학생들을 가르칠 때 어떻게 하면 창의성을 키울 수 있는지, 연구의 질을 높일 수 있는지 등에 대한 설명보다는 '열심'히 하라는 말만 되풀이하지 않았나 싶다. 창의성, 발견 및 발명에 이르는 가르침을 주는 훌륭한 책들도 많다. 그런데 그중에서 나의 관심과 동감을 진하게 끈 한마디가 있었다.

'관련이 없어 보이는 사물이나 현상 간의 연관성을 놓치지 말아라.'

사물을 보는 눈을 가르치는 훌륭한 말이다. 아인슈타인이 발견한 질량과 에너지의 관계($\Delta E = \Delta mc^2$)가 그렇고 드브로이의 입자와 파동 사이의 관계($\lambda = h/p = h/mv$)가 그렇다. 이 생각을 확장하면 분자들의 모양과 그들이 만드는 집합체 모양 사이의 관계도 이끌어낼 수 있다. 내가 가장 큰 관심을 가졌던 액정에 관한 설명이다.

여러 가지 관점에서 창의적 과학자에 이르는 길을 설명하려 하였다. 이야기를 더 복잡하게 만드는지는 모르겠으나, 창의성에 이르는 지름길은 눈에 쉽게 띄지 않는 법이다. 각자가 자신의 개성과 적성을 잘 헤아리고, 되도록이면 큰 통찰력 또는 선견(vision)을 가지고 한 우물을 파라고 권하고 싶다. 지금까지 한 말들 위에 얹고 싶은 충언이 있다.

'자네들이 전념하고 있는 그 일을 열정적으로 사랑하거라.'

내가 그러지를 못했기에 나는 아직도 과학발전에 얼마나 기여했는가를 반문하며 가슴 아파한다. 또한 학생들을 제대로 지도했는지에 대해서도 깊이 반성하는 바다. 400여 편이나 되는 학술논문을 발표했다는 통계보다 세계 과학사에 빛나는 한 편의 논문이 더 값어치 있지 않을까!? 이건 욕심이 아니고 진심이다.

2부

깊은 뿌리의 힘을 느끼다

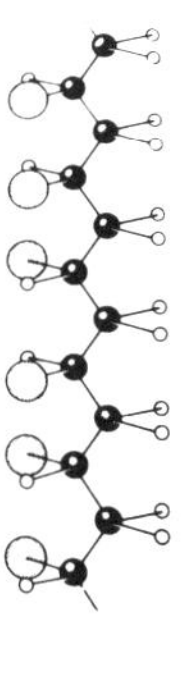

포르투갈 리스본에서 IUPAC 고분자 분과회 회원들과 함께. 1993년 8월.

IUPAC MACRO SEOUL '96에 참석한 한일고분자학자들. 1996년 8월.

회당회 모임. 2009년 3월 26일.

2011년 중추 신국조 교수 휘호.

말레이시아 쿠알라룸푸르 케방산 대학에서 열린 아시아고분자연합회 이사회. 2015년 10월 7일.

한국고분자학회 창립 40주년 기념 IUPAC 고분자 국제회의에서.
왼쪽부터 크리스토퍼 오버(미국 코넬대), 주지펑(중국 베이징대), 본인. 2016년 10월 6일.

성동고등학교 제38회 졸업30주년 기념행사. 2019년 10월 15일.

진사모 신년모임. 2009년 1월 4일.

과문연 연차대회. 2011년 9월 22일.

브라질 리우데자네이루 IUPAC MACRO 고분자 국제회의. 2006년 7월 17일.

아시아 과학편집인 포럼. 2013년 10월 1일.

IUPAC 본부에서 직원들과 함께. 2008년 8월 15일.

미국화학회 임원들과 함께. 2008년 8월 18일.

러시아 핵반응연구소 멤버들과 함께. 오른쪽 첫 번째가 원자번호 118번
오가네손(oganesson)의 발견을 이끈 오가네시안(Oganessian) 소장. 2007년 2월 12일.

쿤두카 기념강연 현수막 앞에서. 방글라데시 다카대학. 2007년 3월 12일.

성동 개교 70주년 기념송년회에서. 2019년 12월 2일.

미국 필라델피아 ACS 미팅에서 IUPAC 임원들과 함께. 2008년. 8월 19일.

신국조 교수 내외, 이해왕 교수 내외와 함께. 2011년.

질의와 토론이 활발한 교실을 기대하며

"진 교수님, 훌륭한 강연 감사합니다. 정말 많은 것을 깨달은 강연이었습니다. 그런데 한 가지 질문이 있습니다. 교수님이 4차 산업혁명 시대에 직업과 직장이 어떻게 변할지 언급하셨는데, 우리 같은 화학과 대학원생들은 무엇을 어떻게 준비해야 할까요? 교수님의 고견을 듣고 싶습니다."

얼마 전 중국 길림대 화학과에서 '4차 산업혁명과 화학과 교육의 미래'라는 제목으로 특별 강연을 했다. 강연 후 한 학생이 나에게 던진 질문이었다. 계속 질문이 이어졌다. 교수들의 질문 차례는 뒤로 밀리고 말았다. 우리나라에서는 보기 드문 경험이었다.

이 같은 경험은 다른 중국의 대학에서도 있었다. 베이징대, 베이징화공대, 칭화대, 상하이푸단대(复旦大), 광저우의 중산대, 쓰촨성(四川省) 칭다오의 스촨대 등에서 유사한 경험을 했다. 중국의 과학기술이 급속도로 발전할 수 있었던 원동력을 보는 듯 했는데, 활발한 토론을 주저하지 않고, 자기가 모르는 바를 숨기지 않으며 질문하는 그들의 진취적인 태도가 과학기술의 빠른 발전을 위한 큰 힘이 되고 있다고 생각했다.

인도에서도 비슷한 경험을 했다. 물론 언어의 장벽이 낮은 까닭도 있겠지만, 그 점으로만 설명하기에는 부족한 듯하다. 인도의 과학기술 발전의 속도 또한 급격히 빨라지고 있음을 종종 보고 듣는다.

물론 과학기술 발전이 전적으로 토론 문화에만 의존한다고는 믿지 않는다. 러시아와 구 동구권의 몇몇 나라에서도 학생이나 청중들의 활발한 토론 참여를 경험했으나 이들 나라들의 과학기술 발전 속도는 별로 눈에 띄지 않는다. 아마도 과학기술 지원을 위한 정부나 사회의 지원이 미진하기 때문일 수 있다고 생각한다.

이런 경험과 판단을 혼란하게 만드는 나라로 일본이 있다. 조금씩 변화를 느끼고 있기는 하지만, 일본에서 강연한 후에는 특히 질문이 적다는 것을 느낀다. 물론 언어(영어)의 장벽을 높은 부담으로 느끼고 있다는 까닭도 있을 것이고, 또 다른 이유들도 있으리라 믿는다.

"모르는 점이 있으면, 강연 후에 본인들이 찾아보고 공부하는 일본 학생들의 태도 때문인 것 같습니다."

"강연자를 당황하게 만들어서는 안 된다는 일본인들 특유의 상대방에 대한 배려 때문이겠지요."

"영어로 질문해야 되기 때문에 서툰 영어 실력을 다른 사람들에게 노출시키기를 꺼리기 때문이지요. 덧붙여, 영어로 한 강연 내용을 부분적으로만 이해했을 수도 있어요."

어느 면에서는 우리나라와 많이 닮아 있다고 느낀다. 외국, 특히 서양 연사들에게서 가장 자주 듣는 불만 중 하나도 바로 우리나라에서 강연한 후 거의 질문을 받지 못한다는 점이다.

"내 발표 내용을 이해하지 못하지는 않을 터이니, 흥미롭지 못해 그런가?"

"그렇지 않아요! 물론 영어 이해력이 충분치 못한 점도 있으나, 이곳의 문화가 활발한 질의나 토론이 환영받지 못하는 면도 있으니 이해해 주십시오!"

사실상 이러한 현상의 큰 원인은 교육방식에서 찾을 수 있다. 개선되고 있다고는 하지만 유치원부터 선생님들은 아이들에게 많은 것을 가르치려고 든다. 다시 말해 주입식 교육을 통해 지식을 가능한 한 많이 머릿속에 넣어주려 든다. '왜 그럴까?'가 학교교육의 중심이 되어 있지 못한 현실이다. 이런 식의 교육 분위기가 대학교육에까지 이어지고 있다. 그러니 독립적으로 연구를 수행해야 하는 대학원 입학생들이 우왕좌왕하는 태도를 보면 아뜩한 심정에 젖는다. 지도교수들의 친절한 가이드가 없으면 연구의 첫발도 떼지 못하는 경우가 대부분이다. 독립적으로 사고하는 능력이 절대적으로 부족하기 때문이다. 성적만 좋게 따오기를 바라는 학부모들과 학교교육이 이런 문제들을 계속 키우고 있다. 자율학기제나 학년제 등 청소년들을 성적 씨름에서 벗어나게 하기 위한 노력이 시작되었으나, 이 제도의 실행을 위한 현실적인 준비가 허술해서 걱정이 앞선다. 선생들도 무엇을 할지 잘 알지 못해 머뭇대는 듯하고, 교육당국에서 내려오는 지시는 새로운 획일화의 위험성이 내재되어 있다. 학교의 자율성이 점점 줄어드는 느낌이다. 이런 분위기에서 어떻게 청소년들의 창의성을 키우는 분위기의 조성과 교육이 효과적으로 실현될 수 있을지 걱정이 앞선다.

우리는 4차 산업혁명시대에 살고 있다. 전통적 영역이 급속하게 파괴되고 인류가 전에 경험하지 못한 신기술이 쏟아져 나오고 있다. 융합적 사고 없이는 앞설 수 없는 시대가 되었다. 이런 시대에 가장 필요한 교육은 청소년들의 창의성을 북돋아주는 것을 목적으로 하는 방법과 내용일 것이다. 과거처럼 지식을 퍼부어 넣는 교육은 그 의미가 점점 줄어들고 있다. 정보화 사회에서 정보는 넘치고 있으며, 지식의 양이 두 배로 증가하는 데 겨우 2년 반밖에 걸리지 않는 시대가 되었다. 청소년들에게 인생의 지도를 외우게 하기보다는 나침반을 보는 방법을 가르쳐야 하지 않을까?

한 가지 흥미로운 경험은 말레이시아와 싱가포르 학생들은 다른 아시아 국가 학생들에 비해 질문도 훨씬 많으며 활발하게 토론에 참여한다는 점이다. 교육방법이 선진화되어 있어 보이며, 동시에 과거 영국의 식민지였던 관계로 영국식 교육의 영향을 많이 받지 않았나 싶다. 물론 싱가포르의 세계화된 사회적 분위기가 청소년 교육에 많은 영향을 미치고 있다고 믿는다. 영어의 구사력이 뛰어난 점도 싱가포르 청소년들의 성장을 크게 돕고 있다.

얼마 전 부산 근교 중학교 교사들 45여 명을 대상으로 특별 강연을 하였다. 주제는 '융합시대를 위해 어떻게 교육을 해야 할까'였다. 선생들의 관심사일 수밖에 없는 내용이었다. 교감선생님과 부장선생님도 내 강연을 들으셔서 고마움을 느꼈다. 아침 일찍 기차를 타고 천리길을 달려와 2시간여 동안 강연을 했다.

"선생님들 반갑습니다. 제 강연 중 어느 때라도 손만 드시면 질의에 응하겠으니 주저하지 마십쇼. 강연이 끝난 후에도 물론이고요!"

이렇게 시작했으나 강연을 마친 후 '고맙다는 의미'의 박수를 받은 후 강의실은 조용해졌다. 사회자 선생님이 분위기를 돋우었다.

"진 교수님은 질문 받기를 좋아하시는 분이라 들었으니, 선생님들 서슴지 말고 질문하시기 바랍니다."

조용한 강의실의 분위기가 바뀔 낌새가 좀처럼 보이질 않았다.

"여러분, 장시간 제 강연 듣느라고 고생 많으셨습니다. 고맙습니다."

무언가 마치지 못한 느낌으로 나는 허리 굽혀 인사하며 강단을 내려왔다.

'소통 능력을 키워야 할 모양인가?'

열강을 했다고 믿었으나 끝은 오히려 씁쓸했다. 더 쓸모있는 이야깃거리를 찾아 헤매야 할 모양인가! 이 선생님들은 학생들을 어떻게 지도하고 있을까 하고 나는 고개를 갸우뚱했다.

액정고분자의 정의를 둘러싼 치열한 논의

'진 교수가 우리 위원회의 한국 대표가 되신 것을 축하하며, 환영합니다.'

러시아 모스크바대학교수인 쉬바에프(Valery Shibaev)에게서 엽서가 날아왔다. 1991년 여름이던가. IUPAC(국제순수응용화학연합회)의 고분자분과회 소속 '고분자 명명. 술어 위원회'의 한국 대표로 뽑혔다는 내용이었다. 대한화학회의 추천이 통했던 모양이고, 그 위원회 중 몇 명은 내 이름을 알고 있는 사람들이었다. 특히 쉬바에프 교수의 연구 관심사는 나의 연구 영역과 깊은 관계가 있어 서로 잘 알고 있는 터였다. 그 위원회에서는 어떤 일을 어떻게 수행하는지 궁금증도 컸다. 당시만 해도 지금처럼 인터넷을 이용한 정보 수집도 쉽지 않았다

다음 해 여름 스위스의 취리히 연방공대(ETH)에서 일주일에 걸친 위원회 회의가 열렸다. IUPAC으로부터 어떤 경비 보조도 없이 먼 곳에서의 회의에 참여하는 데 드는 경비가 만만치 않았다. 당시는 이런 회의의 참가비용으로 연구비를 사용할 수 없었고, 학회에서도 보조가 없었다.

후에 안 일이지만 IUPAC의 정회원(Titular Member, TM)이 되면 여비보조의 혜택을 받지만 나는 아직 그러질 못했다. 명색이 국가 대표

(National Representative, NR)이므로 파견국에서 지원해야 한다는 철학 때문이었다. 보통 NR로 시작해 부회원(Associate Member, AM)을 거쳐 TM이 된다. 또 위원회나 분과회의 임원이 되기도 한다. 대부분 이런 승진이 위원회나 분과회 회원들의 직선으로 선출된다. 따라서 평소 본인의 임무에 얼마나 충실하고 동료위원들과 잘 지내는지가 위원회나 분과회 내에서 인정받는 중요한 요소가 된다. 거기다 장 자리를 차지하려면 물론 통솔력을 보여주어야 한다.

ETH의 회의장을 어렵게 찾아가 얼굴을 들이밀었는데 나에게 익숙한 얼굴들이 없었다. 그러나 이미 회의장에 와 있던 사람들은 나를 알아보는 듯했다.

"안녕하십니까? 한국에서 온 진정일입니다. 여러분 반갑습니다."

두루두루 인사를 나누고 나니 하루아침에 고분자과학계의 세계적 대가들 틈에 낀 기분이었다. 위원장인 영국 맨체스터대학의 스텝토(Robert Stepto)는 후에 고분자 분과회장이 되었고 내가 후임으로 IUPAC 일을 함께 많이 했다. 또한 영국 석세스대에서 정년퇴직한 젠킨스(Aubrey Jenkins), 프랑스의 노엘(Claudine Noël)과 마레샬(Enest Maréchal), 러시아의 쉬바에프, 일본의 하타다(Koichi Hatada, 오사카대), 미국 CAS(Chemical Abstract Service, ACS 산하) 메타놈스키(Val Metanomski), 체코의 크라토빌(Pavel Kratochvil), 스페인의 알레망(José V. Aleman), 스위스 ETH의 수터(Ulrich W. Suter) 교수 등이 위원회 멤버였다. ETH의 부총장직을 끝으로 2008년에 퇴임한 스위스의 수터 교수가 호스트를 하고 있었다.

우선 지난 회의의 회의록을 검토하고, 이번 회의에서 논의할 사항들의 우선순위를 메기고 시간표를 짰다. 어찌나 의견들이 많던지 이 정도의 일로 첫날 오전을 다 보냈다. 오히려 나에게는 다행이었다. 더운 여름 날씨에 에어컨이 없는 저렴한 호텔방에서 더운 선풍기 바람 속에 제대로 잠도 못 잔 처지라 머리가 띵했다. 시차적응은 더 말할 것도 없고…. 점심식사도 주최 측에서 마련해주지 않았고 각자 알아서 해결하도록 하고 있었다. 눈치껏 삼삼오오 틈에 끼어드는 수밖에 없었다.

정확히 약속된 시간에 오후 세션이 시작되었다. 오후 토론 내용에 액정고분자에 관한 용어의 정의가 들어 있었는데 토론이 간단하게 마무리될 것이라는 내 예상은 완전히 빗나갔다. 우리는 액정고분자(liquid crystalline polymer)라는 단어 하나를 놓고 오후 내내 토론을 진행했으나, 합의된 정의를 도출할 수가 없었다. 액정(liquid crystal)의 정의, 고분자를 polymer로 할 것인가, 아니면 macromolecule로 할 것인가의 첫 관문을 통과하지도 못하고 격론을 벌였다. 액정이라는 표현은 잘못된 표현이니 이제라도 메소상(mesophase 또는 mesomorphic phase)이라고 정정해야 한다는 의견도 튀어나왔다. 그러자마자 phase냐 혹은 state냐고 따져 묻는다. 계속되는 논의를 지켜보며 크게 3가지를 느꼈다.

첫째, 참여자들의 진지함이 크게 감명을 주었다. 모든 토론이 영어로 진행되었으나 언어의 장벽은 큰 문제가 되지 않았다. 자신의 의견을 서슴없이 말할 수 있는 토론의 장이 열려 있다는 사실이 중요할 뿐이었다. 때로는 칠판에 나아가 쓰기도 하고, 트랜스패런시를 사용하기도 했다.

둘째로 위원장과 소수의 정회원(TM)을 제외하고는 각자의 여비와 체류비를 자기 능력껏 조달해오고 있다는 점이 흥미로웠다. 나를 제외한 다른 학자들은 소속 학회나 기관의 보조를 받고 있는 듯했다. 개중에는 IUPAC이 지원하는 사업의 수행비—이 위원회의 큰 부분은 이런 사업 내용을 다루고 있었다.—를 부분적으로 사용하는 위원도 있었다. 위원장과 정회원의 비용보조는 분과회 예산에서 할당받고 있었다.

셋째로 인상적이었던 것은 모든 토론이나 결정이 철저하게 민주적인 절차를 따른다는 점이었다. 위원장이나 간사의 독재적 언행은 전혀 찾아볼 수 없었다. 위원장은 시간을 잘 조절해 IUPAC이 원하는 시간 내에 결론을 내려고 노력하지만 지나치게 시간에 얽매이지는 않았다. 점심이나 저녁시간에도 흔히 토의는 계속되었다.

이러한 경험은 나에게 처음이라 새롭기도 하고 당황스럽기도 했다.

'내가 정말 이런 일에 몰두할 수 있을까? 여기서 끝나지 않고 새로운 과제를 갖고 가야 하는데 연구에 지장은 없을까? 국내에서 여비 보조를 받기란 거의 불가능한데 금전적으로 가능한 일인가? 대한화학회가 이런 일을 심각하게 받아들일까?…' 등의 별로 희망적이지 못한 질문들이 내 머리를 복잡하게 하였다.

하루는 주최자의 도움으로 여행을 즐기는 프로그램이 마련되어 학구적인 토론의 장을 벗어난 장거리 여행의 즐거움을 느낄 수 있기도 했다. 취리히 회의 중에는 알프스 산을 에스컬레이터로 정상까지 올라가 설산을 구경하는 기쁨을 맛보았다.

그날 저녁은 시내의 한 맥주집에서 망중한을 즐기며 여러 위원들과 담소를 즐겼다. 국제단체가 행하고 있는 지극히 작은 일부에나마 내가 참여한 것을 고맙게 생각하게 되었다.

액정중합체 술어로 어느 단어를 포함시킬지에서 출발해 각 단어의 정의를 합의하기까지는 지나칠 정도로 오랜 시간이 걸렸다. 그 프로젝트를 시작한 지 10여 년이 가까워지니, IUPAC 본부로부터 독촉을 받고 있었다. 그러는 사이 프랑스에서 액정 분야의 대가인 노엘이 위원회에서 떠났고 러시아의 쉬바에프의 참여도 많이 줄어들었다. 이러다가는 액정고분자 전문가로는 나 하나 남아 있을 판이었다. 결국 위원장이던 스텝토 교수가 나와 협력하여 이 프로젝트를 끝내기로 합의를 보았다. 우리 둘 사이에 무수한 교신과 토론을 통해 프로젝트에 큰 진전을 보았다. 매년 개최하는 위원회에서도 논의를 계속했다.

결국 우리 손에서 일이 끝나게 되었다. 스텝토 위원장이 나를 자기가 있는 맨체스터 대학에서 강연을 하도록 초청했다. 그 핑계로 맨체스터에 며칠 머무르면서 나와 스텝토는 매일 만나 마지막 마무리 작업을 스텝토 집의 서재에서 했다. 위원회와 외부 전문가들의 평가와 추가적 의견들이 반영된 액정고분자 술어 프로젝트가 끝났다. 지금 그 프로젝트의 결과물은 IUPAC 고분자 명명 위원회가 발표한 가장 긴 서류 중 하나가 되었다.

그 서류에 담겨 있는 액정고분자 관련 술어의 정의를 세계가 표준으로 삼고 있다. 이런 나의 참여와 노력이 후에 나에게 값진 보답을 주었다. 이런 활동을 통해 고분자분과회에 나의 존재가 제법 알려지게 된 것이다. 그 결과 고분자 분과회의 회장으로 당선되었고, 후에는 IUPAC 회장까지 되는 영광을 차지하게 했다. 희생과 열성과 기여가 가져다 준 달콤한 결과의 희열은 내 평생의 자랑이자 영광이 되었다. 국제사회를 위한 희생적 봉사는 지성인의 필수적 의무가 아니던가.

터부시 되는 화학제품들

“여러분, 물은 화합물이에요. 우린 물 없인 못 살죠?”

“네!”

“왜 그렇죠?”

“생명을 유지하기 위해서는 물이 꼭 필요합니다.”

“맞습니다. 우리는 물 없인 못 살아요. 모든 생물체는 물 없이는 생명을 유지하지 못합니다.”

“그러면, 왜 생물은 생명 유지를 위해 물이 필요하지요?”

학생들의 사고력을 확장시키기 위해 질문을 이어가면서, 그들이 과학적 진실에 접근할 수 있도록 노력했다.

“여러분, 지금까지 물의 중요성을 생각해보았습니다. 그렇게 중요한 물이 우리에게 좋은 일만 하지는 않습니다. 우리에게 큰 피해를 주기도 합니다. 그런 예를 들어볼까요?”

“네, 교수님. 수해를 주기도 하고, 익사하는 사람들도 많습니다. 또 오염된 물이 위생과 질병 문제를 일으킵니다.”

“그렇죠?! 물은 필수적이지만 우리들에게 좋은 일만 하지는 않습니다.”

이런 대화를 나누면서, 나는 화학물질의 이중적 특성을 설명해주려고 노력했다. 유용성과 독성을 동시에 지니고 있는 화학물질의 특성을 이해시키려고 노력했다. 농업혁명의 시작을 이끈 비료(요소)는 토양에 머물지 않고 빗물에 씻겨 내려간 뒤 강과 바다를 오염시켜왔다. 농업혁명의 또 다른 주역으로 해충으로부터 작물을 보호해주는 각종 농약은 그 독성 때문에 비난의 대상이 되어왔다. 이들 또한 화학물질로 앞에서 말했듯 이중성을 지니고 있다. 다시 한 번 옳게 사용해야 한다는 점을 깨우쳐주고 있다.

요즘 플라스틱 제품에 의한 환경오염 문제가 세계적으로 관심을 끌고 있다. 미세플라스틱 혹은 마이크로플라스틱이라 불리는 미세오염물질은 물과 토양뿐만 아니라 공기까지 더럽히고 있다. 최근 미국의 콜로라도주에 내린 비에서 미세플라스틱이 검출되었다는 보고가 있었다. 태평양을 떠다니는 거대한 플라스틱 쓰레기 섬들과 죽은 고래 뱃속이 플라스틱 찌꺼기로 가득 채워져 있는 모습은 정말 충격적이다. 저렴하고 비교적 장기간 사용가능해 인류의 사랑을 받아온 제품들이 이제는 쓰레기 전쟁을 일으키고 있다.

그렇다고 플라스틱 생산을 금지하고, 사용을 금할 수도 없는 것이 현실이다. 우리들이 사용하는 플라스틱 필름을 종이로 대체한다면, 1년에 아마존 원시림을 하나씩 없애 종이를 제조해야 하는 상상하기 힘든 일이 발생할 수 있다. 이 예에서도 다시 화학제품의 두 얼굴과 부딪힌다. 철저한 재사용, 리사이클, 재원료화, 연료화 등 모든 가능한 기술을 동원해야 한다. 이와 관련하여 강과 바다를 오염시키고 있는 미세플라스틱 중에는 세탁 시 섬유제품에서 마모되어 생기는 경우가 많음을 지적해둔다.

화학물질의 독성에 관한 문제는 중요하고도 해결하기 어려운 과제다. 독성을 판단하기가 때로는 힘들기도 하고, 독성학의 발전에 따라 소비자들이 여러 해 이미 사용한 후에나 그 독성이 밝혀지는 경우도 허다하다. 우리나라에서도 이런 일이 사회 문제가 된 사례가 여럿 있다. 이런 일이 새로운 화학제품의 시장 진입을 어렵게 하고 있다. 소비자들의 독성에 관한 관심이 커질수록 이 현상은 더 심화되리라 믿는다. 단, 사용가능한 화학물질의 허용값이 나라마다 달라 소비자들을 더욱 혼란시키고 있다. 수입은 허가되지만, 국내 소비자들의 사용 허가 값보다 화학물질 농도가 높아 사회적 문제를 일으킨 경우도 있고 선진국에서는 판매가 허가된 제품이 우리나라에서는 사용이 금지되어야 하는 경우도 있다.

어느 때는 과학적 증거보다 사회적으로 편견 섞인 여론이 화학제품 제조자들을 괴롭히기도 한다. 특히 판매 허가까지 받아 출시된 제품에 대해, 오래전에 제조를 담당한 책임자에게 시간이 지난 후 불명예스러운 법적 책임까지 묻게 되는 경우가 있어 안타깝게 느껴진다. 이런 힘든 일로 고통 받기 전에, 모든 화학제품 개발자들은 소비자들의 안전을 가장 중요시하는 풍토를 만들어야 한다. 화학제품은 소비자들에게 이로움과 편리함을 제공하더라도 '안전'의 관점에서는 '위험물'의 가능성을 지니고 있음을 잊지 말아야 한다.

이 우주를 구성하고 있는 모든 물질이 화학물질이라는 점을 상기시키고 싶다. 이는 우리 주위의 모든 물질이 어떤 형태로서든 또는 어떤 이유 때문에서든 위험물질이 될 수 있다는 점을 잊어서는 안 된다는 신호로 받아들여야 한다.

자연에서 발견되는 천연물이라고 안전성이 보장되지는 않는다. 치명적일 수 있는 독초가 우리 주위에 얼마나 많은가! 일부 동물들도 마찬가지다. 독사의 독액은 좋은 예다. 자연계에서 발견되는 무기물질도 독성이 큰 화합물들이 있다. 아르신(비소, As), 수은(Hg), 납(Pb) 화합물들의 독성은 예부터 잘 알려져 있다.

"교수님, 숲속 공기에는 피톤치드도 많지만 목초들이 뿜어내는 산소 덕분에 평균 산소 농도도 도시 공기보다 높다고 들었습니다. 또 병원에서 호흡 곤란 환자들에게는 산소통에서 나오는 산소로 호흡시킨다고 들었습니다."

"네, 그렇습니다. 학생."

"그러면 교수님, 순수한 산소가 가장 건강한 호흡 기체겠네요. 그렇습니까?"

"아닙니다, 학생. 우리 인체는 순수한 산소를 호흡기관에서 사용하지 못합니다. 오히려 순수한 산소는 매우 위험합니다. 인체는 21퍼센트의 산소를 포함하는 일반 공기를 사용하도록 진화했습니다. 의료용 산소는 훨씬 산소 농도가 높을 수 있으나 고농도 산소를 장시간 흡수하면 여러 가지 산소중독을 유발하여 호흡기, 특히 폐를 해칩니다."

의료용 산소는 흔히 40여 퍼센트 이상의 산소를 포함한다. 일부 연구결과에 의하면 고농도 산소는 동물들의 노화를 촉진하기도 한다. 물론 산소 농도가 높을수록 부주의한 사용으로 인한 화재위험도 커진다. 물과 산소 없이는 생존할 수 없는 우리들이지만 이들이 가져다 줄 수 있는 위험은 매우 다양하다.

어느새 여름철이 다가왔다. 물놀이가 생명을 빼앗아 갔다는 보도가 우리의 경각심을 높였다. 소량의 물이 기도로 들어가 산소 공급을 막는 바람에 어린이가 질식사했다는 끔찍한 보도도 있었다.

우리는 화학물질 없이는 살아가기 어렵다. 우리 인체 전체가 화합물로 이루어져 있다. 따라서 화학물질의 폐해만 강조하는 것이 아니라 이들을 더 정확히 알고 옳게 이용하는 태도를 키워야 한다.

대기만성, 꾸준히 상승곡선을 그리는 인생의 아름다움

대기만성(大器晩成)의 예를 우리는 주위에서 심심치 않게 본다. 서울대에서 교수를 하던 한 선배는 오랜 고생 끝에 교수 자리를 얻었으나 교수다운 대접을 별로 받지 못하였다. 그러나 그런 상황에 크게 개의치 않고 성실하게 연구하고 학생들을 열심히 가르쳤다. 외국 유학 경력이 없는 그분에게 대학원생 차례가 가는 경우는 드물어, 주로 혼자서 직접 실험을 하는 처지였다. 그래도 항상 명랑하셨고, 후배들과도 잘 어울리셨다. 그분이 예순 즈음 되셨을 때, 노력의 결실이 세상에 빛을 발하기 시작했다. 미국 화학회 학술지에 연이어 논문을 발표하여 세상의 이목을 끌었고, 여러 국제 학술대회에도 초청을 받았다. 불행히도 정년 후 얼마 안 되어 타계하셔서 지금도 안타까움으로 남아 있다.

도공들이 도자기를 만드는 작업 광경을 지켜보노라면 그 일이 얼마나 힘든 일인지를 느낄 수 있다. 만족스럽지 못한 작품은 깨뜨려버리고 무수한 깨뜨림의 과정 끝에서, 자랑스럽게 선보일 수 있는 단 한 개의 자기를 완성한다. 그 하나의 자기를 만들기 위해 노력하는 도예가들의 집념과 끈질김에 우리는 크게 감탄하며 큰 박수를 보낸다. 우리 키만 한 큰 도자기의 늠름한 모습은 압도적이다. 나는 김포공항에 설치해 놓은 어마어마하게 큰 달항아리 앞에서 포즈를 취했다. 그것이 진본 도자기일 수 없다는 사실을 알면서도 지나칠 수가 없었다.

자식들과 제자들을 키울 때에도 대기만성의 기쁨을 느낄 수 있다. 초기의 예상이나 기대를 넘어 훌륭한 성인이나 과학자가 되어 내 앞에 나타날 때 느끼는 기쁨은 글로 표현하기 힘들 정도의 큰 만족감과 행복감을 준다. 학부-대학원(석사과정)-미국유학(박사과정)-연구생활(미국)-교수(미국 또는 한국)의 길을 걷는 여러 제자들이 있다.

이런 힘들고 긴 여정을 거치면서 마치 지속적인 운동을 통해 근육과 체력을 키우듯 계속적으로 자기의 우수성과 창의성을 갈고 닦아 대성하는 제자들이 있다. 처음에 크게 기대하지 않았던 제자가 세계에서 우뚝 솟은 학자로 성장하는 모습은 대기만성의 의미를 새삼 깨닫게 한다. 물론 그들이 빚는 최종 도자기의 크기와 모양은 모두 다르리라는 점을 잘 알고 있다. 초벌구이까지는 뛰어나다가도 유약 처리가 잘못되어 좌절하기도 하며, 아예 초벌구이의 고비도 제대로 넘기지 못해 대기가 아닌 소품으로 전락할 수도 있다. 초벌구이에서 경험해야 하는 800도보다 1200도를 견뎌야 하는 마지막 시련은 초벌구이 때와는 비교가 안 된다.

내가 가장 아쉽게 생각하는 제자는 자기의 능력을 최대한 발휘하려 노력하지도 않은 채 쉽사리 안주하며 주저앉은 설익은 과학자들이다. 나는 교수나 연구자라는 직업은 호구지계의 자리가 아니고, 자기를 불살라버리는 성직자의 숭고함과 유사한 고난의 길을 추구하는 업이라 생각한다. 정진한다는 의미는 나 자신을 간단없이 채찍질함이 아니던가!

나에게는 아들 둘이 있다. 큰애와 둘째의 나이 차이가 2년 반쯤 된다.

키는 훨씬 더 크지만 여러 면에서 둘째는 첫째에 못 미쳤다. 체력에서도 그렇고 학업 성취에서도 그랬다. 그러지 않으려 노력했지만 자연스럽게 우리 내외의 관심은 큰애에게 더 가지 않았나 생각된다. 그런데 둘째에게서 몇 가지 반짝임이 관찰되었다.

"엄마, 아빠, 이것 봐요!"

"그게 뭐니? 혹시 엄마 학교 오라고?"

"아니, 보라니까요!"

기대하지 않고, 바라지도 않던 상장과 표창장을 심심찮게 들고 오는 둘째의 재능을 살펴보게 되었다. 큰애는 우등상장 외에는 다른 종류의 상장을 별로 갖고 오지 않았는데, 둘째는 우등상장은 드물었고 오히려 재능을 인정받는 상장들이 많았다. 글짓기, 표어 만들기, 육군 장병에게 보낸 위문편지, 어버이날에 만든 카드….

또한 학년이 높아갈수록 눈에 띄는 일 한 가지도 분명해졌다. 수학 성적이 다른 과목에 비해 월등히 좋아지고 있었다.

"욱아, 너 이제 영어만 잘하면 되겠구나!"

"영어단어 외우기 싫어서 영어는 잘할 수가 없어요."

"얘는, 어떻게 좋아하는 일만 하고 사니? 때로는 필요에 따라 싫은 일도 해야 한단다. 명심해라!"

"네, 아버지."

둘째가 중학교를 졸업할 때가 다가오고 있었다. 무얼 졸업선물로 줄지 궁리하다가 한 가지 생각이 떠올랐다.

"아버지, 저는 그림을 그리고 있으면 재미도 있고 마음이 평화스러워져요!"

둘째의 한마디가 기억에 생생하여 화구점에 들렀다.

"그래도, 그럴듯한 선물을 해주어야지."

제법 돈을 들여 이젤을 사 들고 왔다. 역시 둘째는 내가 사준 이젤을 무척이나 아꼈다. 나는 둘째가 글쓰기와 그림 그리기 방향으로 장래를 계획하고 있지 않나 하고 생각했으나, 이상한 변화가 감지되었다. 고교에 진학하더니 이젤의 사용빈도가 줄어드는 것이었다.

"아빠, 나 수학 반장 되었어요!"

"야, 잘 되었구나. 축하한다. 아니 욱이가 언제부터 수학을 그렇게 잘했니?"

둘째가 평소 따지기 좋아하고, 논쟁의 논리가 정연한 아이라는 것을 느꼈으나 수학 쪽으로 취향이 기울고 있음을 감지하지는 못했기 때문에 사뭇 놀랐다. 둘째가 앞으로 어느 길을 택할지 혼란스러워지기 시작했다. 고등학교 2학년생이 되었는데도 이 혼란은 계속되었다. 계속 글쓰기, 그림그리기를 즐기며 한문도 곧잘하고 수학 반장을 하고 있으니….

한번은 둘째를 불렀다.

"욱아, 너 무어 해먹고 살고 싶은지 생각이 섰니?"

"아뇨."

"네 평소 재능과 취미를 생각해보면 '고고인류학자'가 되지 않으련? '고고인류학'은 다학제적 분야로 너처럼 다재다능한 사람들에게 알맞은 전공 분야거든."

"네…. 좀 더 생각해볼게요."

앞에서도 언급했지만 둘째는 논리에 매우 강했다. 그리고 이 아이가 보여주는 독창성이 나를 놀라게 한 경우도 여러 번 있었다. 착실하게 모든 일을 수준급 이상으로 처리하는 형과는 대조적이게 말이다. 고교 3학년이 되었을 때도 진로를 어떻게 정해야 할지에 대한 판단이 명확히 서지 않았다. 둘째의 앞길을 어떻게 인도하지? 우리 부부는 함께 고민하기도 했다. 대학교수인 내가 내 자식의 장래 길을 안내하지 못한다면 얼마나 우스운 일이겠는가! 대학 입학원서를 써야 할 날이 다가오고 있었다.

"욱아, 마음 정했니?"

"글쎄요…."

"네 성품과 능력, 재능, 미래 사회의 요구성, 네가 행복을 느낄까 하는 등 여러 가지를 면밀히 생각해보았거든."

"고마워요, 아버지. 저도 생각이 있지만 아버지 조언을 받아들이겠습니다."

"옳지. 전자계산학과에 진학하거라."

"저도 생각하는 과인데, 그 과는 인기가 워낙 높아 제 실력으로는 좋은 대학 못 갈텐데요."

"괜찮다. 성적에 맞추어 가고, 대학에서 열심히 해 크게 자라다오!"

고려대 분교—여기에 입학 원서 넣는 것도 담임선생은 어렵다고 반대했다—에서 학부 교육을 마쳤다. 상급학년에서는 반에서 우등한 성적을 거두기도 하는 등 점점 더 열심히 하는 듯했다. 후에는 전산이 자기 적성과 취미에 맞는다고 했다. 결국 고려대에서 박사학위를 취득하고 미국에서 연구 생활을 했다. 미국 연구 생활에 어찌나 열중했는지 건강도 조금 해치는 듯했다. 업적이 매우 좋았던 모양이다. 덕분에 서울의 한 대학의 교수가 되어 열심히 살아가고 있다. 오늘도 나는 둘째에게서 대기만성의 기쁨을 만끽한다. 내가 보기에 둘째는 아직도 상승 곡선을 그리고 있다. 지금은 어엿한 가장으로 행복하게 살고 있다. 나에게 유일한 손녀까지 안겨주어 고맙기까지 하다. 둘째야, 정말 자랑스럽다. 내내 건강하고 행복하게 살아다오. 대기는 만성이란다.

현명하고 성실한 조언자, 멘토르

미국 코넬대 크리스(Christopher Ober) 교수가 나에게 한 말이 가끔 내 귀를 울린다.

"알맞은 멘토르를 만나지 못했던 것이 가장 큰 까닭 같습니다."

큰애가 미국에서 잠깐 어려운 시간을 보내고 있을 때 크리스가 나에게 상황판단에 대한 자기 의견을 말해주었다.

"그래 맞다. 우리는 태어난 후 자기의 길을 개척해 나갈 때 좋은 조언자(멘토르)를 필요로 한다."

내가 학문의 길을 선택한 뒤 그 길을 걸어갈 때 굽이굽이마다 이끌어주던 선배와 스승들이 있었다. 그들이 있었기에 큰 힘을 들이지 않고 내 길을 찾아 걸으며 성장할 수 있었다고 믿는다. 소위 훌륭한 멘토르가 있었다.

멘토르(Mentor)는 그리스 신화 속 인물의 이름이다. 그는 호메로스의 '오디세이아'에 등장하는 오디세우스의 노우(老友)였다. 오디세우스가 트로이아에 출정할 때 자기 아들 텔레마코스의 교육과 집안일을 멘토르에게 부탁하는데 그때 여신 아테나(Athena)가 멘토르의 모습을 하고 텔레마코스를 도와 그의 아버지를 찾기 위한 먼 항해의 길을 떠난다.

현재 멘토르는 충실하고 현명한 조언자라는 뜻으로 쓰이고 있다. 산스크리트어(mantar)로는 생각하는 사람, 라틴어(monitor)로는 조언자의 의미를 가진다. 평생 업의 대부분이 가르치는 사람이었던지라, 학생들의 멘토르 역할은 나에게 가장 중요한 책무인 동시에 가장 즐거운 일이었다. 하지만 대학 졸업으로 학업을 끝내고 사회로 진출하는 제자들의 진로를 지도하는 일은 그리 간단치가 않았다. 우선 개인적으로 접촉하여 대화를 나눌 수 있는 시간에도 한계가 있는지라 학생들 개개인에 대한 정보가 미흡했다. 또한 두드러지게 독특한 특징을 보이지 않던 제자들에 대한 조언자 역할은 매우 조심스러웠다.

더구나 이들이 사회 진출 후에는 여러 가지 이유 때문에 나와의 접촉이 드물게 되어 지속적인 멘토르 역할이 거의 불가능했다. 물론 예외는 얼마든지 있다. 석사, 박사 제자들의 멘토르로서의 역할은 학사 학생들에게 보다 훨씬 지속적으로 할 수 있었고, 나도 조언자 노릇을 서슴지 않고 자신 있게 할 수 있었다. 나와 함께 나누고 있던 시간도 많았고, 결혼, 직장, 인간관계, 승진 및 퇴직, 유학, 귀국 여부 등 그들의 행로가 내가 걸어온 길과 여러 면에서 멀지 않았기 때문이다.

부모로서나 또 집안의 어른으로서 자식들과 조카들을 위한 조언자 노릇은 나에게 또 다른 기쁨을 주었다. 특히 고교 졸업 후 대학에 진학할 때 학과 선택에 관한 조언은 그들에게 가장 중요한 선택의 길을 열어 주었다.

큰애는 물리를 매우 좋아했으나 여러 번 상의 끝에 재료공학과를 선택하게 도와주었다. 결국 미국에서 재료공학 박사학위를 받았으며 반도체 물리학 분야의 연구를 행했다. 지금도 자기 전공분야에 대한 만족도가 매우 높은 듯하여 내 마음이 흐뭇하다. 미국의 NASA와 대학교수를 거쳐 현재는 큰 연구소의 팀장으로 연구와 행정을 함께 책임지고 있다.

둘째는 수학에 뛰어난 면을 보여주었지만 순수 수학자의 길보다는 전산과학도의 길을 가도록 지도했다. 그 분야에서 박사학위를 받고 연구도 열심히 해 지금은 교수로 학생들을 지도하는 일을 하고 있다. 이미 석 · 박사도 여럿을 배출했고 자신의 연구영역을 확립한 듯싶다. 여동생의 아들은 의대와 공대를 놓고 고민하다가 결국 나와 여러 번의 상의 끝에 화학공학도의 길을 걷기로 했다. 미국에서 박사학위를 받은 후 현재는 삼성그룹의 부장으로 근무하고 있다. 응용화학이 아닌 전통적인 화학공학도가 되기를 바랐는데 내 의견을 잘 따라주었다. 그 결과 매우 중요한 공학도의 자리를 잡았다.

남동생에게도 아들이 하나 있다. 이 조카는 머리가 뛰어난 면을 보였으나 놀이에 빠져드는 점도 눈에 띄었다. 기계공학도의 길을 권했으며, 미국에서 박사학위를 끝낸 후 현재는 국내 명문대에서 교수 노릇을 하고 있다. 귀국한 지 얼마 되지 않으나 벌써 우수한 연구결과를 얻고 있어 기쁘다.

바로 손아래 여동생에게 딸이 둘 있다. 미국에서 태어나 자랐기 때문에 나와의 접촉은 제한적이었다. 첫째는 약사, 둘째는 검찰에서 활동하고 있다.

이렇듯 2세들이 자기들의 길을 행복하게 달리고 있는 모습에 흐뭇함을 숨길 수 없다. 나는 이들을 멀리서 바라보고만 있지는 않는다. 오십이 다 된 큰애와도 가정, 자녀교육, 직장과 직업, 인간관계, 행복의 의미 등에 관해 만날 때마다 의견을 나눈다. 이런 식의 대화는 둘째아들과 조카들과도 시간과 분위기가 허락할 때면 서슴지 않는다. 내가 그들의 멘토링을 도맡아 하지는 않는다. 그러나 그들이 어떠한 인생의 행로를 걷고 있는지는 계속해서 관심을 가지고 지켜보고 있다. 그들이 내 의견을 물어오기를 기다리며, 의견을 물어올 때는 성심, 성의껏 그들의 생각과 문제에 귀를 기울이며 말을 나눈다.

급변하는 세상, 세대 차이, 우리나라가 지니는 특수성과 미래, 교육과 연구, 국제적 위상과 협력, 개인과 가정의 행복, 인간관계 등등 비교적 광범위한 관심사들이 대화의 내용이 된다. 요즘은 미국의 손자들과 한국에 있는 셋째손자의 진로 문제가 나의 멘토링 대상이 되고 있다. 미국에서 태어나 성장해 온 손자 둘에게는 가끔 장문의 편지를 보낸다. 어떤 삶이 가치 있는지와 미래 사회가 요구하는 인재, 행복은 어디서 찾는가, 미국 사회의 다면성 등을 주 내용으로 한다. 때로는 자기들의 고민을 나에게 토로할 때도 있다. 첫손자는 수학도의 진로를 잡았다. 2018년 8월부터 대학생활을 시작했으며 독서광이기도 하다. 때로는 그 특출함이 걱정이 되기까지 한다.

둘째손자는 2019년에 대학에 진학해 진로선택에 고심하고 있다. 손자는 첼로를 곧잘 연주하고, 비디오 아트에도 관심이 꽤 있으나 예술가는 되고 싶지 않단다. 물리학을 좋아하나 자연과학도의 길을 걷게 될지는 의문의 여지가 많아 여러 각도에서 장래 길을 논의해왔다. 둘째 손자는 경제학과 국제관계를 전공하기로 결정했다.

한국에서 자라고 있는 셋째손자는 과학기술 쪽으로 기울어져 있으나 이제 고등학생이니 더 두고 볼 계획이다. 자연과학과 응용 공학 분야에 관심을 가져, 드디어 손자 중에 한 명이 이공학도가 되려나 하는 기대가 크다. 항공우주공학에 특히 관심이 커 융합과학기술의 중요성을 강조해주곤 한다. 또 나의 전공분야였던 화학의 중요성과 미래도 종종 들려주곤 한다.

'현명하고 성실한 조언자'라는 멘토르의 정의에 충실한 어른 노릇을 하려 노력하고 있다. 나의 멘티들이 모두 행복하게 살 수 있기를 기도한다. 그들이 행복해야 우리들의 미래가 밝아지리라 믿기 때문이다.

인연은 과연 우연히 만들어지는가

"여보세요, 강 박사시지요? 저 고려대의 진정일입니다. 안녕하셨는지요?"

"네, 교수님. 안녕하셨습니까? 웬일이십니까, 저에게 전화를…."

"다름이 아니라, 부탁드릴 말씀이 있어서요!"

"무슨 부탁인데요? 말씀하십시오. 진 교수님."

"다음 학기에 고대 대학원생들을 위한 강의 한 강좌 맡아주셨으면 해서요. 얼마나 바쁘신 분인지는 잘 알고 있습니다만…."

고려대 화학과 대학원생의 숫자가 늘어나고, 고분자과학에 대한 관심도가 높아짐에 따라 대학원생을 위한 강좌를 확장할 필요가 커졌다. 그러나 우리 과에 고분자화학 전공자는 나 한 명밖에 없고, 다른 과 교수 중 일부가 고분자과학 내지 공학 전문가들이 있었으나, 자기들 교과목 소화도 바쁜 지경이었다. 사립대학의 재정 사정이 매우 나빠 교수 채용을 자제하고 있는 실정이었다.

따라서 나는 고려대 가까이 있는 한국과학기술연구원(KIST)의 후배 과학자들에게 강의를 부탁하기 시작했다. 많지 않은 강사료였지만 내 요구를 대부분 들어주어 매우 고마웠다. 강, 김, 안 박사 등 여러 명에게 돌아가며 강의를 부탁했다. 강의뿐만 아니라 학회일과 학술대회 개최 등에 이들의 도움도 쉽게 받을 수 있는 인간적 유대도 생겨 나에게 큰 힘이 되었다.

그런데 세월이 지나 이 후배들이 대부분 정년을 맞아 제2의 인생들을 밟게 되었다. 덕분에 지금도 가끔 만나 막걸리 잔을 나눈다.

“진 교수님, 지난 이야기지만 재미있는 에피소드가 우리들 사이에 돌았는데, 혹시 들은 적이 있으신지요?”

“무슨 소리지요?”

“글쎄. 진 교수님이 우리들에게 고대 강의를 시킨 일과 관계되는 이야기입니다.”

“왜? 엉터리 강의라고 학생들의 항의라도 있었나요?”

“에이, 그럴 리가요. 진 교수님!”

“그럼 뭔데요? 뜸들이지 말고 어서 말해봐요!”

“교수님, 이런 소문 들은 적이 있으십니까? 진정일 교수님댁에 끌려갔던 사람들만 고분자학회에서 출세한다고요….”

“아무렴, 그럴 리가 있으려고요! 학회 회의 끝나고 함께 저녁을 한 후 취기가 오르면 누구든 우리 집에까지 끌고 가 한 잔 더하곤 했을 따름인데…. 후배들 사이에 그런 소문들이 돌고 있었구려….”

“그런데 고려대 강의에 대해서도 유사한 말이 퍼져 있습니다.”

“그래요? 무슨 이야기인데요?”

“다름이 아니라, 진 교수님이 고려대 강의를 맡겼던 후배들은 모두 대학교수가 되어 옮겼는데 진 교수님께 선택되지 못한 사람들은 연구소에 그냥 남아 있게 되었다나요….”

"아 참, 그럴 리가요…. 고려대에서 강의를 가장 많이 해준 후배도 연구소에서 정년했는데…."

글쎄, 대학으로 자리를 옮긴 후배들이 각 대학을 접촉할 때 고려대에서 강의 경험을 쌓았다는 사실이 얼마나 긍정적으로 평가되었는지는 알지 못한다. 그러나 주위의 후배들이 보기에 나와의 인연이 어떻게든 긍정적으로 작용했다고들 생각한 모양이다. 나와 고려대에 대한 주위의 인식이 호의적이었던 모양이다. 그러나 '나와의 인연'보다는 '우연한 결과'라고 넘겼다.

"교수님, 오늘 저 ××회사 입사 면접 보았습니다."

"그래? 잘 했니?"

"네, 틀림없이 좋은 결과가 있을 것 같습니다."

"왜 그렇게 자신만만하니?"

"다 교수님 덕분이지요!"

"왜 내가…."

"면접관이 고분자화학 배웠느냐고 묻더라고요."

"배웠으면 뭐해! 자네 성적이 별로였잖아."

"그렇지만 그런 거 상관없어요."

"무슨 말이니?"

"교수님께 배웠다는 게 중요하거든요."

"왜, 시험관이 무어라 하던?"

"예, 고분자화학 수강했느냐고 묻기에 수강했다고 답하니까, 어느 분 강의를 들었느냐고 또 묻더라고요."

"그랬구나."

"네, 교수님 성함을 대니까, '진 교수님께 들었어요? 그러면 틀림없이 잘 배웠겠군요! 안녕하신지요?'라더군요."

지금은 다르지만 90년대만 하여도 화학과에서 고분자화학 강좌가 개설된 대학이 많지 않았다. 고분자과학은 주로 공과대학에서 가르쳤으며, 화학과에서 고분자과학자를 교수로 채용하기를 꺼렸다. 우리나라의 고분자과학교육이 주로 공과대학에서 시작된 역사적 사실과 고분자과학은 '응용과학'이라는 잘못된 인식이 깊었기 때문이다. 스타우딩거, 나타, 플로리, 메리필드, 히거, 시라카와, 맥다미드 등이 모두 노벨화학상을 수상한 기초과학자들이었건만, 잘못된 인식이 아직도 계속되고 있는 듯하다.

물론 고분자과학이 응용될 수 있는 분야는 매우 넓고 그 유용성이 넓게 인정받고 있는 것도 사실이다. 그렇다보니 고분자과학은 화학, 물리, 생물학에는 물론 화학공학, 재료 및 소재 공학, 전자공학 및 기계공학과 학문 및 학술적 얽힘이 많다. 그렇기에 나는 고분자과학이 '21세기 융합과학기술 시대'에 가장 중요한 분야임을 강조한다. 생명과학 및 의약학 분야와 고분자과학의 융합이 특히 금세기 들어 눈에 띄게 활발해지고 있다. 고분자화학에 대해 깊은 이해도 없이 선택하여 인연이 맺어진 이 분야의 매력에 나는 아직도 더욱더 깊이 빠져든다. '인연이 우연이 되기'보다는 '우연이 인연이 되었다.'고나 할까.

우리는 살아가면서 수없이 많은 인연을 만들고 맺는다. 불가(佛家)에서는 인연의 이치로 연기설(緣起說)을 가르친다. 이 법칙은 '그것이 존재하기 때문에 그것이 있고, 이것이 생기므로 그것이 생긴다. 이것이 없으면 그것도 없고, 이것이 멸하기 때문에 그것이 멸한다'는 불교의 가르침에 근거를 두고 있다. 환언하면, 현재는 과거 없이 존재할 수 없고 주위환경과 과거의 역사 없이 오늘이 있을 수 없다는 뜻이다. 비록 나와

맺은 인연들이 우연처럼 보이는 여러 결과를 맞이했겠지만 그들은 우연이 아니라 인연이 만든 당연한 결과라는 의미인가?! 아름다운 인연이 아름다운 우연(처럼 보이는)의 결과를 보장한다는 믿음이 깊어가는 까닭은 연기를 철저히 믿기 때문일까?!

제 강연료는 어떻게 지불하시렵니까?

노벨상 수상자를 포함해서 외국 저명 과학자를 국내 학술대회에 초청하고자 할 때 항상 마주쳐야 할 과제가 몇 가지가 있다. 물론 외국 과학자들의 개성과 습성은 개개인마다 워낙 다르기 때문에 사전에 최대한 여러 가지 정보를 알아낸 후 초청 여부를 결정해야 한다.

"지나치게 많은 강연료를 원하는 눈치입니다."

"얼마나 되길래요?"

"처음에는 한 1억을 원하는 듯하였으나 몇 번의 편지 왕래 이후 5천만 원 정도로 이야기가 되었습니다."

"아니 강연료만 5천이면 거기에 비행기 1등석 왕복, 특별 호텔 스위트룸에 교통편의 등 체제비까지 합치면 6~7천만 원은 쉽게 들겠네요!"

"네, 그렇습니다."

"재단에선 그렇게 많이 지원해줄 수 있다고 합니까? 더구나 그분이 오시면 정부 차원의 관심도 보일 터이니 그분의 일정과 보안 챙기기가 보통 어렵지 않을 텐데요…."

"더 고민해보겠습니다, 위원장님."

1996년 대한화학회가 창립 50주년 행사를 준비하고 있었다. 이 학회는 25년마다 창립 기념행사를 하는 전통을 지니고 있었다. 창립 25주년이라고 해야 1971년으로 아직 모든 것이 힘든 때였다. 그런데도 국제학술대회를 열심히 치렀다. 그러니 1996년에는 더 크고 멋있게 치러야 한다는 분위기가 학회 내에 강했다. 더구나 김시중 의원과 진정일 총무 콤비에 거는 기대도 컸다고 느꼈다. 그래서 우리 학계와 사회의 관심을 끌 수 있는 초청 연사를 선정하는 회의를 거듭했다. 훌륭한 제안들이 쏟아졌다.

그중 학술위원회가 가장 선호하는 기조 연설자는 영국 수상을 지낸 여성과, 비평형 열역학의 세계적 석학으로 노벨상을 수상한 분이었다. 여성분은 영국 수상으로서의 명성과 옥스퍼드대 화학자라는 점이 큰 매력이었다. 결국 예산과 보안을 고려하여 두 번째 선택을 하였다. 연세가 많으셨기에 강연을 의자에 앉아서 해야 했다. 강연료로 1천 달러를 지불했다고 기억한다. 물론 1등석 왕복 비행기표와 호텔비용도 우리의 부담이었다. 어찌나 우리 사회가 노벨상 수상자를 선호하는지 이 정도 비용부담도 감수하며 일을 추진했다.

'차라리 떠오르는 스타를 초청하는 게 우리나라 학술발전과 미래 협력구축에 더 도움이 될텐데….'

내 생각은 파묻히고 말았지만 학술대회는 훌륭하게 마쳤다고 생각했다. 학회의 국제협력위원장직 임무를 잘 해냈다는 자부심도 느꼈다.

하지만 같은 해에 있었던 다른 학술대회 경험은 나를 당황하고 실망스럽게 만들었다. 한국 고분자학회의 차기회장이었던 나는 고분자학회가 국내에서 처음으로 개최하는 IUPAC-MACRO SEOUL'96의 학술위원장을 맡아 학술프로그램을 책임지고 있었다. 국제적 친교를 많이 맺고 있던 터라, 우수 과학자의 유치에 자신이 있었다. 가장 원했던 기조 연설자로 프랑스의 한 노벨상 수상자를 떠올렸다. 프랑스의 몇몇 과학자들과 상의하고 그에게 초청편지를 보냈다. 그가 특이한 개성을 지니고 있으며 가끔씩은 기행도 서슴지 않는다고 들었던 터라 어떤 답이 올지 기대가 컸다. 놀랍게도 그가 서울 대회에 오겠다는 답이 곧 왔다. 매우 고마웠다. 예비 프로그램에 그의 이름을 포함시키고, 여러 사람들에게 자랑삼아 그 사실을 알리기도 했다. 곧이어 그로부터 두 번째 편지가 왔다. 조금 놀라운 내용이었다.

"진 교수님, 저의 동료도 함께 초청해주시면 좋겠습니다."

그러나 그가 말한 그의 동료는 내가 전혀 알지 못하는 여성이었다. 다시 프랑스 지인들에게 그녀의 정체에 관해 물었는데 그녀에 관한 정보가 나를 더욱 놀라게 했다.

"정일, 그녀는 그의 비서죠. 항상 함께 다니지요. 물론 그에게는 부인이 있지만요."

그러나 그가 세계 고분자학계에서 지니는 무게를 생각해서 이 문제는 그의 개인사항으로 취급하기로 했다. 그의 요청에 따라 그녀도 초청연사 목록에 포함시켰다.

그러나 한 가지 의문이 생겼다. 그는 강연내용의 초록은 고사하고 제목도 보내오지 않고 있는 게 아닌가! 나는 계속해서 강연 제목과 초록을 보내줄 것을 요청했다. 그는 끝내 답하지 않았다. 학술대회 날이 다가오고 최종 프로그램을 인쇄해야 하는데도 그는 끝끝내 아무것도 보내오지 않았다. 그를 포기할 수밖에 없었다.

"진 교수님, 죄송합니다. 제 개인사정으로 서울로의 여행을 취소해야 합니다. 학술대회의 성공을 빕니다."

정말 어처구니없는 일이었다. 모욕감마저 느꼈다. 분노 섞인 편지를 프랑스 친구들에게 썼다.

"정일, 역시 내가 얘기해준 대로 행동했군. 그는 학술대회 전날에도 강연을 취소하고는 했지. 서울 공항에 나타나기 전까진 그가 꼭 나타날 것이라고 기대할 순 없지. 하긴 서울 공항에 나타났다가도 파리로 그대로 다시 돌아올 수도 있는 사람이지! 미안해!"

그런 사람이 어떻게 파리고등산업물리 · 화학연구소(ESPCI ParisTech)의 소장이라는 중요한 임무를 수행하고 있는지 도저히 이해되지 않았다.

그러나 모든 노벨상 수상자가 나를 애타게 하지만은 않았다. 2006년에 대한화학회 주최로 IUPAC국제화학교육 학술대회가 서울(숙명여대)에서 개최되었다. 몇 명의 특별연사 중에는 노벨 화학상 수상자가 두 명이나 포함되어 있었다. 그중 한 명은 내가 접촉한 과학자였다. 개인적인 친분은 없던, 생화학자였다. 이분은 요즘도 한국을 가장 자주 찾는 노벨상 수상자 중의 한 명으로, 한국을 매우 좋아하며 한국인 과학자들과 친교를 맺고 있다.

후배 교수가 공항까지 나가 그가 머물 호텔로 모셔 왔다.

"한국에 오신 것을 환영합니다. 진정입니다."

"반갑습니다. 초청해주셔서 감사합니다."

"먼 길 오시느라 고생 많이 하셨습니다. 우선 호텔 방으로 올라가셔서 쉬시지요…."

이스라엘에서 왔으니 꽤 먼 거리를 비행한 터였다. 매우 편안하게 청바지를 입고 있었던 그의 모습이 나에게는 인상 깊게 남아 있다. 그는 호텔 방에 들어서자마자 나에게 급하게 물었다.

"제 강연료는 어떻게 지불하시렵니까, 진 교수님?"

"미국 달러로 현금으로 드리겠습니다."

"아, 잘 되었습니다. 제가 가장 좋아하는 방식입니다."

"단, 세무와는 무관한 수령증에 사인을 해주셔야 하겠습니다."

"좋지요…."

우리가 해외로부터 연사를 초청할 때는 연사료 흥정(?)이 거북할 뿐 아니라, 영수증 받기도 그 사람들의 국적에 따라 반응이 매우 다르다. 한국 방문을 즐거워하는 과학자가 있는가 하면, 한편 거의 돈벌이(?) 여행처럼 느낌을 주는 경우도 있다. 그중에는 한국 방문이 계기가 되어 우리나라 대학의 석좌 또는 방문교수로 우리나라 과학 발전에 기여하는 사람들도 있다.

"아, 그래요! 그럼 나하고 멋지게 사진 한 방 찍으면 도움이 될지도 모르겠네요!"

노벨상 수상자 호프만 교수가 내가 IUPAC회장에 출마했다니까 얼른 나를 껴안고 포즈를 취했다. 지난 2007년 이탈리아 토리노에서 있었던 IUPAC총회 환영 저녁때의 일이었다. 그 덕분인지 나는 무사히 IUPAC 회장이 되었다.

이런저런 경험을 하면서 빙긋 웃기도 했다.

'그들도 다 사람인데 뭐 별다를 게 있나?!'

여러 해 전 일본의 치토세에서 개최된 작은 학술대회에 참석한 뒤로 2000년 노벨화학상 수상자인 히거(Heeger) 교수와 즐거운 시간을 보낸 저녁시간이 생각난다. 노래방 시설이 있는 한 카페에서 히거 교수의 옛 노래를 즐길 수 있었다. 종종 근엄한 저명인사 뒤에 숨어 있는 그들의 참 인간미가 따뜻하게 느껴지니 참 좋았다.

내가 저지른 가장 큰 실수

"천 교수, 지금도 그때 생각만 하면 아찔하고 자네에게 부끄럽고 미안하기 짝이 없네!"

"아이, 별말씀이세요. 사람이 그럴 수도 있지요."

"나는 말이야. 자네 모친께 정말 다시 감사드리고 싶네. 내가 큰 잘못을 저질렀다며 용서를 빌자 어머님이 하시는 말씀이 나에게 큰 감동을 주었다네."

"교수님 별말씀을요. 철홍이가 교수님께 평생 배우고 신세 질 일이 한둘인가요. 결혼식이 무사히 잘 진행되었으니 고마울 따름입니다."

숨을 수 있는 곳이 있다면 어디에라도 몸을 감추고 싶은 심정이었다.

주말마다 집 뒤의 아차산-용마산 산행으로 건강관리를 하려 노력하고 있었다. 땀을 뻘뻘 흘리며 정상에 올라 주위를 둘러보며 뿌듯한 마음으로 땀을 씻고 있는데 예상치 못한 전화가 걸려왔다.

"여보세요, 진정일입니다."

"선생님 지금 어디 계세요? 곧 도착하실 수 있으신가요?"

한 박사 과정 학생의 목소리가 들려왔다.

"나 지금 용마산 정상인데, 무슨 일이지?"

"선생님, 오늘 12시에 철홍이 결혼 주례 서셔야 하는데요!"

아찔했다. 이럴 때 '세상이 무너지는 느낌'이라는 표현을 쓰지 않나 싶었다. '정말 큰일났다. 이를 어쩌냐?' 12시 15분 전이었다. 결혼식장에 시간 맞춰 가기는 틀린 일이었다.

"얘! 예식장에는 흔히 이럴 때를 대비해 대신 주례해줄 사람을 대기시키고 있대, 그분을 찾아 주례를 부탁하거라. 이를 어쩌니…."

"네, 그렇게 하겠습니다. 선생님."

정신없이 뛰다시피 해 하산하고는 산행복 차림으로 예식장을 달려갔다.

신랑, 신부가 폐백을 받는 중이었다. 염치불구하고 방으로 뛰어들었다.

"신랑, 신부 축하합니다. 큰 잘못을 저질렀으니 용서하십시오."

"아이쿠, 선생님. 별말씀이세요. 덕분에 결혼식 잘 끝났습니다. 이렇게 와주셔서 감사합니다."

"나, 신랑 신부와 셋이서 기념사진 한 장 찍을 수 있을까? 내 복장이 만족치는 못하지만…."

"물론이지요, 선생님."

내가 아끼던 신랑이었다. 현재는 미국 유학 후 모교에 봉직하고 있는 우수한 제자다. 얼마 전 미국에서 1년 동안 연구년을 지내고 귀국해 내 사무실로 귀국 인사차 들렀다.

"천 박사, 아직도 나는 자네 얼굴을 볼 때마다 그때 사건을 잊지 못해 미안하기만 하네."

"무슨 말씀이십니까. 우리 부부 잘살고 있고 애 둘도 잘 자라고 있습니다. 고맙습니다."

이 경우보다는 상황이 좀 나았지만 내 가슴을 태우던 또 하나의 사건도 내 기억을 떠나지 않는다. 나의 지도하에 박사학위를 취득 후 한 큰 회사에서 연구원으로 재직 중인 제자가 찾아왔다.

"선생님, 저 곧 결혼하게 되었습니다. 주례 좀 부탁드리고 싶습니다. 그런데 식장 위치가 선생님께 좀 불편해 죄송합니다."

"별 말을…. 자네 결혼을 진심으로 축하하네. 식장 위치가 대략 어딘데? 자세한 위치야 다음에 알려주면 되고…."

"네, 수원역에서 버스로 두세 정거장 떨어져 있습니다. 택시로는 5~10분 걸릴 겁니다. 사람을 역으로 보내겠습니다. 아니면 누구를 댁으로 보내겠습니다."

"그럴 필요 없네. 내가 식장으로 가겠네…."

부지런히 서둘러 지하철을 이용해 수원역에 도착했다. 예식까지는 30분의 여유가 있었다. 역 앞에는 택시가 길게 줄 서 있었다. 택시로 5~10분 거리라 했으니 안심이었다.

그러나 예상 밖 언짢은 일이 기다리고 있었다. 이 택시들이 모두 장거리 손님만 골라 받는 것이었다. 이리저리 택시를 찾아보았으나 헛수고였다. 이런 우리나라 현실이 분노를 일으켰다. 그러다가 보니 시간과의 싸움이 시작되었다.

"버스를 타자. 정거장이 어디에 있지?"

길 건너 어렵게 찾은 버스정거장이 반갑기만 했다. 마침 버스가 멈춰 있기에 돈을 꺼내 들고 버스에 오르려니 "안 돼요, 아저씨. 표 사서 타세요!"

버스에서 쫓겨난 나는 버스표 매표소를 찾아야 했다.

"아저씨, 여기에는 거스름돈이 없으니 정액을 내셔야 합니다."

세상에 거스름돈 바꾸기 이렇게 힘든 곳이 있구나.

"죄송합니다. 혹시 여분의 버스표 갖고 계시면 저에게 파실 분 있으십니까? 이 돈 다 드릴 테니 거스름돈은 받지 않겠습니다. 결혼 주례시간이 가까운데 도와주시면…."

"그러시군요. 여기 표 있습니다. 표값은 무시하십쇼. 버스가 들어오고 있으니 어서 타시지요!"

사막에서 만난 오아시스 같은 여인이었다.

"저에게 주소 알려주시면 돈을 부쳐드리겠습니다."

"염려 마시고, 주례 잘 하십쇼!"

만원 버스에 몸을 구겨 넣고 두 정거장 지나니 길 건너에 목표로 삼고 있던 예식장 건물이 서 있었다. 길 건너를 보니 제자들 두어 명이 서성이며 나를 기다리는 눈치였다. 예고된 결혼식 2분 전! 길을 달려 건너가 큰 소리로 내질렀다.

"예식 5분 늦게 시작하라고 그래라. 나 땀범벅이라 화장실에 들러야겠다."

부지런히 달려 주례 의자에 앉아 흰 주례장갑을 끼고 하객들을 내려다보며 쓴웃음을 지었다.

"앞으로는 30분이 아니고 1시간 전에 예식장에 미리 가 있어야겠다!"

듬직한 신랑이 내 앞으로 다가오고, 신부 부친이 아리따운 신부를 신랑에게 인계했다. 신랑과 신부가 나를 보고 마주섰다. 둘에게 살짝 눈인사를 주었다. 어지러웠던 30분의 기억이 빠르게 멀어졌다. 얼마 전에 차박사(나의 지도로 박사학위를 취득한 애제자 중의 한 명이다.)에게서 전화가 왔다. 안부 전화였다.

"선생님, 성훈이가 큰 일을 저질렀어요!"

가슴이 철렁했다. "큰일이라니?"

"정말 놀랄 만한 연구결과를 냈어요! QLED에 사용할 수 있는 청색발광 물질을 새로 합성하는 데 성공했습니다. 제가 개발해 현재 사용하고 있는 물질보다 훨씬 우수합니다. 저도 매우 기분이 좋습니다."

"축하하네, 차 박사. 자네가 잘 이끌어 주어 좋은 결과가 나왔나 보군!"

과묵하고 듬직한 신랑과 귀엽게 보였던 신부 사이에 어느새 대학 입학을 앞둔 아들이 있단다. 그저 고맙기만 하다. 긴 주례사를 요약하면 결국 '잘 살아다오!'가 아니던가?

여러 제자들뿐만 아니라 제자들의 자제들 결혼식 주례까지 서고 있다. 친지들의 자제들 결혼 주례도 즐기고 있다. 자제들의 결혼은 나에게 특별한 기쁨을 준다. 어린 신랑, 신부들이 어찌나 귀엽고, 깨끗해 보이는지…. 모두들 행복하게 살아다오, 너희들의 행복이 나에겐 가장 값진 보람이란다. 너희들의 행복이 우리 사회의 빛나는 받침이 된단다.

세상에서 가장 짠 소금을 맛보다

"교수님, 드디어 만든 듯싶습니다."

작은 결정들이 반짝이는 플라스크를 장 선생님께 보여드리며 오랫동안 노력해 온 결과물을 자랑이라도 하는 듯했다. 세상에 태어나 독립적—물론 테마는 지도교수인 장 선생님에게서 받았다—으로 연구를 진행한 첫 경험은 실망과 흥분을 여러 번 반복해 갖다 주었다.

어렸을 때도 비교적 호기심이 많았던 나는 새로 선물로 받은 장난감을 조금 갖고 논 다음에는 으레 해부를 했다. 어떻게 작동하지? 속에 무엇이 들어 있지? 곧 장난감은 내장(?)을 보여준 뒤 기능을 잃고는 했다. 아버님이 경영하시던 회사 실험실에서 본 화학실험 기구와 광경이 나를 매료시켰다. 드디어 석사학위 과정이라는, 미결의 문제의 답을 찾는 독자적인 길에 뛰어들었다. 내가 할 수 있을까 하는 불안감과 내가 세계 역사에서 처음으로 이 문제를 풀겠다는 희망과 성취감에 대한 예감이 함께 몰려왔다.

연구 테마는 카르보닐기(〉C=O)를 지니는 화합물들의 구조를 밝히기 위해 그들의 유도체를 만드는 연구였다. 아미노옥시아세트산(NH_2-

O-CH_2COOH)을 만들어(무기화합물에서 출발해 여러 단계 반응을 통해 합성했다!) 카르보닐 화합물과 축합반응을 수행해 새로운 유도체를 합성했다. 이 유도체들은 모두 새로운 화합물들이었다.

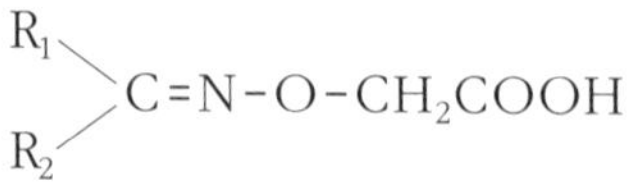

이 화합물들이 모두 카르복시산(-COOH)기를 지니고 있으므로 정량분석(이 경우는 산-염기 적정(titration))을 통해 분자량(당량)을 결정했다. 이 값으로부터 R_1과 R_2가 어떤 구조인지 밝힐 수 있었다. 적외선 분광분석법을 보조 방법으로 사용했다. 불행히도 당시 국내에서 핵자기공명(NMR) 분석이 불가능했다. 이 설명이 독자들에겐 어렵게 들리겠으나 대학에서 유기화학 기초를 배운 사람들에겐 쉬운 문제라 생각하리라 믿는다. 쉽고 간단해 보였던 연구과제가 생각보다 나를 크게 괴롭히기 시작했다. 장 선생님의 옛 미국 박사학위 논문(Louisville University)에 서술된 내용 중 일부를 참조했다. 선생님은 카르보닐기를 포함하고 있는 스테로이드류와 아미노옥시아세트산을 반응시켜 유도체 몇 개를 합성한 예를 보여주고 있었다. 그러나 나는 분자량이 훨씬 낮은 카르보닐 화합물들을 출발물질로 사용하기로 되어 있었다. 연구를 진행하면서 두 가지 난관에 부딪쳤다.

첫째는 생성물의 선택적 분리법을 찾지 못한 것이었고, 둘째는 일부 카르보닐 출발물이 비싸 마이크로 스케일로 반응을 진행시키려니 조작이 어려워지는 점이었다. 용매 추출법으로 생성물을 분리한 후 용매를 증발시켜 생성물을 얻거나, 반응 용매를 농축시키고 온도를 낮추어 생성물이 석출되기를 바랐다. 얻어진 생성물은 재결정에 의해 정제한 후

구조 확인을 거쳤다.

수많은 시행착오를 거치며 각 카르보닐 화합물에 대한 최적화된 반응조건을 찾아야 했다. 종이 위에서는 그리도 쉬워 보였던 반응이건만 플라스크 속에 들어 있는 용액 중의 화합물들은 내 뜻대로 움직여주지 않았다. 용매, 농도, 온도, 반응시간 등 반응조건을 수없이 변화시키며 반복해서 실험했다. 특히 저분자량 카르보닐 화합물들이 실험을 힘들게 했다.

나는 종종 강의시간에 학부 학생들에게 실험실습의 중요성을 강조했다.

"너희들, 실험시간 헛되이 보내지 말거라. 화학은 근본적으로 실험과학이며 성공적인 화학자가 되려면 실험을 잘 해야 한다. 실험조작, 진행과정 관찰, 결과 정리하는 법을 철저히 배워야 한다."

고교 시절부터 과학을 책으로만 배워 온 우리나라 학생들에게 실험교육의 중요성이 거의 무시되고 있는 현실이 안타깝다.

"너희들, 교과서에 있는 화학반응식 이해하고 외우면 그 반응을 다 안다고 착각하기 쉽지. 그 간단한 반응을 실제로 어떻게 행할지 머릿속으로 그려보는 습관을 키우도록 하길 바란다."

나도 그러지 못한 학생 중 한 명이었기에 이렇게 간단하게 보이는 반응과 고달프게 씨름하고 있는 것이 아닌가! 더구나 모든 것이 궁핍했던 시절이었기에, 시약, 용매, 반응 용기 등을 아껴야 했다. 이런 제약이 내 모험심을 위축시킨 점은 있었다. 다시 말해 이런저런 방법으로 실험을 해보고 싶은 내 욕심을 눌러야 했다.

'오늘 실험결과는 어떨까?'

반응 혼합물을 농축시킨 후 둥근 바닥 반응 용기를 조심스레 가운데

구멍 뚫린 코르크 받침대에 올려놓고 냉장고 문을 닫았다. 내일 아침 이 냉장고 문을 열었을 때 환호하게 될지 아니면 또 한 번 한숨을 내쉴지 기다릴 참이었다.

이 기다림을 수없이 반복했고 환호보다는 실망의 순간이 훨씬 더 많았다. 반응 혼합물 속에 들어 있는 화합물들이 내 바람을 들어주기 바랐고, 때로는 그들을 눈으로 볼 수 없음이 원망스럽기도 했다.

"우와! 드디어 고체 생성물이 플라스크 바닥에 있구나! 성공이다!"

조심스레 플라스크를 흔들어보니 결정성 생성물들이 떠올랐다. 빨리 선생님께 보여드리자!

"축하해, 진 군! 드디어 해냈군!"

그러나 이 흥분은 오래 지속되지 않았다. 차근차근히 생성물의 정체를 살피기 시작했다. 녹는점과 용해성을 우선 조사해보니 이상한 점이 관찰되었다. 어떤 이유인지 전혀 유기화합물처럼 행동하지를 않았다.

첫째, 도저히 용융시킬 수가 없었다. 생성물 소량을 약숟가락에 올려놓고 알코올램프로 약숟가락 밑을 가열했다. 아무런 변화가 없었다. 어찌 이럴 수 있단 말인가?!

두 번째, 생성물이 에탄올, 아세톤, 테트라히드로퓨린(THF), 클로로포름 등 다양한 용매에 용해되지 않았다.

이상의 두 가지 테스트만으로도 이 생성물이 유기화합물이 아니라는 의심을 하게 되었다. 혹시 염화나트륨(소금, NaCl)이 아닌가? 알코올램프 불로 구리줄에 생성물 소량을 묻혀 새빨갛게 달구니 초록색 불꽃 반응을 보였다. 염화물(염소 외 화합물)을 검출하는 바일슈타인 실험에 양성반응을 보였다. 한숨이 절로 나왔다. 허망하기 그지없었다. 여러 가지 분석 결과가 소금이라는 결론을 더욱 뒷받침해주었다.

"아니, 지금껏 노력해서 겨우 소금을 만들었단 말인가?!"

마지막으로 맛을 보고 싶었다. 혹시 독성 물질이 생겼을 가능성을 염려해, 맛만 보고 바로 입가심하기로 했다(이건 매우 위험한 행동이다!). 생성물 한 알갱이를 혀끝에 얹었다. 매우 위험한 행동이었으나 꼭 확인하고 싶은 욕심이 앞섰다!

"아, 짜네! 정말 소금이네!"

이 세상에서 가장 짠 소금 맛을 보았다! 짠맛을 본 나는 더 약이 올라 밤낮없이 연구에 매달렸다. 연구자의 길은 한없이 외롭고도 힘든 길이다. 문헌과 멘토들이 도움을 줄 수 있을지는 모르나, 가는 길의 방향과 목적지를 결정하는 것은 연구자 본인의 몫이다. 이 고난의 길 끝에 도달하겠다는 변함없는 결단과 끈질긴 노력만이 목적지 도달이라는 단맛을 보게 한다. 실패는 과학자를 결코 좌절시키지 못하며, 오히려 한층 지혜롭게 만들 뿐이다. 따지고 보면 인생살이도 그렇지 않던가!

성9회 동기 회장 시절의 따뜻한 추억

"진 박사, 아무래도 힘들지만 성9회 회장을 맡아주어야겠어. 서로들 못하겠다고 하니 어쩌니?"

"그래? 그 책임을 2년이나 지라고? 나 아직 여러 가지 일로 바쁜 것 잘 알고 있잖아!"

"그럼 잘 알고 있지. 총무를 잘 선택해. 총무에게 일을 많이 맡기면 진 박사가 짐을 많이 벗을 수 있을 거야."

"회장이면, 자연히 돈도 좀 써야 되지 않니?"

"아니 별로…. 1년에 회비가 1천만 원 정도는 걷히니까…. 내가 전 회장들에게 찬조 많이 하라고 권할게…."

2015년 늦가을에 나눈 대화의 일부로 가장 가까운 친구 엿장수가 나에게 권한 내용이다. 그는 전전회장으로 동기회 발전에 크게 기여하였다. 다른 여러 친구들도 비슷한 말로 나에게 짐을 지우려 했기에 기꺼이 그 직책을 맡기로 했다. 성9회란 성동고등학교 9회 졸업생들의 동기회를 뜻한다. 벌써 회장으로 30여 명을 거쳤으니 꽤 오래전에 만들어진 모양이다. 나는 바쁘다는 핑계로 아주 드물게 연말 총회에나 얼굴을 비치곤 했다. 그러나 금년 들어, 회장 모시기가 점점 어려워져 동기회 존속에도 위기감이 돌고 있었다. 그에 덧붙여 1년이던 회장직 임기를 2년으로 늘려놓아, 짐이 더욱 무거워지는 느낌이었다.

"알았어, 최 회장. 내가 맡을게. 더 늙어서 회장일 하려고 해도 힘들어지기만 하겠지. 자네 회장 경험으로 나를 많이 도와주길 바라네. 그럼 다음 총회에서 나를 차기 회장으로 만들어놓게. 그날 나는 다른 일이 있어 참가하지는 못하지만…."

결국 12월 초에 개최된 동기들 총회에서 친구 임수웅 사장이 나를 차기 회장 후보로 추천하여, 만장일치로 내가 차기 회장으로 선출되었다는 소식을 듣게 되었다. 친구들의 추천으로 총무를 임명했다. 고교시절 나는 이과반에 소속되어 있었기 때문에 총무는 문과반 출신 동기 중에서 골랐다. 고교시절에는 가까이 지내지 못했지만 최근 모임을 통해 자주 만난 친구로, 여러 친구들의 의견에 따라 한 결정이었다.

동기회 운영에 있어서 동기회의 활성화, 재무의 투명성, 소통력의 개선과 증진을 우선순위에 두도록 조 총무와 의견을 합일했다. 그리고는 지난 여러 해 동안의 동기회 운영 실태, 동기회와 총 동문회 사이의 관계 등을 살펴보았다. 다행히 10여 개의 소그룹으로 많은 친구들이 정기적으로 만나고 있어 연락에는 별 문제가 없음을 확인했다. 더구나 과거 회장단들이 동기들의 주소를 확인하는 작업을 꾸준히 해왔기에 그 자료가 큰 도움이 되었다. 420명이 졸업했으나 국내에서 연락이 가능한 동기들은 겨우 150여 명 남짓했다. 이명을 달리한 벗들도 60여 명이 넘었다. 해외 체류자로 파악된 동기들 또한 40명 이상이 되었다.

고교졸업 후 55년 간 동기들이 살아온 궤적도 다양했고, 지금 어떻게 살고 있는지 모양세도 각양각색이었다. 1991년에 동기회를 조직했으니 동기회 연륜도 사반세기가 되었다. 그러나 사무실 하나 마련치 못한 초라한 동기회임을 실감했다.

총동문회와의 관계 또한 미온적이었다. 몇 명이 후배들을 위한 장학금을 자의적으로 지원하고, 연말이 되면 동기회 명의로 총 동문회 발전기금에 일정액을 기부하고 있었지만 총동문회장을 15년 후배들이 하고 있던 터라 우리들은 깊이 관여할 나이도 아니라 판단했다. 더구나 후배들 사이에서 불협화음마저 들려오는 듯했다. 그러나 모교가 어떤 상황인지를 구체적으로 알고 싶었다. 전에 두어 번 후배들을 위한 특별 강연을 행한 적은 있었다.

"교수님, 요즘 우리 학교에서 소위 명문 대학에 진학하는 학생들이 거의 없는 실정입니다."

교감이 나에게 전한 이 한마디에 조금은 충격을 받았다. 우리 동기들 때만 해도 서울대를 몇십 명씩 입학하던 공립고등학교가 아니였던가?! 더 시급한 일은 신입생 수의 급감이었다. 이로 인해 모교의 지속적 존립이 위협받고 있다는 소식까지 들려왔다. 평생 교육계에 있던 나는 그래도 모교를 위한 장학사업에 더 신경을 쓰도록 총무에게 단단히 부탁했다. 이런저런 생각보다 더 놀랄 일은 다른 데에 있었다. 동기회의 자문회, 운영위원회, 감사 등의 구성과 운영을 기존의 회칙에 따라 하려는 내 의도가 처음부터 암초에 부딪혔다.

"진 회장, 전에 해오던 방식으로 합시다. 옳은 방식이라도 새로운 방식을 도입하면 친구들이 불편해 하거든요."

"아니 회칙이 있는데…. 어떻게 그걸 무시하고…."

각 위원회를 구성해 정규적으로 회의도 하고, 회의록도 작성하고, 보고와 토의도 하려던 내 생각은 현실과 꽤 거리가 있던 모양이었다.

"총무, 회비 책정을 새로 해야 하지 않겠소? 모임도 전보다 더 많이 할 텐데…. 운영위원회에서 상의해보시렵니까?"

"진 회장, 정해진 회비가 없고 각자 사정에 따라 보태 쓰라고 내고 있지요. 전임회장들 중에서도 여유 있는 사람들은 연 50만 원씩 내왔어요…."

"아 그렇군요. 그러면 봄, 가을 나들이 여행 시 참가자들에게 만 원씩이라도 받읍시다. 참가하지 않으면서 연회비 꼬박꼬박 내는 친구들에게 미안하기도 하고, 나들이 비용이 많이 들기도 하니까요."

별로 달갑게 여기지 않는 총무의 표정을 무시하고 한 걸음 더 나아갔다.

"되도록 부부동반으로 합시다. 이제 나이도 먹었으니 부부동반 여행이 좋지요. 그럴 땐 참가비를 2만 원씩 합시다. 관광버스, 점심, 저녁 등 행사비 생각하면 2만 원씩은 받고 나머지는 동기회에서 충당합시다."

"글쎄요, 진 회장. 지금까지와 다른 방식이라…."

총무와 대화를 많이 나눌수록 내 생각을 많이 바꾸어야겠다는 생각을 하게 되었다. 조 총무는 동기회에 비교적 충실히 참여해 온 터라 동기회가 어떻게 돌아가는지 잘 알고 있었다. 그의 말을 따르기로 하니 마음이 편해졌다. 여러 점에서 불만스러웠고, 운영상의 개선은 물 건너간 듯 했지만 동기회의 활성화만큼은 그 추진 의지를 놓을 수 없었다. 그러나 곧 그 또한 쉽지 않은 일임을 발견했다. 나 자신이 동기회 모임에 별로 참가하지 않아왔으니 내 영향력이 크게 미칠 리 없었다. 그렇다고 포기할 순 없었다.

"나, 기억할지 모르겠는데, 진정일이야. 잘 있었소?"

"어, 진 교수 웬일이야? 잘 있었고…."

"응, 다름이 아니고 우리 성동 동기회 모임이 내달 초에 있으니 꼭 나와 달라고 전화하는 거야. 얼굴 본 지도 오래되었으니 꼭 나오기 바랄게. 회비는 없어….”

“응, 잘 알았어. 그때 보게나, 진 교수.”

봄, 가을 야외 나들이에 참가하는 부인들의 수가 점점 늘었다. 부인들의 참여는 여러 면에서 긍정적 영향을 주었다. 부인과 함께하니 친구들의 언행이 자연스레 다듬어졌고, 과음하는 일 또한 피할 수 있었다. 아침 일찍 관광버스에 오르기 무섭게 소주병 찾는 친구들이 사라졌다. 또 나들이 장소로 유적지와 풍광이 뛰어난 곳을 선택함에 따라 부인들이 우리 동기회 모임을 긍정적으로 보게 되었다는 점이다. 결과적으로 친구들의 동기회 참여가 점증했다. 가장 원했던 현상을 보게 된 것이다.

2년 동안 적지 않은 시간과 금전적 투자가 요구되었지만, 친구들이 함께하는 추억을 만들어가는 데 조금이나마 기여했다는 자부심을 가지게 되었다. 얼마 전에는 파주 삼릉과 마장호 출렁다리에 동기회 나들이가 있었다. 아름다운 가을 단풍과 호수, 역사의 숨결을 친구들과 함께 나눈 하루였다. 다행히 꽤 많은 친구 부인들도 동참했다.

“진 박사, 그간 바삐 지냈지? 건강하시고….”

한 마디씩 던지는 친구들의 인사말이 정겹기만 했다.

“진 교수님 말씀만 듣다가 오늘 처음 뵙게 되어 반갑습니다.”

이 교수 부인의 인사를 받았다.

그야말로 눈 깜짝할 사이에 2년의 회장임기가 끝났다. 그간의 아름다운 추억들이 내 삶 속에 새롭게 자리잡았다. 참여와 배려와 변화가 따뜻한 우정을 더 깊게 만들었다는 자부심에 오늘도 나는 회심의 미소를 짓는다.

나의 삶을 풍성하게 해준 모임들

우리들은 살아가면서 공적 모임 이외에도 많은 개인적인 모임에 참여한다. 나에게도 나를 중심으로 하거나 내가 회장 또는 대표가 되어 이끌어 가야 하는 작은 모임들이 생겼다 없어지곤 했다. 명칭이 있는 모임도 있고 없는 모임도 있다. 내가 중심이 되어 있지만 회장은 다른 사람들이 차례로 해 내려가는 모임도 있다. 그 대표적인 모임이 고고회다.

아직도 나는 누가 그 모임의 이름을 고고회라 지었는지 모른다. 나일 수도 있다. 어찌되었든 고려대학교 고분자 연구실 모임이라 하여 '高高會'라 지었단다. 노래방을 연상시키기도 해 약간의 거부감도 없지는 않다. 이름 때문에 웃음거리가 되었다는 에피소드도 있었다.

"여보세요. 모임 이름과 대표가 누구라고요?"

"모임 이름은 고고회이고요, 대표(예약자) 이름은 조XX입니다."

"에이, 우리는 고고회는 받을 수 없습니다. 여기는 노래방이 아니고 호텔입니다. 노래방도 없고요!"

"아하, 오해하셨군요 주인님. 우리는 춤추는 모임이 아니고 고려대 화학과 석 · 박사 졸업생들의 모임이고요. 주로 박사 제자들이 지도교수님과 함께하는 모임입니다."

1990년대 어느 해에 고고회 신년모임을 전남 장성에 있는 백양 관광호텔에서 가졌다. 내 기억으로는 오전에 두세 명이 최근에 행한 연구내용을 발표하고 토론을 했다. 오후와 저녁시간은 자유시간으로 주위의 명소를 방문하기도 하고 일부는 하이킹을 하기도 했다. 저녁은 함께했고 술자리도 이어졌다. 저녁때에는 단체로 우리 부부에게 신년 인사도 했고, 약간의 선물도 주었다. 제발 선물은 하지 말라 했지만 아직도 계속되고 있다.

당시 우리나라에는 고분자 관련 연구실 모임이 두어 개 더 있었다. 서울대 심정섭 교수 제자들의 진고회(眞高會), KAIST 조의환 교수 연구실의 고경회(高耕會) 등이 그들이다. 틀림없이 더 있었으리라 믿는다. 때로는 우리 고고회 멤버들을 진정일 군단이라고도 불렀다. 그만큼 내 제자들의 응집력이 컸기에 그들의 활동이 주위의 눈길을 끌기도 한 듯하다.

"이제 나도 정년퇴임을 했고 하니, 고고회 모임도 중지해야 되지 않겠니?"

"아닙니다. 고고회는 교수님 제자들의 모임이지 선생님의 모임이 아닙니다."

"그렇기도 하네! 그러면 막내가 살아 있을 때까진 계속 되겠네."

"네, 그렇습니다."

물론 나는 고고회 모임에 빠지지 않고 출석하고 있다. 매해 1월 둘째 주 토요일 저녁은 서울의 한 음식점을 선택해 모임을 갖는다. 현재는 30~40여 명이 참여한다. 세세하게 세어보지는 않았으나 고려대 화학과에서 배출한 석 · 박사생들은 150여 명이 되며 그중에는 소수의 교육대학원 및 과학기술협동과정 제자들도 섞여 있다. 이들이 모두 나에게는 영원한 보배들이다. 모두들 건승하고 행복하길 빈다.

두 번째 나를 중심으로 하는 모임으로 회당회(回堂會)가 있다. 대한화학회에서 총무간사-간사장-회장의 중책을 연이어 맡으며 힘든 일을 함께 해준 후배들과 2001년 어느날 평창동 이해왕 교수집에 모였다. '회장님, 회장님을 위한 호를 하나 지어 왔습니다.' 박 박사의 말이다. "흔히 손윗사람들이 내려준다 했지만, 마침 한학에 밝은 분이 계셔 회장님의 성품을 말씀드렸더니 '회당'이 좋겠다고 하더군요."

"회당이라. 당은 틀림없이 집 당(堂) 자 일터이나, 회 자는 무슨 회 자일까?"

논쟁이 일기 시작했다.

"그거야 길게 걸을 인(廴)변에 회(回) 자를 합친 廻이지요!"

"아닙니다. 진 회장님 성품에 맞게 인변은 뗀 돌아올 회(回)를 하십시오!"

이런저런 토론이 짧게 진행되었다.

나는 回堂으로 마음을 정했다. 비록 불교에서는 내가 좋아하는 '회향'(廻向, 회전취향(廻轉趣向)의 준말, 스스로 쌓은 선근(善根), 공덕을 다른 사람에게 돌리어 자타가 함께 불과(佛果)의 성취를 기하려 함)에서는 주로 '廻' 자를 사용한다. 그러나 나는 평소 이 한자에 '피한다' 또는 '회피한다'는 뜻도 있어 별로 좋아하지 않는 터였다. 물론 불가에서도 때때로 回向도 같은 의미로 사용하고 있음을 잘 알고 있었다.

마침 한학에 밝은 선배 한 분이 교수 휴게실에 계셨다.

"이 교수님. 엊그제 후배들이 저에게 回堂이라는 호를 지어주었습니다. 선생님은 이 호를 어떻게 생각하십니까?"

"회당이요?"

"네 그렇습니다. 돌아올 회(回)에 집 당(堂) 자입니다."

"회당이라. 진 교수님 정말 훌륭한 호입니다. 그 호를 지니시고 꼭 자주 사용하십쇼. 진 교수 주위에 많은 사람이 모이고 받들어 선생님이 크게 되실 호입니다. 대단한 호입니다."

좋은 말씀만 들어 기분이 붕 뜨고 좋았다. 나는 이 호를 나의 호로 확정했고 지금도 즐겨 쓰고 있다. 이 호를 얻은 후 우리들의 모임을 후배들이 '회당회'라 이름을 지었다. 우리는 1년에도 서너 번씩 모여 희노애락의 정을 나눈다. 어느새 백발이 된 후배들이여, 계속 건강들 하시고 만수무강하시길 빕니다.

세 번째 모임으로 진사모(陳政一을 사랑하는 사람들의 모임)라는 모임이 있다. 꽤 오래전인 1995년에 일간지 동아일보에 매주 1회씩 '생활 속 화학 이야기'라는 주제로 컬럼을 썼다. 1년 동안 썼으니 꽤 많은 양의 글이 모였다. 이 글들을 보완해 추가적으로 글을 더해 책을 발간하였다. 이 책이 발전하여 현재 고등학생들과 일반인들이 즐겨 읽는『진정일 교수의 교실 밖 화학 이야기』가 되었다. 동아일보에 연재하는 동안 자연스럽게 동아일보 과학부 기자들과 친교가 생겼고 가끔 저녁을 함께 하기도 하고 기분에 따라 2차도 함께하는 사이가 되었다. 그러다 언제부턴가 이 모임에 '진사모'라는 이름이 붙었다. 중간에 신입회원도 몇 명 영입해 현재는 전체 회원수가 20명에 육박하지만 비정기적인 모임이기에 실제로 나오는 사람은 10여 명 정도 된다. 모두 나보다 연하인 이 회원들과 어울리기를 나는 특별히 즐긴다. 모두 세상을 보는 눈이 날카로울 뿐더러, 어떤 때에는 독창적이기도 하다. 나는 이들로부터 '나와 다른 생각', '나와 다른 세대들의 세계 또는 국가관', '후배들의 생활양식', '변화하는 우리 사회' 등을 배운다.

진사모 회원들과 무궁무진한 화제를 헤매다보면 어느새 나는 적어도 20~30년은 젊어진 느낌에 빠진다. 풋풋한 회원들의 기지와 유머는 그들의 직업과도 깊은 관계를 지닌 듯 하다. 그들 중 성하운, 김학진 기자는 나와 긴 인연을 나누어 왔다.

"우리들이 생각해도 이상합니다. 흔히 기자는 '불가근불가원'(不可近不可遠)의 관계를 유지한다고 하지 않습니까? 그러나 진 교수님은 다르십니다. 종종 뵙고 싶어지는 분이거든요."

막내 회원이 고백했다. 고맙고, 고맙소. 진사모 회원들이여! 당신들 사랑에 어떻게 보답해야 할지 항상 고민하고 있답니다.

이 밖에 꼭 나를 중심으로 하고 있다고는 말할 수 없는 여러 모임이 있다. 다른 글에서 말한 적이 있는 의형제 삼총사 부부의 모임이 언뜻 떠오른다. 또 한 달에 한 번씩 모이는 서울대 화학과 동기들의 모임도 빼놓을 수 없는 모임이다. 그 밖에 나이 들어가면서 고등학교 친구들의 모임에 전보다 훨씬 열심히 참여한다. 그런데 문제는 고교친구들 모임이 꽤 많다는 사실이다. 따라서 현재는 성구회(成九會), 성우회(成友會), 신우회(信友會) 및 홀삼수회라는 이름을 지닌 네 모임에만 나가려 노력한다. 이 중 성구회는 졸업생 전체 모임이라 성격이 조금 다르며 1년에 서너 번 정도만 모인다. 그러나 다른 두 모임은 더 자주 모인다.

'어, 진 교수 잘 있었어?', '진 박사 오랜만이야! 잘 있었어?', '진 교수님 안녕하셨죠?', '정일아 잘 있었어?"

이상은 비교적 점잖은 인사다.

"야, 정일이 이 자식 오랜만이네. 배 나온 것 보아!"

이런 인사도 가끔 받는다.

내미는 손을 잡으며 건네는 인사말이 이처럼 가지각색이다. 그러기에 편히 느끼는 듯하다. 술은 막걸리, 소주, 맥주, 소맥 등 자기 취향에 맞게 선택한다. 그러나 막무가내로 자기가 마시는 술을 받도록 강요받을 땐 힘들기도 하다. 그러나 우린 전부터 그런 식으로 우정을 나눠오지 않았던가?!

나이가 나이인지라, 귀가 어두워진 친구들의 수도 늘어나고 있다. 그러니 취기라도 오르면 목소리가 높아져 모르는 사람들이 들으면 싸움이라도 하는 듯하다.

"그래도 좋다, 친구들아! 건강하고 장수만 하거라!"

누군가는 '필요할 때 친구가 참다운 친구'라고 했지만, 나이가 들어갈수록 '많든 적든 나눌 수 있는 우정만 느낄 수 있으면 고마운 친구'라고 느껴진다.

그러고 보니 내가 참여하는 모임들이야말로 내 발자국들의 모음임을 새삼 깨닫는다. 앞으로는 모임의 참뜻을 더욱 가치 있게 여겨야겠다. 아니, 우정의 귀함을 더 소중히 간직해야겠다.

당신의 뿌리를 등한시하지 마세요

공식적으로는 2007년 8월 말로 고려대학교에서 정년퇴직을 했다. 고려대에서 가르치기 시작한지 꼭 33년 만이다. 그 후 IUPAC회장도 지냈고, 석좌교수로 여러 해 더 고려대 울타리 내에서 지냈다.

정년 후 분명 나에게 여러 가지 변화가 왔다. 그중 하나가 평생을 몸담아온 학계와 나의 관계였다. 예컨대 대한화학회(2000), 한국 고분자학회(1997), 한국과학기술학회(2003~4) 등 여러 학회에서 회장직을 지냈는데, 그 학회들과 나와의 관계는 어떻게 될까? 소위 원로로 대접을 받으면서 학회와 후배들의 발전을 위해 노력하면 될까? 무슨 일로? 특별히 이런저런 일을 해달라고 부탁도 하지 않는데 내가 할 수 있다고 판단되는 일을 찾아 나서도 되나? 결국에는 연구에서 손을 놓을텐데 연구 활동 외에도 내가 할 수 있다고 판단되는 일을 찾아 나서도 되나? 학회에 기여할 수 있는 여백이 있을까?

이런저런 생각이 분명 나와 학회들 사이에 거리가 느껴지게 했다. 따라서 절로 학계 선후배들과의 만남도 소홀해졌다. 이를 눈치 챈 안사람이 따끔하게 나에게 침을 놓는 것이 아닌가!

"여보, 당신의 뿌리를 등한시하지 마셔요. 학회도 부지런히 참가하시고 동료들과도 자주 만나도록 노력하세요!"

동감을 하면서도 머릿속 한켠에는 다른 생각이 자리를 차지하고 있다.

'제2의 인생을 속히 개척해 정착해야지!'

정년을 앞둔 동료들도 한결같이 '제2의 인생'을 이야기한다. 그러나 '제2의 인생'의 실체를 정확히 정의하고 그를 위해 준비를 하고 있는 경우는 매우 드물다.

"저는 걱정 없습니다. 선생님과 달리 저는 잘 놀 수 있거든요!"

바둑, 정구, 골프를 즐기고 여러 사람들과 저녁도 함께 자주하는 후배가 자신만만하게 이야기했다. 또 다른 후배가 말한다.

"저는 미리 여러 해 전부터 붓글씨 쓰기와 동양 수묵화 그리기에 빠져 살고 있답니다. 저는 묵과 붓만 있으면 행복할겁니다."

"저는 여행이나 실컷 하렵니다."

"저는 저술을 시작할까 합니다."

"취약계층 청소년들을 상대로 하는 교육프로그램에 참여하려 합니다."

"저는 시골 고향으로 내려가 텃밭 가꾸며 농촌에서 살렵니다."

"버려진 시골 학교 건물 인수해 농촌 어린이들을 위한 과학교육의 장을 열까 합니다. 농촌 주민들을 위한 프로그램도 개발하고요. 지방자치단체와 협력해야겠지요."

"학교교육이 많이 무너진 상황인지라, 저는 홈스쿨링(homeschooling)에 신경을 쓰렵니다. 대체 교육이 필요합니다."

"저는 우리나라 중소기업의 기술개발을 돕고 싶습니다. 더구나 정부차원의 지원도 있고요…."

다양한 종류의 제2의 인생 설계를 들었다. 이들의 희망과 꿈이 실현

되어 국가와 사회 발전에 기여되길 바란다. 동시에 각자들 건강하고 행복한 여생을 보낼 수 있기를 빌어본다.

나는 여러 곳에서 '의미'와 '가치'를 중시하며 살아왔다고 말했다. 그런데 한 살 한 살 나이를 얹어가면서 통감한 한 가지 사실이 있다.

'나를 필요로 하는 사회 속의 공간이 급속히 줄어드는구나!'

40~50대에는 나를 필요로 하는 곳이 계속 확장되었으나, 그 이후부터는 줄어들었다는 사실이다. 따라서 나만이 정의하고 선호했던 '의미'와 '가치'가 줄어들고 나를 필요로 하는 공간이 주는 '의미'와 '가치'를 중요시하게 되었다. 내가 차지할 수 있는 공간, 다시 말해 나를 필요로 하는 자리가 퇴직 후에는 급속히 감소함을 경험했다. 더구나 내가 자신있게 참여하고 사회에 기여할 수 있다고 판단이 가는 경우는 더욱 그러했다.

"선배님, 저는 아직 특별한 계획이 없습니다. 정년한 후 쉬면서 차차 어떤 제2의 인생을 즐길지 생각해보겠습니다."

정년을 앞둔 사람들 대부분이 이런 마음가짐을 지니고 있었다. 교수 정년이 65세의 늦은 나이이므로 그럴 수밖에 없지 않나 싶다.

안사람의 걱정과 충고를 곱씹어 보았다. 내가 찬반의 느낌과 논쟁을 펼 수 있는 요소를 함께 지니고 있다.

'옳다, 화학과 고분자과학은 나의 근거이고 터전이다. 따라서 나는 나의 과학을 버리지 않으련다. 그러나 내가 머물렀던 곳에만 계속 머무르려 하지 말고 더 넓게 찾아보련다. 분명 나를 필요로 하는 업무와 장소가 있지 않겠는가?!'

학회행사에는 가능하면 참여하려 했으나, 나와 친교를 유지해온 사람들과는 서서히 멀어지고 있음이 느껴졌다. 별로 할 이야기가 없다는 사실이 인간관계를 소홀하게 만들고 있었다. 대학을 떠나고 연구에 손을 뗀 이상 공동관심사가 크게 줄어들었음이 가장 큰 까닭이었다. 또 한 가지 크게 가슴 아픈 일은, 가까이 지내던 친구들이 병에 걸려 거동이 힘들어지거나 이명을 달리하는 일이었다. 그중에서도 내 마음을 가장 아프게 하는 일은 부인과의 사별로 인해 혼자 이어나가야 하는 삶을 어떻게 꾸릴지 몰라 방황하고 있는 벗들의 숫자도 늘어났다는 현실이었다.

우리 세대는 부엌이 어디 있는지도 잘 모르고, 세탁기 돌리는 방법도 모르고 살아왔다. 솔직히 말하자면 나는 아직도 기계에서 현금을 인출해본 적이 없다. 기계 지시대로 쿡쿡 키들을 누르면 되겠지만….

아직 일이 없어 불안하기는커녕, 어떻게 보면 현직 때보다 더 바쁜 면도 있다. 가장 큰 골칫거리는 일상의 규칙성이 쉽게 파괴되는 점이다. 참가하는 활동의 종류가 다양해짐에 따라 일과의 규칙성이 무너지고, 건강관리를 위한 여러 계획들을 지키지 못하는 경우가 증가한다.

이런 와중에 특히 평정심의 유지와 과음, 과식을 피하려 노력하고 있다. 스트레스를 피하고 모든 일에 과하지 않도록 나 자신을 채찍질하고 있다.

'꼭 그렇게 살 수는 없으나, 가능하면 내가 즐기는 일을 위주로 해보자.'

현재로는 IUPAC과 FAPS(아시아 고분자학회 연합회), CASE(아시아 과학편집인 협의회) 등 국제단체에 제한된 범위 내에서 참가하고 있다. 국내 학회에도 가급적 총회와 만찬에는 참여하려 노력한다. 내가 이사장으로 있는 한국과학문화교육단체연합은 전보다 활동이 줄어들었다. 매헌 윤봉길 의사 기념사업회 고문직은 별 부담을 주고 있지 않다. 성동고 장학재단 이사장 자리는 몇 가지에 신경이 쓰이고 있다.

고등학교와 대학 친구들과의 여러 모임은 추억의 시간을 갖게 해 주근하다. 그러나 나는 집필과 중·고교 강연을 가장 즐기고 있다. 청소년과 일반인에게 과학의 중요성과 과학자의 자세, 융합적 사고력의 중요성 등을 강조하는 내용이 주를 이룬다. 아직도 대학교수의 틀에서 벗어나지 못한 까닭일까?! 아니다. 단지 내가 줄 수 있는 나의 것을 모두 내어주고 싶을 따름이다.

3부

어떻게 살아야 하는가를 배우다

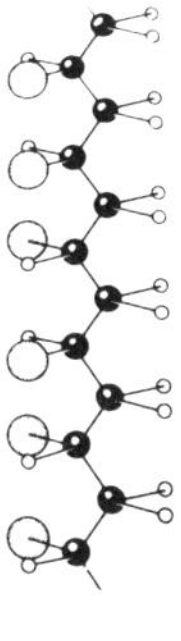

미국 뉴욕시립대학교에서 지도교수인 와일리 교수, 김기수 박사와 함께. 1972년 6월.

고려대를 방문하여 학술강연을 한 일본 도쿄 상지대 오가다 나오야 교수와 함께. 1983년 4월 22일.

독일 마인츠에서 열린 한 · 독 고분자 공동학술대회에서. 1993년 6월 말.

일본 오사카에서 열린 일본고분자학회 총회 및 학술대회 리셉션에서
사사베 교수(RIKEN)와 함께. 1996년 5월.

옛친구들과 함께. 앞줄: 박규화(도담스님), 이재익, 본인. 뒷줄: 김상철, 김성한. 1999년 1월 12일.

네팔 카트만두에서 열린 화학학술대회에서. 2008년 5월 24일.

화학회관 명예의 전당 내에서 고려대 화학과 삼총사(왼쪽부터 최동식, 본인, 정봉영 교수).
2010년 3월 26일.

삼총사 친구들과 함께(정충혁, 김수동, 본인). 2019년 12월 17일.

윤봉길 의사 순국 86주기 추모식. 일본 가나자와의 기념비 앞에서. 2018년 12월 6일.

일본 가나자와 노다산(野田山)의 매헌 윤봉길 의사 추모비 앞에서 추모사 낭독중. 2018년 12월 6일.

중국 베이징대 고분자 교육 50주년 기념 학술회의에서. 왼쪽부터 본인, 팽신덕(베이징대), 오가다 나오야(일본 상지대), 주지평(베이징대). 2004년 5월 30일.

진정일 학술상 기금 기부식. 고려대 대학본부에서
왼쪽부터 이관영 융합대학원장, 본인, 염재호 총장, 대외협력처장. 2016년 5월 10일.

윤봉길기념사업회장인 황길수 선배와 함께. 2017년 5월 16일.

일본 가네카사-한국 성균관대 인큐베이션센터 주최 2017년 국제회의에서 부용순 교수와 함께.
2017년 3월 31일.

우정 속에서 인문학적 소양이 싹튼 시절

혹시 무슨 재밌는 일이라도 있을까 하고 문리대 본관 앞으로 가보았다.

"왜, 정일아? 또 휴강이니?"

"응, 오늘도 강의가 별로 없을 것 같네. 특히 오전에는…. 너는 왜 여기 와 있니, 재익아?"

"나도 마찬가지야! 그럼 우리 조조 할인영화나 보러 갈까?"

"뭐 볼 만한 영화가 있니?"

"볼 만하긴…. 갈 데가 없잖아…."

우리 둘은 동숭동 문리대에서 법대를 지나 청계천 5가에 있던 청계극장으로 향했다. 대학에 들어가 성인이 되니 '청소년 입장불가' 영화에 제한 받지 않아 매우 자유로웠다. 더구나 사시사철 윗옷은 서울대 교복을 입고 다니고 있으니 성년(?) 대접을 받았다.

지금은 없어진 청계극장은 특히 오전 수업이 휴강할 때면 우리 둘이 편히 쉴 수 있는 공간이 되곤 했다. 기억이 분명치는 않으나 〈모정〉, 〈태양은 가득히〉, 〈벤허〉, 〈패튼 대전차 군단〉 등 외화가 기억에 남아 있다.

재익은 고교를 같이 다녔으나 문과반 학생이었기에 이과반생이었던 나와는 접촉이 많지는 않았다. 그러나 대학 입학 후 매우 가까워져 지금까지도 마음 편히 만나는 친구로 지내고 있다. 마음이 온화한 재익이는 고교시절 문학반 대표도 맡았고, 대학에서는 불문학을 전공했다. 국어를 가르치던 김학동 선생의 권유로 국문학과가 아닌, 불문학과로 진학했다. 집도 우리집에서 멀지 않은 신당동이어서 함께 자주 등교하고는 했다. 그는 오랫동안《농협신문》에서 주간으로 활동했다. 그는《농협신문》의 산 역사인 셈이다.

지금 와서 보니 재익과 우정을 쌓으면서 인문학적 소양을 기를 수 있었던 것이 내게 많은 영향을 끼친 듯하다. 시화전, 국악, 탈춤, 시 낭독, 문학의 밤 등에 함께 가는 기회가 잦았다. 후에는 나 혼자서도 그런 행사를 즐거이 찾아 참여하게 되었다. 대학 재학 중에도 동서양 철학사, 사회학, 교육철학 및 심리학, 종교학 등 매우 다양한 강의를 수강 또는 청강을 했다. 요즘 융합 교육 및 융합적 소양의 중요성이 자주 논의되는데 이미 나는 대학 시절에 문과대학과 이과대학이 분리되어 있지 않은 문리과대학(文理科大學)에서 교육을 받았다. 대학 중의 대학이라 하여 우리들만이 학문을 한다는 긍지와 자만심에 도취되어 있기도 했었다. 서울대학교 뱃지가 아닌 문리대 뱃지를 달고 다녔을 정도였다.

한 가지 불만은 휴강이 잦다는 점이었다. 문과계열에서는 어찌나 휴강이 잦은지 배운 것도 별로 없는데 학기말을 맞이하기 일쑤였다. 배우는 것이 적으니 기말 시험 대신 보고서 제출을 하는 경우가 대부분이었다. 그 많은 학생들의 리포트를 교수들이 어떻게 다 읽고 평가한다는 말인가?

"어느 교수는 리포트 첫장이 A, B, C, D존 어디에 날아가 떨어지는지에 따라 A, B, C, D학점을 준대!"

이런 믿지 못할 농담도 우리들 사이에 떠돌기까지 했다. 주로 얼마나 길게 썼는지에 따라 학점이 달라지지 않았나 싶다. 그 유명하다는 교수들의 얼굴은 개강날에 보고 나면 언제 또 볼 수 있을지 모르는 지경이었다. 두툼한 책을 두어 권 들고 강의실에 나타난 교수들의 강의 내용이나 진도를 보면 강의 준비를 안 하는 듯했다.

"애들아, 대학은 각자가 공부하는 곳이야, 누가 가르쳐줄 때까지 기다리면 안 돼!"

선배들의 가르침(?)이 옳았음을 후에 깨달았다. 물론 이과 과목들은 철저했다. 단체로 강의를 빼먹었다가 담당 교수가 수업을 거부해 그 교수를 줄줄이 찾아가 빌면서 다시는 그러지 않겠다고 용서를 빌었던 경우도 있다. 하도 강의에 엄격해 '혹시 언제 휴강하시려나?' 하고 기다린 적도 있었으나 대부분이 헛된 기다림이었다. 나도 그 영향을 받았는지 후에 강단에 섰을 때 강의를 쉰 적이 없다. '휴강'은 나에게 없는 단어였다.

재익이는 특히 멋진 수필을 잘 썼는데, 그의 그런 재능이 부러웠다. 나는 일기를 쓰며 글쓰기를 연습했는데 아마 재익이의 영향을 받아서인 듯하다. 그는 막걸리도 즐겨 저녁에 몇몇 친구와 잘 어울렸고, 주로 중앙시장 내 허름한 막걸리집들이 단골이었다. 온화한 성격을 지닌 재익을 만나면 마음이 푸근해졌다. 고맙다 친구야. 신당동 단독주택의 재익이 방은 넓직해 좋았다. 인자하신 어머님의 대접도 항상 넉넉했다.

자주 만났던 초등학교 친구 규화는 현재 스님의 길을 걷고 있으며, 명상원을 차려 이곳을 찾는 이들을 가르치고 있고 절집도 지니고 있다. '허허…' 웃는 규화의 부드러운 목소리는 평화의 기운을 준다. 재익이와 규화의 따뜻한 품성이 항상 나에게 편안함을 안겨주었다. 원래는 한 살 위였지만 고교 졸업은 함께한 안 형도 빠지지 않고 어울려 다니곤 했다.

동구능 가까이 살던 그는 홀어머니를 모시고 농사까지 도우며 문리대 수학과를 다녔다. 추수 때는 일이 바빠 만나지 못할 때가 많았고, 추수물을 손수레로 끌고 청량리 시장에 내다 파는 일을 마다하지 않는 사람이었다. 존경스러웠다. 어찌나 열심히 살았는지, 그는 대학교수로 정년을 했다.

서로 바쁜 시절에는 별로 만나지 못한 이들을 일흔이 넘어서는 다시 종종 만나고 있다. 중미국 대사 등 외교관 노릇을 하던 상철이도 이 모임에 합세했고, 문리대에서 물리학을 공부하고 고교 교사였던 용길이도 팀 멤버가 되었다. 가성비가 좋기로 이름난 '임금님 밥상'이라는 교대 근처 한 음식점에서 다섯이 점심을 즐긴다. 두 달에 한 번꼴로 이루어지는 만남 덕에 옛 우정이 더욱 굳어지는 듯하다. 과거, 현재, 미래에 관한 다양한 화제가 오르내린다.

대학시절 재익이와 어울리다 보니 불어불문과 학생들뿐 아니라 독어독문학과, 영어영문학과 학생들과도 자주 함께하게 되었는데, 이들이 참여하는 '문학의 밤' 행사에 참가한 경험은 나에게 문학이라는 아름다운, 또 창작적인 세계를 알게 하고 가깝게 해주었다. 지나고 보니 너무나 값진 배움이었다. 과학에서는 창조성이 가장 높게 평가받는데, 예술의 세계에서도 마찬가지이다. 그래서 나는 글을 통해 '과학과 예술이 창조적 작업이라는 점에 공통점을 발견한다'는 주장을 펼치곤 한다. 동시에 우리 일상생활이, 우리의 삶이 전적으로 과학의 지배를 받고 있음 또한 주장한다. '과학은 문화다(Science is culture).'

'다음 주 수요일 1시에 지난번 만나 점심한 장소로 나올래?'

재익으로부터 문자 메시지가 왔다. 홀삼수 모임이라 불러 '무슨 의미지?' 하고 잠깐 생각해보았다.

'아하! 홀수 달 세 번째 수요일이라는 의미구나!'

기억력이 떨어지는 우리들에게 정확한 만남 날짜를 말해주고 있는 모임의 이름이다. 재익의 작품임이 틀림없다. 그러고 보니 그날이 내일(2019년 5월 15일)이다. '임금님 밥상'이라는 음식점에서 풍성한 우정과 음식을 옛 벗들과 나눌 생각이다. 스승의 달이라고 고려대 이과대에서 명예교수들을 위한 식사 자리를 마련하여 초대를 받기도 했지만 나는 재익, 종식, 용길, 상철이를 만나러 홀삼수 모임에 가기로 마음먹었다. 아마도 도담스님(道澹, 규화)은 못 오겠지. 그래서 우리들은 가끔 별도로 날짜를 잡아 스님을 만나러 간다.

우정은 묵을수록 그 맛이 깊어만 간다. 어머님이 담그셨던 장맛과 같이….

'벗들이여, 지금처럼 건강하여 백수 잔치를 함께하세!'

노력과 성실의 천재
홍병규 사장님

"정일아, 잘 있었니?"

"네, 작은아버님. 웬일이셔요?"

1962년경 아버님 다섯 형제 중 넷째인 봉근(奉根) 삼촌에게서 전화가 왔다. 자기가 잘 알고 지내고 있는 유한양행 홍병규 전무 아들의 입주 가정교사를 할 수 있는지 물으셨다. 홍 전무의 아들이 고3 진학을 앞두고 있었고, 겨울방학 동안 공부를 가르쳐줄 선생이 필요하다고 했다.

이곳저곳에서 학생들을 가르치면서 지내던 시절이라 홍 전무 큰아들인 섭을 가르치기로 했다. 필운동 꼭대기 인왕산 끝자락에 앞뒤 한옥 두 채를 연결한 집의 뒤채에 입주해 섭의 공부를 1년 동안 도와주었다.

1년을 함께하는 동안 홍 전무님에 관해 이런저런 이야기도 듣고, 그분의 건실한 일상생활 태도와 올바른 인간관계를 중요시하는 점을 배우게도 되었다. 훌륭한 분이셨다. 초등학교에 다니는 어린 딸 옥이도 잘 따라주어 기뻤다. 사모님의 쾌활한 성격과 자상함도 나를 편하게 해주어 1년을 무사히 함께 지낼 수 있었다.

정초에 회사 사람들을 포함해 여러 지인들이 인사를 오거나 회식을 할 때에는 나를 한 가족처럼 그들에게 소개해주곤 하셨다. 주위사람들과 회사사람들에게서 많은 존경을 받고 계심을 쉽게 알 수 있었다.

'상업고등학교 졸업을 하고 사환(使喚)으로 출발해 이 큰 회사의 전무가 되셨으니 이분에게야말로 특별한 점이 있겠구나!' 하는 생각이 들었다. 가장 먼저 눈에 뜨인 점은 끊임없이 배우고 익히는 학구열과 진취성이었다. 화장실에 쌓인 누런 갱지가 온통 홍 전무님의 필적으로 가득 차 있었다. 수많은 영어단어와 제약 관련 화합물명이 빼곡히 적혀 있었다.

'공부를 열심히 하시는구나! 그렇게 바쁘게 지내시면서 새로운 지식을 향한 열정이 대단하시다!'

또한 꾸준히 《타임》지와 《뉴스위크》지를 읽고 있다니 놀라웠다. 나 또한 홍 전무님이 읽으신 잡지들에 쉽게 접근 할 수 있어 좋았다. 가족이 나를 귀하게 대우해주고 있음을 느껴, 섭이를 더욱 열심히 가르치려 노력했다. 가족 나들이 장소를 정할 때도 내 의견을 가장 존중해주었던 가족들에게 지금도 고마움을 느낀다.

홍 전무는 특히 '화학'을 좋아하셨고, 내가 화학과에 재학 중이라는 점을 매우 자랑스럽게 여기셨다. 후에 유학하며 미국 대학원에서 공부하던 중에도 간간이 연락드리면 기뻐하시며 열심히 배워 후에 우리나라 발전에 기여하라는 충언을 아끼지 않으셨다. 그분은 유한양행의 설립자 유일한(柳一韓) 박사를 매우 존경했다. 그의 애국심과 정직한 기업경영 정신을 특히 높게 사셨다. 홍 전무님은 1966년 유한양행 부사장을 거쳐 1985년에는 사장님이 되셨다. 그에게는 따라 다니는 일화가 하나 있다.

1932년에 16살의 고교 졸업생으로 유한양행에 입사해 회사의 숙직실에 기거하면서 숙직을 도맡았다. 어느 날 밤 해주도립병원으로부터 맹장염 수술을 받은 환자가 혈청주사약이 없어 죽어가고 있다는 연락을 받았다. 숙직 중 창고에 들어가 약을 찾아 두껍게 포장한 후 서울역으로 뛰어가 기관사에게 부탁을 했다. 기관사는 그의 청원대로 해주와 신의주로 갈라지는 토성역에서 약을 던졌고, 해주도립병원 사람들이 그 약을 받아 수술을 성공적으로 행해 환자의 생명을 건졌다. 다음날 유일한 박사가 이 보고를 듣고는 '함부로 창고문을 열어서는 안 된다는 원칙에 얽매이지 않고 위급시에 적절히 대응해 사람의 목숨을 건졌다'며 어린 홍병규를 크게 칭찬했다 한다.

"진 박사, 귀국을 환영합니다. 66년에 한국을 떠났으니 참으로 오랜만이군요. 내가 급히 진 박사를 만나고 싶어 전화합니다."

1974년 8월에 만 8년 만에 귀국해 맞는 첫 겨울이었다고 기억한다. 홍 사장님이 운영하고 계신 회사 제품의 기술적인 문제로 나를 급히 만나고 싶다는 홍 사장님(당시 코락스사 사장)의 전화였다. 어차피 귀국인사를 드리고 싶었던 차였기에 흔쾌히 요청을 받아들였다.

"진 박사, 미국의 클로락스 잘 알지요? 소독, 백탁제…."

"네, 잘 알고 있습니다. 주성분이 하이포염소산나트륨(소다)이지요."

"그래요. 잘 알고 계시네. 다름이 아니라 내가 최근에 이 제품을 제조하는 코락스라는 회사를 인수했는데 생산 공정과 제품 안정성에 문제가 있어서 꼭 진 박사 도움이 필요해서…."

한국에서는 미국의 클로락스 제품이 '코락스'라는 상품명으로 시판되고 있었다. 홍 사장님이 인수했다는 공장을 방문해, 생산공정은 물론 제품의 질까지 깊이 살펴보았다. 가장 큰 문제는 제품생산에 사용하는 물 속에 제품의 분해를 촉진시키는 철 등의 무기질이 포함되어 있다는 사실이었다. 우선 이온교환수지와 공침법을 사용해 수질을 개선하는 일에 착수했다. 마침 봉근 삼촌이 공장장으로 계셔서 보탬이 되고픈 마음에 더욱 열심히 도와드렸다.

1978년 들어 '코락스' 시장이 커지면서 판매망 확보를 위해 유한양행과 합작한 회사인 '유한 코락스'로 개편했고 홍 사장님이 계속해서 경영을 맡았다. 나는 특수 계면활성제를 찾아 이를 포함한 유한 락스 개발까지 도와드린 뒤 그 일에서 손을 떼었다.

락스 개발을 도와드리며 일할 때 홍 사장님으로부터 또다시 여러 가지를 배웠다. 완벽주의에 가까운 그분의 성품이 요구하는 철저함에 나는 때때로 힘들어했다. 특히 회사 제품의 질이 국내에서는 당연히 첫째여야 했고, 세계적인 제품에도 뒤지지 않아야 했다. 따라서 나는 화학적 내용을 세세히 점검하고 공부하며 놓치는 것이 하나도 없도록 했다. 이런 경험을 통해 홍 사장에 대한 존경심이 더 커졌다. 기업에서 제품이 출시되기 전에 어떤 과정을 거치는가에 대해 몸으로 배울 수 있는 소중한 경험이 되었다. 이는 후에 몇 회사를 자문할 때 큰 자산이 되었다.

미국에서 직장생활을 하던 중에는 지금의 '마미손'사를 인수할 수 있도록 다리를 놓아주기도 했다. 10년 연하의 사모님이 먼저 타계할 때 뵌 홍 사장님은 겉으로는 건강해 보이셨다. 그러나 그렇게 총명하고 당당하시던 그분의 인지력에도 세월의 흐름에 따른 조금의 흠이 있어 보였다. 사모님이 떠나신 후 건강을 잃어 2011년 95세로 생을 마감하셨다. 몇 년 전 필운동 배화여고에서 특별강연을 마치고, 홍 사장님 댁을 찾아보았다. 옛집은 사라지고 다세대 주택이 그 자리를 차지하고 있었다. 반세기 동안 내 마음 속에 큰 어른으로 계셨던 그분의 자취는 찾을 수가 없었다. 존경하는 홍 사장님, 큰 가르침에 감사했습니다. 극락세계에서 평화스러운 영생을 누리십시오.

나의 두 미국 스승을 추억하며

미국 유학시절 나를 가르친 스승이셨던 두 교수를 가끔 떠올리곤 한다. 두 분의 색깔은 매우 달랐지만 나에게는 특별한 분들이었다. 나는 무엇보다도 그들의 성실한 연구태도에 감명을 받았는데, 와일리 교수와 와이넨 교수가 그들이었다.

와일리(Richard H. Wiley, 1913~2000) 교수는 당시 50대 초반의 신사로 내 박사학위과정 지도교수였다. 나를 미국시립대학교(City University of New York, CUNY)에 유학하도록 한 장본인이었다. 예전에는 서울대 석사과정의 내 지도교수인 장세희 선생님의 박사과정(Louiseville University) 지도교수였던 분이다.

깔끔한 인상 속에는 아무에게도 도전을 용납하지 않을 듯한 엄격함이 배어 있었다. 때때로 보여주시던 소리 없는 미소는 평소에는 볼 수 없는 따뜻한 인자함도 느끼게 했다. 위스콘신대학에서 박사학위를 취득했고 법과대학도 졸업한 학력을 지닌 와일리 교수는 박사학위 취득 후 듀퐁사 연구소에서 연구생활을 했으며, 후에 루이빌대학 화학과의 교수와 학과장이 되었다. 헤테로고리 화합물과 고분자화학 분야에 연구를 수행하고 있던 유기화학자였다. 와일리 교수는 고분자들의 유리전이온도에서 빛의 굴절률이 바뀐다는 사실을 처음으로 밝혔다. 이 유리전이온도 측정법을 가끔 와일리방법이라 부른다.

내가 CUNY의 와일리 교수 연구실에서 연구를 시작할 때, 그는 CUNY의 전 화학 박사과정 과장(Executive Officer, CUNY는 몇몇 대학의 연합체였고, 각 대학의 화학과 박사학위 과정은 대학들이 연합된 하나의 프로그램으로 운영되고 있었다. 이 연합 프로그램의 총 책임자로 와일리 교수가 봉사하고 있었다.)이셨다. 와일리 교수는 행정 업무만으로도 바쁜 듯했으나 실험실을 들러 연구 진행사항을 체크하는 일과는 하루도 빼놓지 않았다. 하지만 연구 진행상황을 그룹 전체가 모여 발표하고 논의하는 시간을 갖지는 못했다. 그는 기초유기화학 강좌를 가르쳤는데 특이한 점은 한 학기 동안 한 번의 판서도 없이 강의가 진행되었다는 점이다. 50대였던 그는 낮은 목소리의 소유자로 강약이 적은 그의 강의는 비교적 지루했던 것으로 기억된다.

하지만 와일리 교수의 연구에 대한 관심은 남달랐는데, 퇴근하기 전에 실험실에 들러 우리들의 연구 진척상황을 듣는 일을 하루도 빼놓지 않았다. 새로운 연구내용과 방법에 적응하려는 힘든 단계에 있었는데 결과를 바라시는 교수님의 모습이 나에게는 매우 큰 압력으로 다가왔다.

하지만 나도 어느새 그런 와일리 교수의 지도법에 익숙해졌는지, 한국에 귀국하여 대학원생들을 지도할 때 유사하게 행동한 것으로 기억한다. 대신 나는 저녁이 아닌 아침에 연구실을 들르곤 했다.

"김 군, 어제 실험 잘 되었는가? 긍정적 결과가 좀 보여?"

매일 아침 이런 식의 질문을 했는데 나의 지도학생들이 매우 힘들어했을 것으로 생각된다.

"어, 교수님 오늘 귀국하신다고 하지 않으셨어요?"

"그렇지! 왜?"

"그런데 실험실에 오셨어요?"

"응. 공항에서 바로 연구실로 왔어."

"네…."

그 먼 길을 왔으면 쉬러 집으로 가련만, 연구실에 나타난 나를 보며 어이없다는 표정을 짓는다.

"뭐, 내가 날아왔나, 아니면 뛰어왔나? 나는 가만히 쉬고 있는데 비행기가 날아다 떨어뜨리더라! 다른 애들은 어디 있니?"

와일리 교수는 또 한 가지 눈에 띄는 학자적 태도를 보여주었는데, 이에 대해서는 지금도 큰 존경심을 느낀다. 그는 바쁜 시간을 쪼개어 자신만의 연구 실험을 행하고 있었다. 내가 지도받고 있던 3년도 채 안 되는 짧은 기간 동안 본인만의 이름으로 두 편의 학술 논문을 학술지에 게재했을 정도였다. 나도 귀국 후 고려대에서 그리 하리라 다짐했지만 결국 포기하고 말았던 기억이 생생하다. 역시 스승만 한 제자가 없는 모양이다. 연구원이 부족하다고 불평하면서 스스로 실험실에서 연구에 빠져드는 교수가 몇이나 있을지는 반성해볼 일이다.

광화학(Photochemistry) 연구에 종사하고 있던 와이넨(Joseph Wijnen, 1920~2007) 교수는 우리 내외를 자신의 집에 초대할 정도로 친절히 대해준 분이었다. 지금도 부인과는 종종 연락을 유지하고 있다. 대학원에서는 무기화학 강의를 하셨다. 나와 가장 친히 지낸 바비(Robert Ausubel, Bob)의 지도교수이기도 했다. 벨기에 태생으로 루벤대학에서 수학하고 캐나다를 거쳐 미국으로 건너왔다. 할로겐 유기화합물들의 광분해 반응을 연구하고 있었다. 지금에 와서 보니 그는 이미 공기오염에 관한 기초연구를 행하고 있었다. 할로겐 화합물들의 남용이 오존층 파괴라는 무서운 공해의 원인임이 잘 알려진 사실이다.

내 박사학위 논문 심사위원 중 한 명인 그는 와일리 교수와 친했으며, 학생들과 격의없이 지낼 정도로 성격이 좋았고, 강의 내용도 탁월해 학생들 사이에서 인기가 높았던 분이었다. 이 분 또한 시간만 나면 실험복을 입고 보안경을 쓰고는 실험실에서 손수 연구를 수행하셨다. 자기가 지도하고 있는 석 · 박사 과정생들과 섞여 자신의 연구를 진행시켰는데, 초자 가공에 워낙 능숙하여 학생들이 사용하던 진공라인에 이상이 생기기라도 하면 금세 고쳐주시곤 했다.

와이넨 교수는 인자함과 엄격함을 함께 지닌 분이었는데, 지도학생이 일정 수준 이상의 연구결과를 내보이지 못하면 절대로 학위를 주지 않았고, 일정 기간이 지나면 학비 보조를 끊기까지 했다.

와일리 교수와 와이넨 교수는 여러 면에서 차이가 있었으나 그들이 보여준 학생 지도 방법과 연구에 대한 열정에 나는 큰 감동을 받았다. 그들의 본보기를 직접 보고 배운 내가 얼마나 잘 실천할 수 있었는지 회상해보면 부끄러울 따름이다.

와일리 교수는 미국 서부로 은퇴하셔서, 정년 후에는 만난 적이 없으나 와이넨 교수 내외는 여전히 뉴욕시 근교에 살고 계셔서 뉴욕시를 방문할 때에는 기회가 되면 뵐 수 있었다. 특히 바비가 친구들을 모아 자기 집에서 나를 환영하는 헌터대학(Hunter College) 동료 파티를 할 때면 와이넨 교수 내외를 초청하곤 했다.

와이넨 교수는 내가 한국으로 영구 귀국할 때 매우 의아해하셨다.

"정일아, 너 왜 한국으로 되돌아가니? 특별한 이유가 있니?"

"모국에 돌아가 한국 대학교육 발전에 일익을 담당하고 싶습니다."

"좋은 생각이군. 그러나 한국엔 연구할 수 있는 여건이 갖추어 있지 않을텐데…."

"네, 옳으신 말씀입니다."

두 스승은 정년 후에 전혀 다른 길을 걸으셨는데, 우선 와일리 교수는 따뜻한 서부로 옮겨 조그만 초급 대학에서 학생들을 계속 가르쳤다. 하지만 그곳에서도 실험연구에 손을 뗄 수가 없어 대학 내의 조그만 실험대와 환기후드(fume hood) 하나를 빌려 자신의 연구를 계속하셨다고 들었다. 사모님 왈, '그분은 평생 일밖에 몰라요. 해변가에 가도 배를 손보느라 놀지도 못하세요….'

한없이 인자해 보이셨던 사모님이 문득 생각난다.

1968년 9월 7일에 뉴욕 맨해튼에 있는 한인교회에서 조촐하게 결혼식을 마치고, 이어 한국 음식점에서 피로연을 가졌다.

"여러분, 오늘의 주인공인 신혼 부부를 위해 건배를 제안합니다."

와일리 교수가 스스로 내빈을 대표해 건배를 제안해주어 어찌나 고마웠는지….

"저분에게 저렇게 다정한 면도 있었구나!"

그 옆에서 따뜻한 축하의 미소를 보여주셨던 사모님의 배려심에 새삼 고마움의 고개를 숙인다.

와이넨 교수는 조금 다른 삶을 사셨는데, 뉴저지주에 계속 사시며 그림 그리기와 교회 봉사에 열중하셨다. 그림이 어찌나 뛰어났던지 여러 화랑에 초청받아 전시를 열기도 하셨다. 교수님의 부인과 자녀들 모두 나와 페이스북 친구를 맺어 종종 안부를 물으며 연을 이어가고 있다.

낯선 이국땅에 적응하며 발을 붙이도록 도와주었던 두 분! 천국에서 영원한 평화를 향유하시길 빌고 있다.

기억 속의 두 여성, 마이너 리스 박사와 이리나 보코바 총재

우리는 살아가면서 수많은 사람들을 만난다. 의도적인 만남도 있고, 우연한 만남도 있다. 그렇게 많은 사람들 중 우리의 기억에 짙게 남는 사람은 그리 많지 않다. 물론 자주 만난 사람들의 기억은 자연히 머릿속에 깊이 남아 있기 마련이다. 그러나 한두 번의 만남만으로 뇌리에서 떠나지 않는 사람들이 있는데 나에게는 마이너 리스 박사와 이리나 보코바 총재가 그렇다. 두 여성은 잠깐의 만남이었지만 내 기억 속에 깊이 남았다. 뉴욕시립대 대학원장이었던 마이너 리스(Mina Rees, 1902~1997) 박사는 내가 박사학위 과정 학생 시절 마주쳤고, 전 UNESCO 총재였던 이리나 보코바(Irina Bokova, 1952~)는 2016년에 UNESCO 나노과학기술 메달을 내게 수여할 때 알게 되었다.

박사학위 수여식 준비로 식장이 어수선했다. 미국뉴욕시립대(CUNY)는 박사학위 수여식을 별도로 진행했다. 뉴욕시에 흩어져 있는 몇 개의 CUNY 산하 대학들은 별도로 학사 · 석사 학위 수여식을 가졌지만 박사학위 수여식은 함께 진행하였다. 박사학위 과정이 통합되어 운영되고 있었기 때문이었다. 박사학위 수여 대상자들은 맨 앞줄에서 알파벳 순으로 자리하여 앉았고, 뒤켠에는 친척들이 또 다른 쪽에는 지도교수들이 자리했다. 특히 지도교수들의 상당수가 자신들의 박사복을 입은 장면이 이채로웠는데, 출신학교가 다양했기 때문에 그들의 박사복도 각각 달라서 눈길을 끌었다. 우리들은 캡의 술이 오른쪽으로 되어 있는지를 확인했다. 후드(hood)는 단상에서 뉴욕시 고등교육감이 입혀주고 금색 모자술은 리스 대학원장이 오른쪽에서 왼쪽으로 옮겨주었다. 대학원 신문을 통해 지면상으로만 알았던 리스 원장이 내 눈에 들어왔다. 호리호리한 키에 60대 중반의 여성.

"진 박사님, 박사학위 취득을 축하합니다."

모자 술을 옮겨준 후 따뜻한 미소와 함께 축하의 악수를 청해왔다.

"고맙습니다. 리스 원장님!"

참으로 짧은 만남이었으나, 그녀가 나에게 준 인상은 짙었는데, 인자하면서도 근엄했다고 기억한다.

'그녀는 어떻게 이리 높은 지위에 오를 수 있었을까?'

나는 그녀에 관한 몇 가지 정보를 읽어보고 놀랐다.

리스 원장은 나의 연구실이 있던 헌터대학을 최우등으로 졸업한 후, 시카고대학과 컬럼비아대학에서 수학공부를 해 박사학위를 받았다. 원래 컬럼비아대학에서 공부를 마칠 생각을 갖고 있었으나, 1920년대만 해도 여자 박사학위 과정생을 반기지 않음을 깨닫고는, 1925년 석사학위 취득 후 모교 헌터대학으로 돌아가 교육에 투신했다. 후에 1931년 시카고대학에서 박사학위를 취득했다. 박사학위논문 내용은 추상대수학 분야였다.

'아니, 리 원장이 수학자였어?!'

2차 세계대전 시절이 그녀에게 행정능력을 발휘할 기회를 주었다. 사실 그녀는 컬럼비아대학 대학원 시절 법학도 공부해두었다. 대전 기간 동안 리스 박사는 미국 과학연구개발국(Office of Scientific Research and Development)의 응용수학 기술고문 겸 최고보좌역으로 일했다. 전후에 그녀는 해군연구국(Office of Naval Research, ONR)의 수학과장을 거쳐 과학부국장이 되었다. 그녀는 ONR 재직 중 많은 업적을 쌓았다. 전산을 위한 수학적 알고리즘 연구 사업 및 대학 전산시스템 구축(예컨대 MIT의 Whirlwind) 사업의 실행에 절대적 역할을 담당했다. 특이한 사실은 진공관 대신 트랜지스터의 사용을 주장했고, 개선된 디스플레이 개발의 필요성을 주장했다는 점이다. 리스박사는 수학적 재능을 통해 고속 컴퓨터 기술 개발에 족적을 많이 남겼다.

그녀는 1953년에 헌터대학 학장으로 돌아와 그 자리를 여러 해 차지하다가 1961년에 뉴욕시립대(CUNY) 대학원 프로그램 담당 원장이 되었다. 1969년 내가 박사학위를 취득할 때는 CUNY 대학원장이었다. 같은 해에 그녀는 미국과학진흥협회(American Association for Advancement of Science, AAAS) 회장으로 당선되었다. 그녀는 AAAS의 첫 여성 회장이었고, 당시에 미국에서 큰 뉴스가 되었다. 《뉴욕타임스》지는 이 사실을 전하며, '여성들이 그 수준의 과학자들 사회에서는 희귀하게 여겨지고 있으나, 리스 박사는 마리 퀴리(Marie Curie), 비제 마이트너(Wise Meitner)와 마거릿 미드(Magaret Mead)처럼 과학적 창의성이 남자들만의 전유물이 아님을 증명했다'며 그녀의 업적과 능력을 극찬했다.

1969년 8월 초. CUNY를 떠나 직장생활을 곧 시작해야 될 즈음에 나는 리스 대학원장을 찾았다.

"리스 원장님. 안녕하십니까. 지난 6월 5일 박사학위를 받은 화학과의 진정일입니다. 기억하실지 모르겠지만….”

“진 박사님, 물론 잘 기억합니다. 한국학생이 우리 대학원에는 별로 없어, 잘 기억하고 있습니다.”

“제가 뉴욕시를 떠나게 되어 인사 차 찾아뵙고 싶었습니다.”

나는 직장을 얻어 뉴욕시를 떠나게 된 배경을 설명하고는, 조그만 한국 수공예품을 드렸다.

“진 박사님, 성공적인 직장 생활을 빕니다.”

이 인사말이 결국 그녀와 나눈 마지막 대화가 되었다. 나에게 박사학위를 얹어준 그녀가 고맙고 그녀와의 인연이 자랑스럽다. 그녀는 미국 수학회 및 전산학회, 여성단체, 미국학술원, 영국왕실, 미국대통령 등으로부터 여러 상과 훈장을 받았다.

두 번째 여성은 이리나 보코바 제9대 UNESCO 총재다. 보코바 총재는 불가리아의 소피아에서 태어났다. 나는 2016년 10월 11일 프랑스 파리 UNESCO 본부에서 개최된 2016년도 UNESCO 나노과학기술 메달 수여식에 수상자로 참여했다. 소강당에서 수여식이 개최되었다. 보코바 총재가 수상자 모두에게 일일이 메달과 상장을 수여하는 시간을 가졌다. 한국 사람으로는 처음이요, 아시아 사람으로는 두 번째로 이 상을 받게 된 영광이 나를 어리둥절케 했다. 나보다 10여 년 더 젊은 보코바 총재는 부드러운 미소로 사람들을 대했는데, 거기는 약간의 근엄함도 섞여 있었다. 그녀가 UNESCO 총재가 된 배경이 궁금해졌다.

그녀는 소피아에서 제일 영어학교를 마친 후 러시아 모스크바로 유학을 떠났다. 국제관계와 관련한 논문으로 석사학위를 받은 후 불가리아로 귀국하여 국내정치와 외교에 활발히 참여했다. 불가리아 공산당의 요직에 있었던 부친의 영향을 받은 듯했다.

불가리아의 외교부에서 승승장구해 외무부 장관이 되었고, 프랑스와 모나코 대사 역할도 했다. 또 국회의원으로도 두 임기를 보냈다. 2009년 11월에는 9대 UNESCO 총재가 되었다. 첫 여성 총재이자 동남유럽 출신이었다. 그녀는 성평등, 교육개선, 테러방지, 지적재산권 보호에 앞장섰다. 그녀는 인종차별에 대해 강한 반대 입장을 견지했고 유대인 학살을 비난했다.

그녀의 활발하고 훌륭한 활동은 세계적 반향을 일으켰다. 우리나라의 이화여대(2010)를 비롯해 세계 여러 대학에서 25개나 되는 명예박사 학위를 수여받았을 정도다. 우리나라 정부는 2014년, 그녀에게 외교공로 훈장을 수여했다.

반기문 UN 사무총장의 유력한 후계자로 떠올랐던 보코바 여사가 불가리아 정부와의 마찰로 UN 사무총장에 당선되지 못하는 불운을 맞보게 되었는데, 나는 이에 안타까움을 느꼈다. 불가리아 여성 두 후보가 경쟁하며 표를 나누는 불편하고 쓴 경험을 하게 되었다.

UNESCO 메달 시상식 후 가진 저녁 만찬에 내 옆자리를 지켜주었던 보코바 총재에게 슬쩍 농담을 던졌다.

"보코바 총재님, 총재님 성을 조금 변형시키면 '보고파'가 됩니다. 이 말은 한국말로 '당신을 보고 싶다'는 뜻을 나타냅니다. 많은 한국인들은 총재님을 만나보고 싶어합니다."

"고맙습니다. 진 교수님. 제가 한국을 방문했을 때 한국인들이 저에게 베풀어준 따뜻한 환영과 배려는 제 마음속에 크게 자리잡고 있습니다!"

그녀가 준 커다란 상장과 메달을 들고 함께 찍은 사진이 액자 속에서 내 집무실을 장식해주고 있다. 조그만 불가리에서 세계적 여성 지도자가 된 보코바. 우리나라에도 그런 여성들이 많이 배출되길 바란다.

잠깐 만난 두 여인, 리스 CUNY 대학원장과 보코바 UNESCO 총재에게는 한 가지 공통점이 있다. 그들은 여성 특유의 따뜻함과 지도자로서의 근엄함을 동시에 지니고 있는 뛰어난 활동가들이었다. 이미 타계한 리스 대학원장의 평화스러운 영면을 기도하며, 보코바 총재의 장수와 평안을 빈다.

과학과 더불어 뜻을 키워온 삶, 김시중 선생님

"진 교수, 미안해. 아직 자고 있겠군."

"네, 장관님, 등청중이시군요. 웬일이세요?"

거의 항상 그렇듯 아침 7시경에 김시중 과기부 장관에게서 온 전화였다.

"요즘도 바쁘시지?"

"네, 그런 편입니다."

"아침 일찍부터 미안해. 전에 언젠가 이야기한 그 건인데, 오늘 최종 결정을 내야 하는데, 밑에서 올라온 추천과 내가 생각하는 바에 차이가 있거든. 진 교수는 어떻게 생각해?"

"항상 말씀드렸듯이 원칙을 따르십시오. 저는 장관님 생각이 옳다고 생각합니다."

"그래…. 고마워. 혹시 생각이 달라지면 8시 전에는 언제든 연락주기 바래."

"네, 잘 알겠습니다. 좋은 하루 보내십시오."

만 2년 가까이 과기부 장관을 지낸 김시중 선생님과는 같은 고려대 화학과에서 1997년 그분이 정년을 맞이하실 때까지 함께 동고동락했다. 김 선생님은 서울대 화학과 9년 선배로 2017년 10월에 85세로 타계하셨다.

우리나라 화학계의 거목이었던 김 선생님은 고려대학교 전임 조교로 시작하여 이곳에서 40년 이상을 봉직한 고려대학교 화학과의 터줏대감 같은 분이셨다. 미국 유학을 앞두고 있던 어느 날, 그분의 미래를 결정지을 명령(?)이 서울대 석사과정 지도교수인 장세헌 박사에게서 떨어졌다.

"김 군, 고려대 화학과에서 전임 조교를 찾고 있으니, 박기채 선생님을 찾아뵙게!"

"선생님, 저 몇 개월 후에 미국으로 유학 갈 준비 중인데요."

"그야 나도 잘 알고 있지. 자리 잡아놓고 유학을 차후에 가도 되지 않겠나!"

하기야 장 박사님도 서울대 화학과에 먼저 자리를 잡은 후 미국 유타대학에서 박사학위를 취득한 경험이 있었다. 더구나 박기채 교수와 장세헌 박사 두 분 모두 경성제대(현 서울대) 입학 동기로서 단짝친구로 불릴 만큼 친하게 지내는 분들이셨다.

그야말로 아무것도 없는 고려대 화학과였다. 하지만 김 선생님은 과의 살림을 실질적으로 도맡는 힘든 나날을 보내시면서도 학구열은 버리지 않으셨다. 거의 독학하다시피 하면서 박사학위 논문을 끝내셨다. 착물화학이 내용이었으며, 후에 우리나라 착물화학 분야를 이끌었다.

치밀함과 엄격함 뒤에 따뜻한 인간미가 흐르는 분이었다. 그분의 리더십은 매우 카리스마적이었다. 술을 정말 좋아하셨던 분이었는데, 고려대 화학과에는 위로 박기채, 김태린 등 애주가였던 분들이 계셨기 때문에 더욱 그랬는지도 모를 일이다.

"진 교수, 정말 미국에 1년만 다녀오는 거지?"

"네, 물론이지요. 그래서 아이들도 한국에 두고 나가지 않겠습니까!"

"글쎄, 마음이 영 놓이질 않아서…."

"에이, 무슨 말씀이셔요? 어차피 선생님은 제가 고려대에 온다 할 때 유일하게 반대한 분이셨잖아요!"

"아니, 또 그 옛날이야기야. 건방지게 귀국 여비 해내라니까 내가 화가 났었지."

"누가 고려대에서 여비 내라고 했나요. 당시 과기처를 통해 해외 우수과학자 유치 프로그램으로 도와달라고 했지요."

"결국 그렇게 됐잖아!"

"네, 저 지난 5년 힘들기도 했지만, 선생님 계셔서 열심히 재미있게 고려대에 있었어요. 1년만 더 공부하고 오겠습니다."

귀국 후 5년간 발버둥쳤으나 연구결과가 과학적으로 만족스럽지 못하였고 머리는 점점 더 비어가는 듯했다.

'아니다! 더 늦기 전에 다시 미국으로 건너가 한 1년 모든 것을 잊고 연구에 몰입하다 다시 귀국해 뛰어보자!'

안사람과 나는 짐을 꾸렸다.

'아니, 선생님 공항까지 나오셨어요? 곧 돌아올 텐데요!'

김 선생님이 김포공항까지 나오셔서 약간 젖은 눈길을 던지셨다.

"진 교수, 진짜 고대로 다시 돌아오는 거지?"

"물론이지요, 선생님."

내 눈도 흐려졌다. 두 손으로 악수를 나누며 우리 내외는 출국 비행기 게이트로 향했다. 그분과의 경험 하나가 내 머릿속을 스쳐 지나갔다.

"진 박사, 아직 젊은 사람이 윗사람 눈치나 보면서, 비위나 맞추면서 살려나?! 이 원고 다시 써와!"

한 대선배의 원고에 손을 대달라는 김 선생님의 요청이 있었는데, 내 뜻대로 많은 것을 고치지 않고 최소한의 수정만을 거친 나를 꾸중하는 말씀이었다. 거의 외침과 같이 목청을 높이시며 원고뭉치를 사무실 바닥으로 던지셨다.

어떤 일을 맡든지 철저하고 완벽하기를 바라시는 김 선생님의 일에 대한 태도에서 일하는 자세를 배웠다. 그분은 서서히 나의 멘토르로 자리하셨다. 강의실에서는 엄격하셨지만, 강의하는 지식의 전달은 물론 사회, 정치, 역사 등의 시사적 의견도 서슴지 않고 강의에 섞어 이야기하셨다고 들었다.

1970~80년대만 해도 학생들이 정초에 교수들의 집을 방문하여 세배의 예의를 표하는 따뜻한 관행을 지키고 있었다. 특히 고려대 학생들은 눈에 띄게 예를 표현하여 나를 감탄하게 했다. 이 시절에도 김 교수댁에 들러 세배하는 분들의 숫자가 가장 많았음은 잘 알려진 사실이다. 김 교수님 자신도 김태봉(작고), 박기채(작고), 장세헌 교수 댁에 세배를 다녔고, 나도 동행한 적이 몇 번 있었다. 김장생의 후예임을 자랑스럽게 여기시며, 전통적인 예절을 몸소 실천하려 노력하셨다. 정의감 또한 눈부셨다. 활동범위가 과학자로서 믿기질 않을 정도로 넓었고, 그 많은 활동 중에 인간관계를 가장 중요시했다. 타계하셨을 때 문상객이 1천 명이 넘었음은 이를 잘 반증한다.

모든 사람들에게는 각자가 타고난 개성이 있는데. 태어난 가정의 분위기와 성장과정과 교육, 본인의 수련에 따라 다양한 개성이 만들어진다. 김 선생님이 내게 남긴 강한 인상이 또 한 가지가 있다. 그분의 사전에는 패배와 실패라는 단어들이 없는 듯했는데, 승부욕이 강하셔서 자신이 가는 길에 다른 이가 앞서나가는 것을 보기 힘들어하셨다. 그 정도가 지나쳐 부담스러울 때도 가끔 있었다. 그랬기 때문에 그분이 우리나라에서 보기 드문 과학정책가로서 우뚝 섰지 않았나 싶다. 오래 유지하기 어렵다는 과기부 장관 자리를 2년여 지키며, 자기의 뜻을 펼쳐나갔다. 무서운 결단력과 타의 추종을 불허하는 추진력은 대단한 정도였다.

대한화학회를 이끄실 때에는 후배들에게 많은 가르침을 주시며, 철저함과 사랑을 그분만의 특수한 비율로 섞으셨다. 고려대 서창캠퍼스 초대학장(후에 부총장)으로 건설공사를 지휘할 때는 밤을 새는 열정을 보여주셔서 감탄스럽기도 했다. 학문적 업적을 따지기 어려운 세대에 속했으나 그분의 덕으로 우리나라에 무기화학이 뿌리를 내릴 수 있었다고 평가된다. 초창기에 국제착물화학 학술대회를 꾸준히 추진하고 주최하셨으며, 또 고려대 서창캠퍼스 창립에 앞장서며, 학장과 부총장으로 교육행정가로의 능력을 아낌없이 발휘했다. 목침대에서 자면서 분교 건물 건축을 지휘했던 일화는 유명하다. 이 이야기는 목표를 달성해내는 그분 특유의 추진력과 열정을 보여주는 좋은 예였다.

우리나라의 기초과학 육성을 위해 교육부의 여러 사업에 위원장 및 위원으로 참여했다. 지금도 건재하는 '한국기초과학 지원연구소'와 광주 과기원(KJIST)도 그분의 창조물이었다.

김시중 선생님이 남긴 자서전『과학과 더불어 뜻을 키워온 삶』(2001)을 들춰보면 한 인간이 얼마나 많은 일을 할 수 있는가를 웅변해준다. 비록 85세로 명을 끝내셨지만 김시중 선생은 분명 100년을 넘어 사신 분이다.

그분에게서 술을 배웠던 추억이 어제 일처럼 되살아난다. 소위 3차까지 마신 뒤 김 선생님을 택시로 모시고 장위동 댁 근처에 도착하면 이미 밤 12시가 다 되곤 하였다. 따라서 중곡동의 우리집까지 가려면 택시 기사에게 잘 부탁해야 했다.

밤 12시면 야간 통행금지가 시행되어, 야경꾼(나무막대를 치고 다님)이 감시하고 있던 시절이었다. 집 앞에서 부딪힌 야경꾼을 회유(?)하기 위해 어느새 내 가방에는 제법 큰 초콜릿 바가 준비되어 있었다.

"진 교수, 어제 밤도 늦었지요?"

"네, 혼났습니다."

"다음에는 중간에 살짝 도망가는 방법을 찾으셔요. 그분이 붙잡으시면 끝이 없거든요."

비슷한 경험을 해온 신 교수님이 나에게 준 충고였다. 그러나 지난 42년간 내 곁에 그분이 계셨기에 나는 행복했다. 감사합니다, 선생님. 보고 싶습니다. 평화 속에 영면하십시오. 제발 편히 쉬십시오. 그만 뛰시고요.

열렬한 응원자
유혁 교수님

40여 년 전만 해도 해외에서 개최되는 학술대회에 참여하는 국내 과학자는 많지 않았다. 해외에 체류하던 과학자들은 사정이 국내 체류자들보다는 나은 편이었다. 그래서 예컨대 미국화학회 연례회 등에 해외 동포 과학자들은 꽤 여러 명이 참여하고 있었다. 1982년 4월 중 미국화학회 학술발표회에서 논문 한 편을 발표하기 위해 라스베이거스 컨벤션 센터를 찾았다.

'한국 과학자들께 알림'이라는 등록장소 옆에 씌어진 글이 눈길을 끌었다. 학술대회 기간 중 하루 시간을 잡아 한국인 과학자들만의 회식을 하고자 한다는 내용이었다. 물론 관심이 갔다. 그 알림글 끝에는 '위스콘신대 유혁'이라고 소집자의 이름이 적혀 있었다.

"여러분께 반가운 분을 소개하고 싶습니다. 현재 고려대학교에서 고분자화학을 가르치고 계신 진정일 교수님입니다."

짱짱한 목소리로 유혁 교수가 나를 참석자들에게 소개해주셨다.

'아하, 저분이 그 유명한 위스콘신대 교수 유혁 박사시구나!'

그날도 그러셨지만, 영어로 되어 있는 이름표의 영문이름 밑이나 위에 '유혁'이라는 한글명을 꼭 써 넣으셨다. 매우 인상적이라 생각했고, 나도 지금은 자주 그렇게 하고 있다. 그분의 나라 사랑을 잘 보여주는 예라고 믿고 있다.

그분은 놀랍게도 나에 대해 잘 알고 계셨다. 미국에 오신 지 25년이 되었는데도 한국의 과학자들에 관한 정보를 많이 알고 계신 듯했다. 지금 기억으로는 20여 명이 넘는 한국인 과학자들이 모였다. 미국에서 활동 중인 분들을 만나뵐 수 있어서 매우 즐거운 자리가 되었다.

그 후 같은 해 7월 12~16일에 매사추세츠대(앰허스트시)에서 제28차 IUPAC 고분자심포지엄이 열려 유혁 교수님을 다시 만날 수 있었다. 당시 나는 방학 중에 렌츠(Robert W. Lenz) 교수실에서 연구를 하던 중이었다. 79~80년을 그의 연구실에서 보낸 후 여러 해 동안 여름방학을 이용해 다시 찾곤 하던 시절이었다.

유혁 교수는 나를 특별히 친절하게 대해주셨고 '한국 생활이 힘들지 않느냐'며 용기를 불어넣어주셨다. 대선배님께서 10여 년 후배인 나에게 베풀어주시던 호의가 매우 감사하게 느껴졌다. 어떻게 해서라도 그 호의를 갚아드리겠다고 마음 먹고 기회를 기다리고 있었다. 그러던 중 '87 ASCHEM SEOUL(제2차 아시아 화학 학술대회, 1987.6.29.~7.3)가 서울에서 개최되었다. 마침 '고분자화학' 세션을 포함시킬 수 있어 이 기회를 놓치지 않고 유혁 교수님을 초청 연사로 모실 수 있게 되었다. 88 서울 올림픽 반대 및 반정부 시위가 심해 당시 국내 정치적 상황이 좋지 않아 해외 참가자들이 제한적이었다. 다행히 유혁 교수님은 참석해주셨다.

뿐만 아니라 발표장에서 활발한 토론이 진행될 수 있도록 이끌어주셨다. 물론 국제 학술대회인지라 모든 행사는 영어로 진행되었다. 나를 포함한 젊은 국내 과학도들에게 조언도 아끼지 않으셨다. 저녁에는 미국과 유럽에서 참가해주신 선배 교포 과학자들과 어울리는 값진 시간도 가졌다. 이 자리에는 유혁 교수님과 김시중 선생님이 함께 하기도 하셨다.

"진 교수, 앞으로 한국 고분자학계를 잘 이끌어 나가십쇼. 기대가 큽니다."

"네? 제가요? 아직 모르는 것이 너무 많으니 앞으로 많이 지도해주십쇼, 유 선생님!"

"시간 나시면 제가 있는 위스콘신대학도 방문해주시지요, 진 박사!"

"물론입니다. 불러만 주십쇼!"

방학 중인 위스콘신대학(University of Wisconsin-Madison)은 매우 넓직해 보였으며 캠퍼스도 조용했다. 1848년에 개교해 오랜 역사를 지닌 위스콘신대학교의 연륜이 느껴졌다. 유혁 교수님의 초청으로 1987년 여름에 화학과에서 세미나 발표를 했다. 어찌나 기뻐하시던지….

교수님 댁에서 식구들과 저녁식사를 하는 기회도 마련해주셨다. 숙소에서는 유교수님 및 연구실의 한국 후배들과 간단한 술자리도 가졌다.

유 교수님은 용액 속 고분자 분자의 형태 및 운동을 동역학적인 광산란법으로 연구하고 계셨다. 대학원생이 특별히 많다고는 느끼지 못했다. 나의 방향족 액정고분자 합성 및 특성에 관한 세미나는 무난히 진행되었다. 어차피 정규 세미나도 아니었고, 더구나 방학 중의 특별 세미나였기에 청중은 많지 않았다. 특별한 추억은 유명한 고분자 점탄성학자였던 페리(John D. Ferry, 1912~2002) 교수가 내 발표를 들으러 맨앞줄 가운데 자리를 차지하고 있었다는 점이었다. 그의 이름이 들어 있는 WLF 식은 너무나 유명한데, 이 식은 고분자의 완화시간(relaxation time)

과 온도의 관계를 보여준다. 그가 집필한 책인 『Viscoelastic Properties of Polymers』(John Wiley&Sons, 1979)은 고분자과학자들의 필독서였다. 나는 그가 너무나 반가웠다.

"유명하신 페리 교수님께서 제 발표에 오실 줄을 미리 알았다면 넥타이를 메고 올 터였는데 그렇지 못해 죄송합니다. 날씨가 더워 그냥 왔습니다만…."

내 인사말에 그는 짧게 응답했다.

"무슨 말씀이세요! 저는 넥타이는 고사하고 짧은 바지를 입고 있는걸요!"

모두들 키득키득 웃었다. 유 교수님 덕분에 미국에서 10위 안에 드는 이 유명한 화학과에서 더구나 페리 교수 앞에서 발표를 하다니!

세미나 발표 후 위스콘신대 캠퍼스에 닿아 있는 멘도타(Mendota) 호숫가에서 유 교수님의 학생들과 함께 맥주를 곁들인 햄버거 점심은 꿀맛 그 자체였다. 멀리까지 펼쳐진 호수의 화창한 여름 바람이 더위를 식혀주었다.

정확하게 10년 후 1997년 여름에 우리 부부는 다시 유 교수님을 방문했다. 세미나 이후 유 교수님의 매디슨 교외의 새로운 자택을 찾았다. 저 밑에 까마득한 원시림이 보이는 언덕 위 집에서 사모님과 살고 계셨다. 집 한쪽 난간에 큰 목판이 눈에 띄었다. '청평대(靑平大)'라는 가호가 굵은 붓글씨체로 씌어 있었다. 청렴한 선비가 평화스럽게 살고 있는 집이라 할까? 유 선생님의 인품과 잘 어울리는 가호라 생각했다. 학생들 부부가 아기까지 데리고 와 선생님 댁에서 저녁을 함께 즐겼다. 미국에서 한국 후배들과 환담할 수 있는 기쁨을 만끽한 저녁시간이었다.

학생들과 어떤 내용의 대화도 거리낌없이 나누시는 선생님의 열린

마음과 태도가 내게 큰 감명을 주었다. '역시 훌륭한 멘토르시구나.'

학문적 능력과 열정, 건강에 훌륭한 인간관계까지 유지하고 계신 유 교수님과 친교를 맺게 되었다는 영광에 기쁨을 짙게 느꼈다. 나를 만나실 때마다 내 연구가 어느 방향으로 진행되는지를 묻곤 하셨다.

"진 교수, 그런데 그 연구의 의미를 어디서 찾고 계시오? 다시 말해 왜 그 연구를 하고 계십니까?"

이런 유 교수님의 채찍과도 같은 질문은 내 연구를 다시 깊이 돌아보는 계기가 되어주곤 했다.

나보다 10여 년 앞서 미국에 발을 디디셨고 1962년에 프린스턴대에서 고분자 물리화학 분야 박사학위를 받으셨으니, 가히 우리나라 고분자과학의 선구자라 할 수 있겠다. 지도교수는 토볼스키(Arthur V. Tobolsky, 1919~1972)였다. 그 후 스톡마이어(Walter H. Stockmayer, 1914~2004) 연구실에서 연구하셨다. 세계적인 고분자과학 개척자들이 그의 스승들이었다. 미국 표준국연구소에서 연구경험을 쌓은 후 위스콘신대 화학과로 옮겨 2004년에 퇴임시까지 연구와 교육에 전념하셨다. 80세가 다 된 2011년에도 제자들과 연구논문을 발표하셨을 정도로 학문에 대한 열정이 대단한 분이다.

1996년 서울에서 열린 IUPAC MACRO SEOUL '96에 기조강연자로 모셨는데 매우 기뻐하셨다. 고국에서 열리는 최대의 국제고분자 학술대회에서의 기조강연자로 나선다는 사실에 약간은 흥분하신 듯했다. 그 후 자주 한국에 들러 후배 및 제자들과 어울리셨다. 유 교수님 70회 생신 축하 및 학술발표 모임에 참가했다. 여종기(故) 박사가 이 모임을 위해 큰 역할을 했다. 그는 당시 LG 연구원장이었다. 유 교수님은 LG 화학에서 자문을 하고 계셨고, 그 후에도 여러 해 동안 자문역을 맡으셨다.

4월과 9월에 개최되는 대한화학회와 한국고분자학회 연차 대회 및 학술대회에 종종 참석하셔서 후배들을 이끌어주곤 하셨다. 서울에서는 특히 김시중 선생님과 함께 셋이서 보신음식을 즐겼다. 김 선생님이 타계하신 후에는 채영복 박사(전 한국화학연구원장, 과기처 장관)를 함께 모실 기회도 있었다. 부용순 박사(삼성화학연구소장, 성균관대 교수)도 별도로 자주 만나곤 하셨다. 부 박사는 일본 후지 사에 계실 때 한일 고분자 과학자들의 교류와 협력에 큰 다리를 놓아주신 분으로 지금은 한국과 일본을 오가며 지내신다. 위스콘신에서 퇴임하신 후에는 위스콘신대에 '한국학' 강의가 이어질 수 있도록 기금까지 마련하신 선생님의 애국심과 정열에 감탄했다.

"진 교수, 이제 제가 한국을 자주 못 올 것 같소!"

"왜요, 선생님?"

"장거리 여행하기가 점점 힘들어질 뿐 아니라 LG 자문역도 곧 끝나거든요."

"네…. 아직 건강하신데…."

"진 교수, 계속 후학을 위해 노력해주고 건강에 유의하십쇼!"

"네, 선생님. 명심하겠습니다."

사모님이 타계하신 지도 여러 해 되었다. 아흔이 가까운 연세에 혼자 계신 모습을 상상하니 안타깝기만 하다.

금년 봄에는 COVID 19이 심하니, 내년에 따뜻한 봄이 오면 한 번 더 한국에 오십시오. 잘 모시겠습니다. 선생님 부디 만수무강하십시오!

항상 따뜻했던 오가다 나오야 교수

"진 박사, 내가 하는 말 오해하지 말고 들어주기 바랍니다. 한국에 와 보니 대학의 연구시설이 일본에 비해 많이 뒤져 있다는 것을 알게 되었습니다. 연구에 필요한 시약도 구매하기 힘들다는 사실을 듣고 진 교수를 어떻게 도와드릴 수 있을까 생각해보았습니다. 저의 도쿄 연구실에는 일주일에 두어 번씩 알드리치(Aldrich) 사람들이 들러 주문을 받아가고 있습니다. 진 교수가 필요한 시약은 요청만 하면 언제든지 구매해서 보내드리겠습니다. 모든 비용은 물론 제가 지불할 것이고요."

부드러운 미소로 오가다 나오야(緒方直哉) 당시 도쿄 상지대 교수가 말했다. 당황스럽고 부끄러운 마음이 들기도 했지만, 또 한편으로는 고맙기 한이 없는 제안이었다. 그 후 실제로 몇 번 큰 신세를 졌다.

우리나라 연구여건이 매우 나빴던 1980년대 초 오가다 교수를 고려대학교로 초청했다. 오가다 교수는 자기 연구실의 연구내용을 잘 정리해 강연해주셨다.

우연한 기회에 오가다 교수와 인연을 맺게 되었는데, 그 인연이 값지게 발전했다. 오가다 교수가 미국 매사추세츠(UMass) 고분자학과에서 연구년(1979~1980년)을 보내고 있을 때에 로버트 렌츠 교수 대신 한 학기 동안 렌츠 교수의 연구그룹을 돌보아주는 책임을 지고 있었다. 주로 미국의 대학들을 방문하며 자기 연구와 관련한 강연을 하였으며, 나와는 가끔 내 연구, 한국의 사정, 한국과 일본 과학계의 교류 등의 얘기를 나누었다. 깔끔한 인상과 일본인 특유의 예의 바름이 내 마음을 끌었다. 더구나 새로운 고분자 합성이라는 공통된 연구 관심사가 있었기에 더욱 마음이 통했다. 우리 내외는 오가다 교수 내외와 서서히 친교를 맺어가고 있었다.

1980년 12월, 매사추세츠대학에서 연구년을 마치고 귀국하는 길에 일본의 도쿄, 교토, 오사카 등을 들러 일본의 여러 고분자과학자들을 만날 수 있는 기회가 있었는데, 이때도 오가다 교수가 연결해주었다. 그의 연구실도 찾았다. 그 후 오가다 교수 연구실의 조교수로 있던 사누이 교수와도 가까이 지내게 되었는데, 그는 나와 비슷한 연배의 친절하고 젊은 과학자였다. 그는 공항까지 나와 우리 내외를 맞이해주었고, 우리의 짐들을 함께 추슬러주었으며 도쿄 상지대 게스트하우스에 머무는 동안에도 모든 편의를 신경써주었다. 그런 그에게는 지금도 고마움을 잊지 않고 있다.

오가다 교수는 기회가 있을 때마다 나를 일본으로 초청해주었다. 특히 일본 고분자학회행사에서 초청강연을 하는 자리를 마련해주어 여러 일본 고분자과학자들과 친교를 맺을 수 있는 기회를 가졌다. 그런 인연으로 2004년 5월 일본고분자학회 총회에서 '일본 고분자학회 국제상'을 받는 영광을 차지하게 되었다. 나의 업적이 일본고분자학회의 월간 뉴스지《고분자(高分子)》53권 367쪽 전면에 실렸다.

오가다 교수는 도쿄 시내에 꽤 큰 일본식 고옥에서 살고 있었다.

1932년생으로 나보다 열 살 위였다. 만주에서 태어나 어린 시절을 부모와 함께 만주에서 지내던 중 2차대전에서 일본이 패망하여 일본으로 귀국했다 한다. 일본으로 돌아가기 위해 들렸던 당시 서울의 모습을 나에게 가끔 들려주곤 했으며, 구 서울역사를 잘 기억하고 있었다. 특히 그의 부친인 오가다 히로시 선생이 친한파에 속하는 변호사로 동국대학에서 명예박사학위를 받았다고도 했다.

그의 도쿄 집에서 모친, 부인, 아들과 함께 저녁을 하며 환담하던 때가 엊그제 같지만 그간 많은 변화가 있었다. 그의 모친과 부인이 타계하고, 재혼한 둘째부인도 이명을 달리했다. 이어 2015년 12월에 본인도 83세를 일기로 세상을 떴다.

오가다 교수 내외와 우리 부부가 함께 지낸 추억은 지금도 우리 기억 속에 생생하다. 그분이 도요레욘사(Toyo Rayon Co)에서 근무할 때 사셨던 가마쿠라의 전형적인 일본 집을 계속 지니고 계셔서 그곳에서 함께 시간을 보내기도 했다. 특히 가마쿠라의 고덕원 겸창 대불(高德院 鎌倉大佛, 일본 국보)이 기억에 남는다. 이 대불은 받침대 포함 13.35미터나 되는 커다란 청동불로 800여 년이나 되었다고 했다.

일본식 욕실을 갖춘 일본 가옥 내에서의 하룻밤은 일본을 더 가깝게 느끼게 해주었다. 오가다 교수는 첫부인이 일찍 타계한 뒤 꽤 오랜 시간을 혼자 살았다. 특히 훗카이도(北海道) 치토세 과학기술대학에서 교수와 총장을 맡을 때에는 삿포로에서 살았고, 미치코라는 여인을 만나 함께 지냈다. 이 둘을 서울로 초청해 즐거운 시간을 함께 보내기도 했다. 1990년대 언제인가 오가다 교수가 서울의 한 학술대회에 참여하던 중 그를 우리 집으로 초대했다. 한국식 저녁을 함께했는데, 오가다 교수는 한국 음식, 특히 김치를 매우 좋아했다.

"선자, 김치가 특별히 맛있었어요. 다른 것들도 모두…, 그런데 일본에서 사 먹는 김치는 이런 맛이 안 나거든요!"

"그렇습니까, 오가다 교수님? 고맙습니다."

"불고기도 마찬가지입니다. 도쿄에 한국음식점이 많지만 오늘 여기서 미시즈 진이 요리해준 불고기 맛을 내지는 못합니다."

그는 우리 아버님과도 옛날 일을 떠올리며 이야기꽃을 피웠다. 물론 일어로 소통하였다.

후에 다시 만났을 때 오가다 교수가 한 말이 생각난다.

"진 박사, 아버님 안녕하시지요? 댁에서 들은 아버님의 일본어에 깊은 인상을 받았어요."

"네, 그러셨군요."

"그분의 일본어야말로 정통 일본어였습니다. 요즈음 사람들이 사용하는 일본어는 많이 변질되어 있거든요."

"아버님이 연세가 있으시니까, 아마도 구식 일어로 말씀하셨겠네요."

"그렇긴 하지만요…."

골프, 스키, 술 마시기, 가라오케를 특히 좋아하던 오가다 교수였다. 나와 둘이서 중국 상하이의 어느 호텔 가라오케에서 신나서 번갈아가며 목청을 높였던 기억도 생생하다.

"진 교수, 진 교수가 알고 있는 과학자도 있고, 모르는 과학자도 있지만 오늘 저녁 자리에 진 교수를 초대하고 싶소. 새로운 분야 연구에 협조가 가능한 과학자 몇 사람을 모실 계획입니다."

"좋습니다. 오가다 교수님. 감사합니다."

기억이 분명치는 않으나 2002~3년경이 아니었나 싶다. 오가다 교수가 말해준 도쿄의 한 음식점에 들어섰다.

자리를 함께한 사람은 오가다 교수를 비롯해, 미국 뉴욕주립대(버팔로)의 프라사드(Paras Prasad) 교수, 미 공군연구소의 그로테(James Grote) 박사, 미 공군 연구지원기관의 마(Misoon Mah) 박사 등과 나, 이렇게 다섯 명이었다. 저녁을 함께하며 나눈 연구 관련 이야기는 주로 DNA 및 DNA 유도체의 전기 및 광 특성연구와 그 응용연구에 우리들이 어떻게 함께 협조할 수 있는가에 있었다. 나는 적극적인 의사표시를 삼갔는데, 몇 년 후 있을 정년이 다가오고 있어 새로운 연구를 시작하기가 매우 어려운 상황이었기 때문이었다. 그러나 결국 DNA의 자기적 특성과 DNA 유도체의 LED특성 등을 연구해 새로운 분야를 개척하는 행운을 얻었다. 내가 이 분야에 발을 들여놓도록 이끌어준 분이 바로 오가다 교수였고 그로테와 마 박사의 지원이 연구에 큰 도움을 주었다. 덕분에 2012년에는 그로테 박사와 함께 『DNA 재료과학(Materials Science of DNA)』이라는 단행본을 편집 · 출판하기도 했다.

안타깝게도 83세로 타계하신 오가다 교수의 부드러운 미소가 그립다. 오가다 교수님, 극락 불정토에서 영원한 평화와 행복을 누리소서.

김일성대학 나왔습네다, 베트남 아우 기아 교수

"진 교수님, 안녕하십니까? 만나뵙게 되어 반갑습니다."

서투른 우리말로 인사를 하면서 고려대 이공대 캠퍼스 내 한국기초과학 지원 연구소 서울 분소장실에 들어선 사람은 베트남 하노이 화학연구소의 기아(Nyguen Duc Nghia) 교수였다. 1998년이라고 기억한다.

"반갑습니다. 환영합니다. 편히 자리에 앉으십시오"라고 영어로 맞이했다. 기아 교수가 다시 우리말로 답했다.

"고맙습니다. 진 교수님을 뵙게 되어 정말 영광입니다."

놀랄 수밖에 없었다. 계속 우리말을 고집하고 있었기 때문이다.

"기아 교수님. 어떻게 한국말을 이렇게 잘하시지요?"

"잘하기는요…. 저 김일성대학에서 학사학위와 석사학위 받았습니다."

"네? 김일성대학에서요?"

"예, 그렇습니다."

그 말을 듣고 잠깐 긴장했다. 하기야 옛날 1960년대만 해도 저개발 공산국 일부 젊은이들이 북한으로 유학을 갔으니, 기아 교수도 그런 경우일 거라 생각했다. 내 추측이 맞았다.

"KIST에 짧게 와 계신 줄 알고 있습니다만 어쩐 일로…."

벌써 30여 년 전이니, 한-베트남 우호관계가 시작되던 때의 일이다. 한·베트남 외교관계는 1992년에 공식화되었는데, 한-베트남 과학기술협력 프로그램을 통해 KIST를 방문하고 있던 기아 교수가 내 연구실에 방문하고 싶어했다. 그는 북한에서 학·석사학위를 취득한 후 베트남으로 귀국해 연구원 생활을 하다가 동독으로 재차 유학하여 전도성 고분자, 그중에서도 폴리아닐린에 관한 연구로 박사학위를 받았다. 내 연구의 일부가 전도성 고분자임을 알고 나를 찾아온 듯했다. 기아 교수는 나보다 너댓 살 밑이었는데, 그 이후로도 자주 연락을 주어 우리 둘은 매우 가까워졌다.

기아 교수의 부인도 김일성대학을 졸업했는데 당시 하노이 라디오 방송국의 국제과에서 근무하고 있었다. 따라서 기아 교수 내외와는 우리말로 소통이 가능하였다. 물론 그들은 영어도 잘하는 축에 속했다.

"진 교수님. 고려대학교 진 교수님 연구실에서 몇 달 지내고 싶습니다. 고려대에서 진행되고 있는 연구내용도 배우고, 미래 연구협력에 관해서도 깊이 상의하고 싶습니다."

기아 교수는 연구실에서 직접 실험을 수행할 나이는 이미 지났지만 장래의 교류와 협력을 위해 그렇게 하도록 했다. 매주 우리 연구 그룹의 연구 발표 및 토론회에 참석하도록 했고, 관심 연구 분야에 관계된 대학원생과 1:1 토의도 하도록 주선했다. 숙소 문제가 걱정되었으나 베트남 노동고용부에서 파견나온 베트남 관리—우리나라에 와 있는 베트남 노동자들을 보살피는 임무를 띠고 있었다.—들의 숙소에 기거할 수 있게 되었다. 힘든 문제가 해결된 셈이었다.

한국을 매우 좋아했던 기아 교수는 때때로 북한 유학시절의 경험을 들려주기도 했다.

"아우님, 그런데 어떻게 북한으로 유학을 가게 되었지?"

"선택권이 없었어요. 정부가 우수 학생을 선발해 소련, 동독, 체코, 북한 등으로 보냈는데 저는 북한에 배정되었지요."

"응, 그렇구나. 북한에 가서 고생 많이 했겠네?"

"처음 6개월이 가장 어려웠지요. 글쎄 6개월 동안 군사훈련을 시키면서 조선말(한국어) 이외에는 사용하지 못하게 하더라고요. '어버이 김일성 장군'에 관해서도 귀가 따갑도록 배웠지요."'

"지금도 옛 친구들과 연락 주고받나요?"

"아뇨. 연락이 잘 되지 않고요. 북한 정부는 이해 안 가는 점이 많았지만 북한 사람들은 참 친절하고 좋은 사람들이었어요."

"응, 그랬구나. 김일성대학 학생들 공부 열심히 했어요?"

"네, 매우 열심히 했지요. 전공뿐만 아니라, 사상교육도 철저히 받는 참 우수한 학생들이었어요."

어느새 우리는 호형호제 하는 사이가 되었다. 지금은 서로를 형, 아우라 부르며 지낸다.

"계수씨는 어떻게 만났어?"

"제 안사람도 김일성대학에 다녔어요. 그때 만났지요."

"둘이 연애했구나?"

"흐음, 그랬어요."

한국을 방문할 때면 으레 함께 소주잔을 나눴는데, 때로는 한양대 김 교수도 합세했다. 기아 교수는 취기가 돌 때를 잘 알려주는 버릇이 있었는데, 북한유학 시절 배운 노래를 부르기 시작하는 것이었다.

"9월 9일 떠오른다…."

"이봐, 동생. 우리들 다 잡혀가겠네!"

그는 말려도 듣지 않은 척하며 노래를 계속 이어갔다.

"우리의 영원한 영도자, 김일성 어버이…."

물론 기아 교수는 남한을 참 좋아한다. 하지만 때때로 청춘을 보낸 북한 유학시절을 되새기는 듯했다.

기아 교수와의 인연으로 내 연구실에 남 박사와 퉁 박사가 1년 동안 연구를 하기 위해 왔었다. 현재 남 박사는 하노이 공대교수, 퉁 박사는 하노이 화학 연구소 교수로 있다. 후에 고려대에 유학 온 하군은 고려대에서 박사학위를 마치고 현재 화학 연구소에 재직중이다.

"아이구, 식구들이 총 출동했네. 어서 들어와요!"

"기아 교수 내외와 딸 안반(Ahn Vahn)이 함께 우리 집에 들어섰다. 안사람이 방문객을 환영했다. 기아 부인은 안사람을 '언니'라, 안반은 나를 '아저씨(uncle)'라 부른다. 보따리를 들고 우리 부엌으로 들어섰다.

"아니, 왜 부엌으로 가지?"

"오늘 엄마랑 엉클과 숙모에게 베트남식 저녁을 해드리려고 베트남에서 식재료들을 갖고 왔어요!" 안반의 응답이다.

부엌을 차지한 모녀가 멋진 베트남 저녁을 차려놓았다.

"먹기 전에 오스트레일리아 시드니에 있는 네 오빠와 언니에게 전화하자. 잘 지내고들 있겠지…."

서로 돌아가며 호주에 있는 기아의 아들 및 큰딸과 통화를 하며 안부를 물었다. 우리 부부도 만나본 적이 있는 귀여운 베트남 조카들이다. 기아 교수의 아들은 호주에서 고분자화학박사 학위를 취득했고, 현재는 연구원 생활을 하고 있다.

베트남에 유일하게 남아 있는 안반은 병원을 5개나 운영하고 있으며,

의사인 남편과 행복하게 살고 있다. 지난 2016년에는 안반의 도움으로 다낭-빈폴 등의 관광지에서 추억에 길이 남을 날들을 보냈다. 기아 내외, 안반 내외, 우리 내외가 함께한 즐거운 여행이었으며, 언젠가 이들이 다시 한국을 방문하면 갚아야겠다고 다짐하였다.

“형님, 예전에 우리 어머님 만나셨지요?”

“물론이지. 큰절도 드렸는데….”

“오늘이 어머니 제삿날이에요.”

“그래, 그러면 나도 어머님께 맛있는 과일을 올려야겠네.”

“좋지요.”

우리는 함께 마트에서 기아 모친이 좋아하던 과일을 사서는 제단에 올려놓았다. 우리나라의 제사상 못지않게 잘 차려져 있었다. 우리 내외도 큰절을 올렸다.

기아 교수 내외는 한국 건설사가 하노이 교외에 개발한, 한국인들이 많이 살고 있는 아파트 단지에 살고 있다. 여기저기 한글 간판이 보였다. 그들은 한국을 그렇게나 좋아한다. 지난번 방문시 기아 교수 내외와 그들의 아파트에서 베트남의 마지막 밤을 보냈다. 베트남 학술원 방문 및 강연, 연구소 및 대학 방문, 한 · 베트남 나노과학 공동심포지엄 개최, 아시아 과학 편집협의회 학술대회 및 총회 등을 위해 여러 번 베트남을 방문하면서 베트남의 발 빠른 발전을 보고 있다. 부지런하고 영리한 베트남 사람들은 친절한 품성을 엄청난 자부심으로 장식하고 있다.

코로나 바이러스 사태를 걱정해 기아 교수가 국제 전화를 걸어왔다.

“안녕하셔요, 형님? 형수님도요?”

“아우님과 계수씨도 건강하시겠지? 안반 내외와 애들도 안전하고? 베트남은 사정이 좀 나은가?”

"네, 형님. 건강조심하십쇼."

"또 보고 싶구먼. 언제 다시 계수씨와 한국에 오려나?"

나는 전화를 내려놓았다. 나에겐 자랑스럽고 따스한 또 하나의 가족이 베트남에 있다.

40년 전에 시작된 인연

"여보, 치평(其鳳)에게서 편지가 왔어요!"

2012년 늦봄이었다. 안사람이 베이징대 총장으로 있는 저우치평(周其鳳) 박사에게서 온 편지를 내게 전해주었다.

"허허, 이 사람이 우리 내외와 미국 코넬대 재료공학과 크리스(Christopher Ober) 교수 내외를 초청해 티베트를 함께 가자고 하는구려!"

"그래요? 비용은 어떻게 하고요?"

"베이징까지만 오면, 그 이후 비용은 자기가 모두 책임지겠다고 하는군요."

"무슨 프로그램으로 그게 가능할까요?"

"글쎄, 연구 및 교육협력 〈한 · 미 · 중 · 티베트〉 프로그램을 만들 모양입니다. 중간에 들리는 시안(西安)에서도 그곳 대학방문과 합동회의를 구상하고 있군요. 티베트에서도 마찬가지이고요."

"회의만 계속하는 일정은 아니겠지요?"

"물론이지요. 공식적인 회의도 있고 일부 관광 프로그램도 있겠지요."

이렇게 해서 2012년 8월, 우리 내외는 베이징행 비행기에 올랐다. 미국의 크리스 내외의 중학생 막내딸 그웬도 동행하기로 했다. 크리스 식구는 시안에서 만나기로 일정이 조정되어 있었다. 주 총장은 베이징대의 일부 교수로 된 수행원을 대동하였다.

우리 내외는 베이징에서 주 총장 내외 및 주 총장 연구실의 젊은 교수들과 저녁을 함께하며 친교를 나누었다. 베이징에서 1박 후 주 총장과 베이징공항으로 가 시안행 비행기에 탑승했다. 주 총장은 우리를 VIP동선으로 안내했다. 중국 교육부의 차관직까지 경험한 그는 중국 사회에서 꽤 인정을 받고 있는 듯했다. 시안에서는 과학기술대학교 총장 및 교수들과 대학교육 변화 및 가능한 협력관계에 대해 논의했으나, 후속 협력은 이루어지지 않았다.

시안에서 본 진시황(秦始皇)의 병마용갱(兵馬俑坑)의 거대함과 조각상마다 다른 다양한 모습은 절로 감탄을 자아내게 했다. 당나라 현종시대의 절색 양귀비(楊貴妃)가 머무르고 목욕을 즐겼다는 청화궁(淸華宮)에 올려진 양귀비와 관련된 연극은 매우 이색적이었다. 시안에서 이같이 즐거운 시간을 보낸 뒤, 티베트로 향했다.

고도 3,500미터 넘는 위치에 있는 티베트의 라싸(Lhasa) 공항에 도착하니 티베트대학의 관계자를 비롯하여 만약의 상황에 대비하기 위한 의료진까지 와서 우리를 맞아주었다. 공항에서 높은 고도에 적응하기 위한 약과 음료도 받았다. 역시나 산소부족으로 머리가 맑지 못했다. 호텔방과 운송차량에는 항시 산소통이 마련되어 있었다.

성스러운 신령의 호수라는 남초호(Namtso; Lake Nam, 고도 4718m)를 갈 때는 고도 5200미터 이상의 언덕을 넘어가야 했다. 세계에서 네 번째로 높은 곳에 있다는 남초호의 크기는 거대했다. 매우 고통스러워하는 크리스 식구들에 비해 우리 내외는 상대적으로 잘 견뎠다. 라싸에 위치한 포탈라궁(사원)의 거대함에 절로 감탄이 나왔는데, 한편으로는 역대 달라이라마들이 머물렀다는 역사적인 사원이 한낱 관광지로 전락한 듯해 가슴이 아팠다. 우리 내외는 조캉사원(Jokhang Temple) 앞에서 엄숙한 기도를 드렸다. 티베트 고원의 크기에 놀랐다. 거대한 고원의 끝이 보이지 않았다. 풍장을 지내는 티베트의 전통도 새로웠다. 티베트대 교수들과 만나서 가진 토론과 만찬 또한 평생 잊지 못할 경험이 되었는데, 음식에는 전혀 거부감이 없었다.

중국의 탄압으로 티베트의 언어, 풍속, 역사가 지워지는 것은 물론 주민들의 이름이 중국식으로 지어지도록 강요되고 있었다는 사실을 듣게 되었다. 베이징대 교수가 티베트대 부총장 직을 맞는 등 중국정부가 티베트 길들이기 정책을 진행하고 있음을 느꼈다.

2012년은 주 총장과 나의 공통된 추억이 32년이나 되는 해였다. 그와 나의 관계는 1980년으로 거슬러 올라간다. 그 당시 나는 미국 매사추세츠대학의 고분자학과에서 방문교수로 연구를 하고 있었다. 나 자신의 연구뿐 아니라 대학원생들의 연구도 도와주고 있었다. 렌츠(Robert w. Lenz) 교수가 유럽에서 연구년을 보내고 있어 내가 그 연구진의 연구비 관리 및 대학원생들의 연구진행 보고회의의 책임지고 있었다. 박사과정생 중 크리스와 저우치평은 내 지도하에 박사학위 논문 연구를 수행하고 있었다. 자연스럽게 우리의 관계는 매우 깊어졌다. 홀로 지내고 있던 크리스(미혼)와 저우치평(기혼)을 우리 아파트로 초청해 안사람이 준비한 저녁을 종종 함께할 정도였다.

중국이 미국과 수교 후 첫 번째 국비 장학생들을 미국에 보냈는데, 바로 그 무리 중에 당시 베이징대 조교수이던 저우치펑이 끼어 있었다. 초기에는 중국에서 배운 것이 부실해 성적도 나빴고 시험에도 몇 번 낙방하는 쓰린 경험을 했는데, 그 고비를 넘기고 부터는 가장 우수한 학생으로 탈바꿈하였다. 중국 정부로부터 받던 장학금으로는 생활비를 충분히 충당할 수 없었던 그는 점심을 거르는 일이 흔했다. 후에 주 총장이 한 말이 기억난다.

"중국에 있는 딸이 잘 먹고 있는지 걱정되어 점심을 먹을 수 없었지요, 딸을 위해 제 점심 값을 절약해 중국으로 보냈습니다."

그에 비해 한 학기 먼저 박사과정을 밟기 시작한 크리스는 모든 면에서 순조로웠다. 그는 자격시험을 다섯 번 연속 통과했는데 그런 성과를 보인 학생은 크리스를 포함해 두 명뿐이었다.

크리스와 저우치펑은 새로운 액정 고분자의 합성 및 특성연구를 박사학위 논문 연구의 주제로 삼고 있었다. 지도교수인 렌츠가 생존해 있을 때도 나를 지도교수처럼 대해주어 고마움을 느꼈다. 더구나 렌츠 교수가 세상을 떠난 뒤 우리들 관계는 더 깊은 스승-제자 관계로 발전하였다.

이는 내가 경험한 가장 큰 행운 중 하나다. 이렇게 우수하고 인간적이기까지 한 과학자들을 내 곁에 둘 수 있다니…. 우리 셋은 국제무대에서도 서로 끌어주고 밀어주며 협력하고 있다. 현재 저우 박사는 IUPAC 회장으로 큰 역할을 하고 있으며, 크리스는 IUPAC 고분자분과회장을 역임한 후 IUPAC 최고 사무국위원으로 일하고 있다. 나는 IUPAC 고분자분과 회장과 IUPAC 전체 회장을 역임한 바 있다. 따라서 두 사람 모두 내 뒤를 따라오고 있는 셈이다. 물론 그들을 추천한 사람은 나였다. 개인적으로 크리스도 IUPAC 회장이 되기를 기대하고 있다.

크리스가 국제 심포지엄을 개최할 때면 으레 나를 연사로 초청했고, 자기가 미국화학회 PMSE에서 수상했을 때도 기념 심포지엄에 나를 초청해주었다. 저우 박사는 길림대 총장 시절 내가 길림대 명예교수가 되도록 애써주었다. 그 후 베이징대 총장이 된 후에는 나를 추천해 외국인에게 주는 최고의 명예인 중국 우의장(Friendship Award)을 받게 해주었다.

크리스와 공동으로 발표한 액정고분자 관련 논문들은 이 분야에 관심 있는 과학기술자들이 모두 읽는 고전이 되었다. 물론 렌츠가 형식적으로나마 지도교수였으나, 크리스의 연구 아이디어는 거의 다 내게서 출발한 것이었다. 저우 박사의 박사학위 논문도 거의 그랬다.

중국 방문 때마다 저우 박사가 나를 소개할 때 쓰는 표현이 있다.

"진 교수님은 저의 지도교수입니다. 오늘의 저는 진 교수님의 지도 덕분에 있습니다."

이런 인간관계가 우연히 만들어진 것은 아니다. 1983년 저우 박사가 미국에서 박사학위를 취득 후 중국으로 귀국해서 겪은 생활상은 비참함에 가까웠다. 연말이 되어 오는데 무엇을 보내줄까 고민했다. 아마도 먹는 것이 최고일 것이라고 생각했다. 결국 라면 등 식품과 과자류 등을 담은 상자 하나를 중국 베이징으로 보냈다.

1987년 여름 서울에서 아시아화학학술대회(ASCHEM'87, Seoul)가 열렸다. 나는 고분자화학 프로그램에 깊이 관여하고 있었다. 아직 중국과 국교가 정상화되어 있지 않았을 때였다. 하지만 저우 박사에게 중국 과학자들을 초청하고 싶다는 뜻을 전했다. 저우 박사까지 총 5명이 학술대회에 왔다. 나는 그들을 우리 집으로 초청해 한식을 대접했다. 모두들 고마워했고, 저우 박사의 체면(?)도 어느 정도 세워줄 수 있었다고 생각했다.

그 후 90년대 들어 저우 박사가 베이징에서 액정고분자에 관한 국제 학술대회를 개최했다. 그 대회를 무사히 마쳤다. 우리 부부는 저우 박사 부부를 베이징의 한 한국 음식점으로 초청해 고별 만찬을 즐겼다.

"진 교수님, 제 생애에 처음 술에 취했습니다."

우리 내외가 가지고 간 한국 소주를 그에게 계속 권했다.

"왜, 저우 박사? 중국에서 고량주 많이 마시지 않나?!"

"아뇨, 비싸서 교수 월급으로는 못 사 마십니다."

중국 교수들의 어려운 생활상을 직감할 수 있었다. 계속 불고기를 주문했다. 저우 교수 내외가 배불리 먹었으면 했다. 저우 교수 부인은 좀 떨어진 학교에서 교사로 근무하는데 아침, 저녁으로 제법 먼 거리를 자전거로 출퇴근한다고 했다. 검게 그을린 화장기 없던, 이제와는 많이 달랐던 그녀의 옛 얼굴이 떠오른다.

크리스는 여러 번 한국을 방문했다. 대한화학회 고분자분과회가 나의 환갑을 기념해 학술대회를 2002년 4월에 육군사관학교에서 개최했다. 그때도 크리스와 저우 박사를 초청했다. 일본의 오가다 교수도 왔다. 미국 코넬대학교에서 교수로 있는 크리스는 고분자의 표면특성에 관한 연구로 세계적인 명성을 얻어왔다. 꽤 오래전인 1991년경에는 우리 내외를 자기 집에 초청해 하루를 보내게 해주었다. 그웬이 태어난 지 얼마 되지 않아서였다. 그의 집은 미국 뉴욕 주 이타카(Ithaca)시의 한 언덕 위에 있었다.

이렇듯 크리스, 저우 박사와 나의 관계는 지금도 계속되고 있다. 인생살이의 이런저런 일에 관해 자문을 요청해 오기도 하고, 학문적 내용의 토의도 종종 우리 대화의 내용이 된다. 크리스와는 1979년부터, 저우 박사와는 1980년부터 맺어온 인연이니 40년을 기념해야겠다.

한국의 후배와 제자들에게서 느끼는 가장 부족한 점은 국제 관계의 튼튼한 탑을 쌓지 못하고 있다는 점이다. 따라서 국제단체의 인정을 받거나 그 운영과 의사결정에 깊게 관계하는 예를 별로 보지 못하고 있다. 추천을 해주어도 스스로 주위로부터 인정받고 장기적으로 참가할 수 있는 길을 이어가지 못한다. 국제적 인연은 단순한 우정을 넘어 우리 과학자들의 연구와 삶을 살찌게 해준다. 전 세계의 외국 친구들은 그렇게 나에게 많은 영양과 토양을 제공해주었다. 세계적 경쟁이 어떤 것인지도 가르쳐주었다. 그렇기에 세계인, 세계의 과학자로 살아온 나는 하고 싶은 얘기가 참 많은지도 모른다. 내가 다녀온 50여 개국에는 어디나 내가 잘 아는 과학자들이 있으며 그들은 종종 나를 찾고, 나는 또 그들을 찾는다. 따뜻한 인간관계야말로 이 세상을 살기 좋은 곳으로 만드는 가장 중요한 자양분이 아니던가!

인도 비나 프리사드 박사의 추억

인도 벵갈루루(Bengaluru) 시에 있는 액정 연구소(Center for Liquid Crystal Research)는 찬드라세카(Sivaramakrishna Chandrasekhar, 1930~2004) 교수가 라만연구소로부터 독립해 1991년에 세운 것이다. 아직도 액정 관련 연구를 수행하고 있는 연구원들이 많다. 2014년에는 '나노 및 소프트물질 과학센터(Center for Nano and Soft Matter Sciences)'로 확장 개명하였다.

이 센터가 아직 건축 중일 때 나는 라만연구소로 찬드라세카 교수를 찾아갔다. 첫 만남이었다. 후리후리한 키의 찬드라(흔히 이렇게 짧게 부른다.) 교수는 매우 점잖은 영국풍 신사로 나보다 10년 이상 연상이었다. 이분은 1979년에 처음으로 디스코틱 액정(discotic liquid crystal)이라는 새로운 상을 발견한 세계적인 액정 과학자였다. 당시 나는 액정 고분자 연구에 열을 올리고 있을 때라 벵갈루루 방문시 그를 꼭 만나보고 싶었다. 상호 관심사에 관해 이야기를 나누고 있을 때, 그가 누군가를 불렀다.

"진 교수님, 제 연구원 중 한 사람을 소개하고 싶습니다."

"어떤 분이시죠?"

"비나라는 연구원입니다."

"비나, 진 교수님께 인사해요."

키가 큰 여성 연구원이 조금은 수줍은 듯 나에게 인사를 건넸다. 나보다 열댓 살 어리다고 기억하고 있다. 후에 당시 짓고 있던 액정 연구센터 건물이 준공되고, 찬드라와 비나는 새 건물 사진을 나에게 보내왔다. 인도에 액정 연구소가 있다니…. 나는 부럽기까지 했다.

대략 10여 년이 흐른 후 갑자기 비나에게서 편지가 왔다. 박사후(postdoctoral) 연구를 고려대의 내 연구실에서 1년 정도 하고 싶다는 얘기였다. 그 사이에 비나 박사는 결혼하여 초등학교에 막 입학한 아들까지 있는 상태였다. 찬드라 교수와의 관계를 잘 유지하고 싶은 욕심도 있었고, 생활비 정도의 지원만 요청하여 부담이 적었던 터라 비나 박사를 받기로 했다. 고려대 내에 외국인이 장기적으로 머물 수 있는 기숙사도 마련해주었다. 매우 차분하고 조용한 비나 박사는 말이 적었으며 인도에 두고 온 가족, 특히 아들을 많이 보고 싶어하는 눈치였다.

연구결과에 큰 기대를 걸지는 않기로 하고 그녀의 연구가 점진적으로 진행되기를 차분히 기다렸다. 새로운 액정화합물의 합성과 특성연구를 첫 테마로 주었다. 연구는 그런대로 진전되고 있었고, 그녀의 합성 능력도 믿을 만하다고 판단하게 되었을 즈음에 그녀가 내 연구실을 찾았다.

"비나 박사, 얼마나 고생이 많으십니까? 인도의 식구들과는 종종 연락하시나요?"

"네. 감사합니다. 진 교수님."

"무슨 하실 말씀이 있으십니까, 비나 박사님?"

"예. 두어 가지 불만사항을 말씀드리려고요. 진 교수님."

"네. 무슨 일이지요?"

순간 당황스런 일이 벌어졌다. 그녀는 그 두 가지 불만을 비교적 강한 어조로 털어놓았다.

"첫째는 고대 병원의 의료 서비스에 대한 아쉬움이고, 둘째는 교수님 연구실의 남학생들이 여성과 함께 일할 소양이 부족하다는 점입니다."

나는 깜짝 놀랐다.

"어디 불편하신가요? 병원을 다니셨나요?"

"진 교수님, 저는 평생 평지만 다녔습니다."

"그런데요, 비나 박사님?"

"기숙사가 높은 곳에 있어, 일과 후 숙소로 돌아가는 길이 힘들었는지 발목이 자주 아픕니다."

"아이고, 그러시겠군요."

그러고 보니 그녀의 발목이 유달리 가늘었다.

"의사에게 통증완화법을 배우셨나요?"

"그게 문제입니다. 담당 의사는 내 발목에 전혀 문제가 없다고 주장합니다. 저는 통증을 느끼고 있는데요…."

"담당 의사 이름 좀 주시겠습니까? 제가 접촉해 상의해보겠습니다."

"고맙습니다. 진 교수님! 둘째는 연구 진행에 관한 얘기입니다."

"네, 어서 말씀하시지요."

"인도에서는 제가 합성하면, 밑의 연구생들이 정제하여 특성을 조사해 보고하고, 저는 결과만 검토했습니다. 추가 연구가 필요할 때 지시하는 정도였지요. 화합물들의 IR과 NMR스펙트럼 등을 제가 직접 얻는 실험을 하기 싫습니다."

"네…. 그런데 어떡하지요? 비나 박사님도 보다시피 우리 연구실 사람들은 자기들 연구를 처음부터 끝까지 각자가 하는 걸요. 물론 필요에 따라 공동연구를 하지만요. 잘 아시다시피 베트남에서 온 남 박사도 모든 일을 자기가 직접 하고 있는 걸 보고 계시지 않습니까?"

"네, 그렇긴 합니다만…, 교수님 학생들은 여성을 위하는 태도가 좀 부족한 듯합니다."

두 가지 모두 난처한 얘기였다. 첫째 건은 담당의사에게 전화해서 비나 박사 치료에 특별히 관심을 써달라고 부탁했고, 비나 박사에게 그 사실을 말해주었다. 그 이후로 비나 박사는 자기 발목에 관한 힘든 이야기를 더 이상 꺼내지 않았다. 또한 외국생활의 힘듦을 이해하는 마음에서 비나 박사를 집으로 초대해 저녁을 대접하기도 했다.

둘째 연구에 관한 건은 연구실 연구원들과 상의를 하기로 했다. 비나 박사의 연구내용과 관련이 많은 연구를 진행 중인 연구원들과 대학원생 몇 명을 불러 모았다. 그중에는 먼저 와 있는 베트남의 남 박사(현재는 하노이 공대의 교수로 재직 중)도 포함시켰다.

"여러분, 어제 비나 박사가 나를 찾아와 자기가 얼마나 힘들게 지내고 있는지 토로하고 도움을 청했습니다. 여러분도 언젠가 외국에서 보낼 기회가 있을 줄 믿습니다. 언어, 풍습, 종교, 인종이 다르고 친구도 없으면 지내기도 힘들고, 그 외로움이 주는 고독감은 상상 이상으로 큽니다. 비나 박사의 라이프스타일이 우리와 매우 다르지만, 따뜻한 마음으로 감싸주고 좋은 인간관계를 만들어주기 바랍니다."

이렇게 말을 꺼내고는, 비나 박사의 연구를 서로 도와주도록 독려했다. 동시에 비나 박사에게는 연구를 도와주는 사람들의 공적에 따라 연구 논문의 공저자가 되거나 감사의 글에 그들의 이름이 명기되어야 함을 확실히 해두었다. 다행히 그 이후로 비나 박사는 더 이상의 불평 없이 1년의 연구원 생활을 잘 마쳤다. 학술논문도 공동 발표로 세 편이나 학술지에 실었다. 그중에는 발광성 고분자에 관한 연구도 포함되어 있었다. 고분자 합성 경험을 꼭 얻고 싶다는 그녀의 뜻에 따라 PPV유도체 합성을 배우도록 했다. 함께 지내는 1년 동안 우리 집에도 몇 번 와서 안사람과 친교도 나눌 수 있어 좋아했다.

"비나 박사, 1년이 참 빨리 지났지요! 물론 비나 박사는 가족과 떨어져 지내는 일이 힘들었겠지만요. 연구결과도 좋아 기쁘고요, 인도 돌아간 후에도 꼭 연락 주십시오. 찬드라 교수께 안부 전해주시고요(찬드라 교수는 비나 박사가 인도로 간 후 2년 후에 타계했다.).'

"물론입니다. 진 교수님. 많은 것 배우고 돌아갑니다. 몸은 멀리 떨어져 있지만 함께 계속 연구할 수 있기를 바랍니다."

어느새 그녀와 내 눈에는 이슬이 맺혀 있었다. 우리 둘 사이에는 간간히 연말 연초에 인사말이 오고 갔다.

꽤 오랜 시간이 흐른 후 2013년 여름에 그녀를 벵갈루루에서 다시 만났다. 아시아 고분자학회 연합회(Federation of Asian Polymer Societies, FAPS) 총회 및 학술대회가 인도 벵갈루루의 IIS(인도과학원, Indian Institute of Science) 강당에서 개최되고 있었다. 혹시나 해서 비나 박사에게 연락하니 보고 싶다는 회신이 왔다. 그 사이 비나 박사는 연구소에서 지위가 꽤 높아져 있었고, 나에게 연구소에서 강연을 해달라는 요청도 해왔다. 15년 만에 다시 만난 비나 박사는 많이 달라 보였다. 체중도 늘었고 중년의 성공한 과학자의 품위가 느껴졌다. 그녀와 시간을 보내면서 그녀가 소위 높은 카스트 계층에 속한다는 점을 새로 알게 되었다. 그녀는 상당히 큰 힌두사원으로 나를 인도했다. 엄청나게 긴 줄을 전혀 개의치 않았다. 그녀는 나를 거리낌 없이 그 사원 중앙의 힌두신단 앞으로 이끌었다. 질서 유지원들은 그녀를 보는 즉시 길을 내주고 우리의 편의를 봐주었다. 나는 그녀와 함께 힌두신 앞에서 힌두 승려의 축복을 받으며 기도를 했다. 그녀 부부와 아들이 함께 살고 있는 집은 3층 집으로 꽤 컸다.

'그렇구나! 그녀의 높은 카스트 지위 때문에 인도에서는 그녀의 명령에 따라 실험실이 움직였구나. 그런 그녀에게 초자 닦는 일부터 청소까지 모든 일을 하게 하였다니….'

인도를 방문할 때마다 카스트 제도가 그 나라에 얼마나 뿌리 깊게 박혀 있는지를 통감한다. 그런 전통이 인도 발전에 얼마나 해를 끼치고 있는지도 동시에 느낄 수 있었다.

'비나 박사, 안녕하시겠지요? 당신과의 인연을 저는 매우 값지게 생각합니다. 당신의 건강과 행복을 빕니다.'

정년 퇴직 후
더 돈독해진 삼총사

"진 선생님, 오늘 저녁시간 괜찮으세요. 최 선생님과 함께 왕십리 사무실로 6시경에 갈게요."

"좋지. 아무 약속도 없으니 기다릴게, 정 학장."

서울대 화학과를 1960년에 입학한 나와 2년 후배 최 교수, 3년 후배 정 교수가 고려대 화학과에서 평생 함께 동고동락할 수 있었던 인연은 나에게 무엇보다도 값진 지란지교(芝蘭之交)라고 할 수 있어 행복하다.

최 교수의 끈질긴 권유로 내가 고려대에 발을 붙이게 되었고, 정 박사는 내 추천으로 고려대에 합세했다. 전공분야가 다르고, 성품이나 취향도 다르고, 집안환경도 매우 다른 우리 셋은 그렇기 때문에 오히려 애증을 교차시키며 우정을 쌓아왔다.

"오랜만이야, 최 박사! 그동안 잘 지냈어?"

"네, 항상 즐겁게 살고 있습니다."

"그런데 이 더위에 왜 이렇게 무거워 보이는 등산화야?"

"발바닥이 아파서요."

"왜, 통풍인기?"

"아뇨. 족저근막염이라나요."

"발바닥 근육막에 염증이 있다는 이야긴가?"

"그런가봐요…."

"의사가 뭐래?"

"맨날 똑같은 이야기죠. 체중 줄이고, 술 덜 먹고, 치료 잘 받으래요."

"안됐네. 매우 고통스럽겠네…."

"아뇨. 별로. 곧 낫겠지요."

"그럼 오늘 술 조금만 해야겠네…."

"아뇨. 신경 쓰지 마셔요."

"그 병 고치기 쉽지 않다고 하던데…."

내 삼촌들 중에도 그 병으로 고생하다 돌아가신 분도 계셨다. 걷기를 어찌나 힘들어하셨던지, 최 박사의 병이 걱정스러웠다.

"교수님, 최 교수님 자주 만나시지요?"

"네. 왜요, 조 교수?"

"다름이 아니라, 최 교수님이 며칠 전에 들르셨습니다."

"왜요?"

"몇 가지 조사를 하시고 상담 차 들르셨습니다."

"응, 그랬습니까? 그분 건강상태가 어떻습니까?"

"진 교수님, 최 교수님 자주 만나고 계시지 않으셔요?"

"네, 그런 축이지요."

"최 교수님 제발 술 좀 줄이시고, 체중도 빼시고 건강관리를 철저히 하시라고 충고 좀 해주십쇼."

"네, 잘 알겠소. 그분 건강상태가 그렇게 나쁩니까?"

"네. 나쁩니다."

고려대 병원 가정의학과의 조 교수는 최 교수의 건강상태를 매우 걱정하고 있었다.

셋의 공통점이라고는 꺾기 힘든 자만심과 '한 잔'을 즐기는 정도라고 생각했다. 나를 뺀 두 후배는 보기 드문 천재성을 지닌 지력가들이었다. 특히 최 박사는 매사 범인들은 근접하기 어려운, 때로는 기막히고 어이없는 아이디어를 쏟아냈다. 연구 아이디어에서도 그의 성향이 잘 드러났다.

액체 구조에 관한 룰렛(roulette)이론, 고온 초전도현상 설명을 위한 그의 통계역학적 설명, 사회 열역학으로 사회현상을 설명하려던 그의 노력 등이 특히 내 기억에 생생하게 남아 있다. 그의 연구결과는 충분한 데이터와 실험결과로 뒷받침 받지 못하였는데, 그래서 그는 항상 안타까워했다. 그런 그에게 미안한 감정도 없지 않아 들었다. 그는 내가 자신의 이론을 실험적으로 꽤 뒷받침할 수 있을 것으로 믿었다. 하지만 그렇게 해줄 자신도, 그런 실험에 투여할 인력도 없어 도우기가 어려웠다.

남을 도와주길 그렇게도 좋아하던 최 박사의 가정생활에 이상이 생긴 것이 가장 가슴 아픈 일이었다. 아들, 딸들은 다행히 잘 장성하였으나, 말년에 그는 혼자 살아야 할 처지가 되었다. 거처도 별로 안정되어 보이지 않았다. 나이가 들어갈수록 그의 건강 걱정은 커지기만 했다. 급기야 모든 성인병을 몰고 다니는 신세가 되었고, 줄지 않는 과음과 과체중으로 인해 여러 가지 이상 증세를 보였다. 1년에 한두 달씩 심산유곡을 찾아다니며 도를 닦는 기행도 즐겼던 최 교수다.

"최 도사, 그래 깨달음에 다가갈 수 있었어? 생로병사의 비밀도 알게 되었고?"

"진 선생님, 제가 인생에 저지른 제일 큰 잘못이 무엇인지 아십니까?"

"뭔데?"

"결혼이요!"

"무슨 소릴!"

하긴 처음부터 멀리서 보기에 왠지 불안해 보였던 출발이었다.

"정 학장은 골프도 치고 재미있게 지냈어?"

"네…."

평소 정 박사와는 전화로 종종 안부를 전하는 사이었다. 김시중(작고) 선생 관련한 일 또는 화학회관 일로 자주 연락도 주고받은 터다. 더구나 부인들 모임에 정 교수 사모님과 안사람이 함께 참가하고 있어 정 교수네 소식도 심심찮게 들으며 지냈다. 최 박사와는 정 교수와 같은 그런 고리가 없었다. 이 두 사람을 만날 때 나는 기쁘고 행복했다. 특히 정년퇴직 후 함께한 시간은 더욱 즐거운 시간이 되었다. 각자의 성향은 매우 달랐지만 고려대학교라는 공동의 광장에서 30년 이상을 함께 지낸 공통의 추억이 좋은 대화와 시간을 나눌 수 있는 밑바탕이 되어준 듯하다. 대학시절로 거슬러 올라가면 60년 가까이 되는 지기들이다.

"에이, 오늘부터 술 좀 적게 먹겠다고 하더니…. 막걸리, 맥주, 소주를 골고루 마셨네…."

"오랜만에 왔으니 2차 가야지?"

"그럼요. 진 선배님 자주 가시는 집 여기 있잖아요!"

"잘 알았어, 정 교수."

"하지만 오늘은 10시는 넘기지 맙시다."

"왜, 최 교수?"

"거처를 멀리 옮겼거든요!"

"그럼 학교 근처에 더 이상 안 계신가?"

꽤 멀리 경기도로 거처를 옮겼다고 했다. 그 날 저녁에는 정말 10시경에 2차 자리를 일어나 왕십리역에서 흩어졌다.

"또 연락해! 또 봐!"

여러 해 전의 일이다. 무슨 일이였는지 기억이 분명치 않으나 아마도 신임교원 선정과정에서 학과의 분위기가 매우 나빠졌을 뿐만 아니라 우리 셋의 의견도 심하게 충돌했다고 기억한다.

"안 되겠다. 너무들 취했어! 이제 집으로 가는 게 좋겠다."

"아뇨. 선배네 집에 가서 그 좋은 술 한 잔 더 합시다. 최 형 좋지요?"

"물론 좋지!"

"진 형, 어떻게 된 거예요?"

"왜? 뭐 이상한 짓 했나?"

"아니. 댁에서 우리들이 술 냄새 풍기며, 잠까지 자다니…. 어르신들도 계신데…."

안사람이 끓여놓은 술국으로 우리들은 해장 아침을 했다.

그러나 이제 우리 셋은 다시 모일 수가 없다. 영영…. 최 박사는 2017년 5월에 훌쩍 이 세상을 떴다.

'나쁜 사람…. 아니 그렇게 쉽게 우리 곁을 떠나다니….'

세상이 알아주지 않은 비상한 천재를 이제 어디서 다시 찾아보려나….

'최 교수. 극락정토에도 술집 많아?'

돌아볼수록 우리 셋의 우정은 잊을 수 없는 값진 추억으로 뿌리를 더 깊게 뻗어나가고 있었는데….

되찾은 인연
- 황길수 학형을 존경하며

"정일이, 오늘도 연구실에서 실험하고 있어?"

"네, 형님. 휴가 나오셨어요?"

"응, 점심이나 함께할 수 있을까?"

군법무관으로 군복무를 수행하던 1년 선배 황길수 학형이 연락을 주었다. 서울 법대를 졸업한 황 형은 재학 중에 사법시험에 합격할 정도로 우수했다. 고교시절에도 항상 1등을 유지한 천재였다. 그는 처음에 나와 같은 이과반에서 공부했으나 후에 문과로 옮기며 법대로 진로를 변경하면서 멀어졌다. 나는 이과로 고등학교를 졸업하고 화학을 전공했다. 황 선배는 국내에 머물며 법학도의 길(검사, 장관, 변호사 등)을 밟았고, 나는 1966년에 미국으로 유학하기 위해 한국을 떠났고, 학위 후에도 미국에 남아 직장생활을 했기 때문에 우리 둘 행로의 교차점을 찾기가 힘들었다. 따라서 비교적 오랫동안 친교가 끊어진 채, 간간히 간접적으로 근황 이야기를 들을 뿐이었다.

1993년에 김영삼 정부가 들어서자 법제처 장관에 황 선배(고검부장)가, 과기처 장관에는 고려대 화학과의 김시중 선생이 임명되었다. 비교적 자주 만났던 김 선생님을 통해 황 선배의 소식을 듣고는 했다. 업무가 많아 바쁘게 지내실 거라는 생각에 직접 접촉하지는 않았다. 물론 나도 교육, 연구, 학회 및 사회활동으로 계속해서 바쁜 나날들을 보내고 있었다.

그러던 중 20여 년 전 고교 총동문회장에게서 연락이 왔다. 성동을 빛낸 자랑스러운 동문으로 나를 뽑아 시상을 하고 싶다며, 총동문회 송년연에 참석해달라는 내용이었다. 동문행사 참여나 활동에 소극적이었던 나에게 이런 초청은 큰 부담이었다.

'어쩌면, 뵙고 싶었던 황길수 선배를 뵐 수도 있겠네!'

그러나 그곳에서 황 선배의 얼굴은 찾아볼 수 없었다. 섭섭했다. 황 선배는 꽤 오래전이지만 총동문회장을 지냈기 때문에 총동문회 행사에 참여하실 거라는 예상이 엇나갔다.

8회 선배들(나는 9회 졸업생이다.)이 모인 테이블에 다가가 나를 소개하고 황 선배의 근황을 물었다.

"오늘 오겠다고 했는데, 바쁜 일이 있는 모양이군요. 진 교수님 수상을 축하합니다."

잘 알아보지 못한 선배 한 분의 말이었다. 그렇다고 바쁘게 지내고 있을 황 선배에게 따로 접촉할 생각은 없었다.

'혹시 내년 모임에는 오시려나?'

다행히 다음 해 총동문회 송년모임에서 황 선배를 오랜만에 만날 수 있었다. 성동고 장학재단 이사장으로 단상에서 인사말을 하는 모습도 보았다. 옛날 예쁘장하던 그의 모습이 내 기억 속에서 다시 살아났다.

"황 선배님, 안녕하셨습니까? 저 9회 진정일입니다."

"아이고 반가워라, 진 박사! 진 박사 소식은 잘 듣고 있었지. 예상했던 대로 훌륭한 과학자가 되었음을 알고 있었어! 사실 진 박사가 나를 도와주어야 하는 일이 있어서 연락도 하고 싶었던 차였거든. 명함 한 장 줄래. 내가 연락할게….”

반가운 만남이었다. 결국 황 선배의 권고로 모교 장학재단 이사 경험을 쌓고 현재는 이사장으로 봉사하고 있다. 골치 아픈 일도 있지만, ‘놀고 있는 사람이 봉사를 하는 게 도리가 아닌가!’ 하는 생각으로 즐겁게 이사장으로서의 책임을 짊어지고 있다.

“진 박사, 사실은 내가 '매헌 윤봉길 의사 기념사업회‘ 회장을 맡게 되었는데 그 일도 좀 도와주면 고맙겠는데….”

“그렇군요. 축하드립니다. 그런데 제가 도와드릴 수 있는 일이 별로 없을 것 같은데요….”

내가 참여했던 사회단체와는 여러 면에서 크게 차이가 있는지라, 기념사업회의 운영에 직접적으로 관여하는 일은 피하고 싶었다. 결국 ‘고문’이라는 공식적인 타이틀을 갖게 되었다. 몇 가지 행사에 참여하며, 이 뜻 깊은 기념사업회가 얼마나 중요한 일을 하고 있는지를 깨달았다. 특히 매해 시행하고 있는 12월의 일본 가나자와의 윤봉길 의사 총살현장과 암매장지에서 행하는 추모제와 효창공원에 위치한 윤 의사 묘지 앞에서의 추모행사는 독립운동을 되돌아보는 시간을 갖게 한다.

“진 박사, 잘 있었어요? 내가 부탁할 일이 하나 있는데….”

“무언데요, 황 장관님. 제가 할 수 있는 일이라면 물론 도와드려야지요.”

“다름이 아니고, 금년 가나자와 추모단장으로 수고를 해줄 수 있겠어요?”

결국 2018년 30여 명의 추모단을 대표해 매헌 윤봉길 의사의 가나자와 추모식에 참여하게 되었다. 다행히 전년에 단장으로 갔던 기념사업회 부회장 이정수 변호사와 이사인 박익수 변호사가 동행해주어 많은 도움을 받았다. 한일관계가 악화되어 추모행사도 전보다는 조촐히 치루어야 한다는 가나자와 거류민단과 윤봉길의사 암장지 관리보존 협회 측의 사전 연락이 있었다. 의미 있고 엄숙하게 추모 행사를 이끌겠다고 마음속으로 다짐했다.

매헌 윤봉길 의사는 25세의 나이에 1932년 4월 29일 중국 상하이의 훙커우(홍구) 공원에서 애국에 찬 의거를 행했다. 그날은 히로히토 일왕의 생일(천장절)로 홍구 공원에서 상하이 점령 전승기념 축하행사가 계획되어 있었다. 그 행사에는 일본 총영사 무라이 구타마츠, 상하이파견군 총사령관 시라카와 요시노리 대장, 제9사단장 우에다 겐키치 중장, 해군 제3함대 사령관 노무라 기치사부로 중장, 주중공사 시게미쓰 마모루, 상하이 거류민단장 가와바타 테이지 등이 단상에 있었다. 윤 의사는 그들을 향해 정확히 폭탄을 던졌다. 폭탄이 명중하여 이상의 일본 VIP들이 사망하거나 크게 다쳤다. 세계가 놀란 의거였다.

'중국의 100만 대군과 4억 중국인이 해내지 못한 일을 조선인 청년 한 명이 해냈다.'

중국 국민당 총재 장제스(장개석)는 크게 감격하여 대한민국 임시정부를 전폭적으로 지원해주었다. 후에는 카이로 회담에서 한국의 독립을 지지하도록 다른 열강국 대표들을 설득하기도 했다. 체포된 윤의사는 오사카 형무소로 옮겨졌고 1932년 12월 19일 일본 이시카와현 가나자와시 공병 작업장에서 총살형으로 위대한 생을 끝냈다.

우리 일행은 지난 2018년 12월 6일. 윤봉길 의사 순국 86주기 추모식을 가나자와의 노다산에 있는 추모비 앞에서 행했다. 단장으로 추모식사를 낭독하는 동안 여러 번 내 목소리가 갈라졌고 눈물이 두 뺨에 흘러

내렸다.

추모 행사 후 150여 미터 떨어져 있는 윤 의사 암장지로 이동해 암장지 추모제를 가졌다. 단장인 나는 초헌관 노릇을 했다. 사형이 집행된 이후 윤 의사의 시신은 쓰레기 소각장과 사람들이 다니는 길가 깊숙한 곳에 암매장되었는데 그 암장지는 박현택 관리보호협회장이 돌보고 있었다.

1946년 3월 6일, 유골을 발굴하여 6월 30일에 국민장으로 장례식을 치른 후 현 효창공원 묘로 이장하였다. 매해 12월 19일에는 윤의사의 묘역에서 추모식을 갖는다. 윤의사의 애국심과 용맹함에 매번 길게 머리를 숙인다. 어린 자식들을 뒤로하고 젊은 부인을 떠나 우리나라의 독립을 위한 염원과 일본인들을 향한 복수심에 불탔던 윤의사!

이렇게 뜻 깊은 행사의 주체인 매헌 윤봉길 의사 기념사업회의 총책인 황길수 선배가 자랑스러웠고 또한 그에게 고마움을 느꼈다.

그분은 철저하고 깔끔한 일처리법과 겸손하면서도 근엄한 리더의 미덕이 빛나는 보기 드문 인격의 소유자다. 60년 이전에 맺어진 인연이 끊어졌다 이어졌다 하면서 지금까지 계속되어 큰 행복을 느낀다. 황길수 선배가 계속 건강하여 앞으로도 오랫동안 우리 둘의 따뜻함이 이어지기를 바란다. 우리나라의 미래를 항상 걱정하고 계신 황 선배의 애국심이 계속 후배들에게 감화와 격려가 되리라 믿는다.

전민제 회장님 영전에 바치다*

怡堂 全民濟 전 대한화학회장께서 영면하셨다(2020년 3월 7일)는 갑작스러운 비보는 저뿐만 아니라 그를 존경하고 사랑했던 모든 이들에게 크나큰 슬픔을 안겨주었습니다. 우선 怡堂의 타계를 애도하오며 삼가 고인의 명복을 빕니다. 또한 사모님과 유족들에게 두 손 모아 깊은 위로의 말씀을 올립니다.

百壽를 2年 남짓 남기시고 훌쩍 우리 곁을 떠나시니 그 아쉬움이 더욱 크게 느껴집니다. 怡堂께서는 1922년에 서울에서 태어나셨으며 평생 우리나라의 산업화를 위해 맨 앞자리에 계셨습니다. 한국의 화학과 석유화학산업 및 엔지니어링 산업을 이끄셨던 怡堂. 대한석유공사를 설립(1962)하시고, 울산 정유공장 건설을 이룩하셔, 우리나라의 정유산업과 석유화학산업의 초석을 닦은 怡堂. 그러시면서도 우리나라 학계의 발전에 지대한 관심을 가지시고 후원을 아끼지 않으셨던 든든한 지도자이기도 하셨습니다. 현 한국화학회관 건립을 위해 1969년에는 Gulf

* 이 조문은 전민제 회장님의 영결식에 바치기 위해 썼음을 밝힙니다.

사로 받은 거금 6만 달러를 학회에 기증하셨고, 1990년부터는 화학회관 이사장으로 계시면서 3층 건물을 5층 건물로 증축하시어 대한화학회와 한국화학공학회의 '집'을 마련해주셨습니다. 또한 한국화학관련연합회도 품어주셨습니다.

제21대 대한화학회장(1986,9~1987.8)시에는 '87 ASCHEM SEOUL(제2차 아시아 화학학술대회)를 성공리에 개최하셨고, 1996년(9월 1일~6일)에는 IUPAC CHEMRAWN 국제대회를 멋지게 주관하셨습니다. 怡堂은 1987년부터 IUPAC(국제순수응용화학연합회) 총회에 10여 년 전까지 빠지지 않고 참여했을 정도로 한국 과학자들의 국제활동을 중요시하신 선도자였습니다. 1994년부터 IUPAC의 COCI(화학과공업위원회)와 CHEMRAWN(Committee on Chemical Research Applied to World Needs)의 회원으로 활약이 크셨습니다. 지난 2004년에는 IUPAC의 펠로(Fellow)가 되셨습니다. 그 외에도 여러 국내외 학회에 활발히 참여하셨습니다. 학계에 몸담고 계시지 않으면서도 학회의 발전을 위해 노력해주신 怡堂의 학문사랑과 후배사랑에 다시 한 번 머리 숙여 고마움을 표하는 바입니다. 제가 IUPAC 회장에 당선되었을 때 사모님과 함께 축하식사자리를 마련해주셨을 뿐만 아니라 화학회관에 IUPAC 회장 사무실까지 마련해주신 怡堂의 따뜻한 배려가 새삼 제 눈시울을 적십니다.

怡堂의 나라사랑은 참으로 거룩했습니다. 생명의 위협을 무릅쓰고 6·25 전시 중 안동혁 선생 등과 함께 흥남공업단지의 정보를 얻어온 일, 우리나라가 1973년과 1975년 두 번에 걸쳐 석유파동의 위기를 벗어날 수 있도록 사우디아라비아에서 펼친 민간외교의 능력과 수완은 많은 사람들이 잘 알지 못하고 있는 怡堂의 투철한 애국정신의 반영이었습니다.

지난 반세기를 어느 때는 먼 거리에서, 때로는 가까이서 怡堂의 따스함과 온후한 지도자로의 성품을 느끼고 경험하면서, 우리 화학계에 이 같은 참 어른이 영원히 함께할 수 있기를 염원했습니다.

대한화학회와 한국화학공학회의 발전을 위해 각 1억 원씩이나 기부해 주신 怡堂의 뜻은 항상 우리들과 함께할 것입니다. 그러나 떠나신 怡堂의 큰 자리는 누가 메꿀 것이며, 그 누가 怡堂의 따뜻한 미소를 우리들에게 보내줄 수 있겠습니까. 밀려오는 슬픔과 쓰라림이 우리들 가슴을 두드리고 있습니다. 학문과 국가와 후배를 사랑하셨던, 외유내강형 지도자, 리더였던 怡堂을 잃은 슬픔이 새삼 엄습합니다.

怡堂 全民濟 회장님! 이제 이승의 모든 짐을 내려놓으시고, 천주님의 사랑이 가득 찬 평화의 동산에서 영면을 누리시기를 기원합니다. 아멘

4부

하루하루가
쌓여
80년이 되다

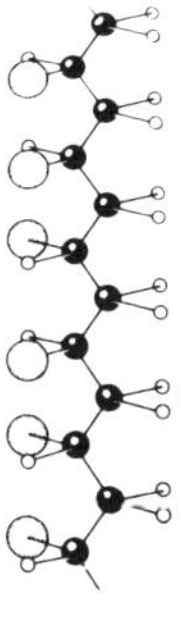

서울대 화학과 60학번 동기모임. 앞줄 오른쪽에서 두 번째가 본인. 1981년.

세계 화학자 학술대회 참가차 중국 연길공항 도착한 모습. 1991년 8월 20일.

우리 집에서 치른 신년하례식에서 제자들과 함께. 1999년 1월 2일.

터키 이스탄불에서 열린 제18차 IUPAC 세계 화학교육 학술대회에서. 2004년 8월.

일본 고분자학회 국제상 수상자들과 함께. 2004년 5월 26일.

오하이오주립대학교 아시 엡스타인 교수 내외와 함께. 미국 콜럼버스. 2004년 6월 18일.

베이징 칭화대 강연차 방문하여 장희 교수와 함께. 2005년 5월 11일.

대한화학회 춘계 총회에서. 왼쪽부터 크리스 마체프스키(미국 카네기멜런대), 김명수(대한화학회장), 본인. 일산 킨텍스. 2008년 4월 17일.

중국 베이징에서 열린 제39회 IUPAC 세계 고분자학회에서. 왼쪽부터 가마치 교수(오사카대), 본인, 아베 교수(도쿄공대), 2002년 7월.

프랑스 보르도IV대학 프랑수아 아르두앙 총장과 연구협약 체결하는 행사에서. 2000년 7월 3일.

베이징 화공대 명예교수 임명 후 양완타이(화공대), 왕포송(장춘응용화연) 교수와 함께.
2009년 12월.

러시아 카잔국립공대에서 명예박사 수여 기념식에서. 오른쪽에서 세 번째가 디아코노프 총장.
2007년 11월 15일.

마오쩌둥 동상 앞에서 중국의 과학자들과 함께. 마오쩌둥의 고향 중국 후난성 사오산. 2013년 6월.

중국 우의장 수상차 베이징 방문한 모습. 2011년 5월.

대만에서 열린 제8차 아시아 화학학술대회에서. 왼쪽부터 김성수(인하대), 김동한(포항공대), 이대운(연세대), 본인. 1999년 11월 22일.

2009년 4월 21일 집 정원에서.

설날에 복조리를 선물하는 마음

1966년에 미국에 유학 가기 전까지만 해도, 음력 1월 1일에는 몇 가지 특별한 일이 벌어지곤 했다. 특히 초·중학생 시절에 어른들께 세배드리고 세뱃돈을 받는 재미는 나에게 잊지 못할 추억으로 남아 있다. 그래서 요즈음도 나는 돈을 벌지 못하는 조카들과 손자들에게는 세뱃돈을 준다. 세배와 세뱃돈 행사 말고 내 기억에 남는 몇 가지가 더 있다.

그 첫째로는 설빔이다. 중·고등학교 학생이 되면 교복을 입어야 했기 때문에 설빔을 잊게 되지만, 초등학교 시절에는 설날을 기다리는 가장 중요한 이유 중 하나가 설빔이었다. 추운 겨울을 따뜻하게 지낼 수 있는 새 옷 한 벌을 부모님께서 마련해주시곤 했다. 키와 몸이 커져 옷들이 작아지는 까닭도 있었다.

나이가 먹어서도 새 옷을 걸칠 때 느끼는 '새로움'은 옛날과 다름이 없다. 차이가 있다면, 어릴 적에는 항상 새 옷이 내 몸보다 더 크다고 느낀 점이었다. 어머님은 자라는 나에게 몸에 꼭 맞는 옷을 사주지 않으셨다. 언제나 조금 큰 듯한 옷을 장만해주셨다. 그래도 나는 좋았다. 새 속옷, 양말, 장갑, 신발 등과 함께하면 날아갈 듯한 기쁨을 느꼈다.

어머님은 설이 다가오면 화로 불에 인두를 달구고, 아버님의 한복에 동정을 달아 빳빳하게 다리며 손질하던 모습이 지금도 기억에 생생하다. 여동생들에게는 예외 없이 색동저고리와 금 · 은박이 치마를 마련해 주셨다. 색동저고리의 유래에는 여러 가지 설이 있다. 아마도 음양오행설(陰陽五行說)에 따라 액을 물리치고 복을 받으라는 뜻으로 오방색(五方色)을 이어 알록달록한 색동옷을 만들지 않았나 싶다. 음양오행설에 들어 있는 검은색을 빼고 다른 예쁜 색을 더 넣은 셈이다. 주로 빨강, 노랑, 초록, 분홍, 파랑, 흰색 띠로 색동을 만든다. 때때로 보라, 연두, 자주와 남색도 눈에 띈다. 이제 색동무늬는 우리나라를 세계에 알리는 색 조합이 되었다.

조그만 기쁨이 한 가지 더 있었다. 나는 복조리를 남달리 좋아했다. 흔히 섣달 그믐 저녁때 복조리 장사들이 집 담장 너머로 던져 넣은 복조리를 설날 아침에 정원에서 주웠다. 보통은 대나무의 자연스러우면서도 약간 누런 색이지만, 때때로 색깔을 띤 복조리도 있었다. 복조리에는 쌀, 돈, 실, 엿, 성냥곽 등을 담아 문기둥 윗부분이나 벽 등에 걸어두었다. 건강, 장수, 재물복 등을 염원하는 뜻을 담았다.

요즈음도 나는 12월이 되면 시중에서 복조리를 사 미국에 있는 큰아들에게는 물론, 한국에 있는 둘째아들 집에도 보낸다. 우리 집 현관문 안쪽 기둥에는 지금도 복조리가 걸려 있다. 그냥 좋고 재미있다. 안사람도 좋아한다. 어렸을 때, 능숙한 솜씨로 조리를 사용해 쌀을 일어 섞여 있던 작은 돌들을 고르시던 어머니의 빠른 손동작이 눈에 선하다. 재미있는 해석도 있다. 조리에는 틈새가 많다. 이 틈새를 통해 들어오는 빛(광명)으로 사(邪, 부정한 것)를 물리치고 재복을 불러들인다는 믿음이 있었다고 한다. 이제는 예쁜 색의 복조리가 집의 장식품으로 자리 잡아가고 있다.

또 잊지 못할 설날 기억으로는 메구(치기) 놀이가 있었다. 치장한 고깔을 쓴 농악대가 집집마다 찾아다니며(특히 부자집은 빼놓지 않고) 풍물 치고 지신을 밟아 그 집안의 신년 재수가 좋기를 빌어주었다. 집주인은 흔히 지폐를 고깔, 장구 끈과 징과 꽹과리 농악대 놀이꾼들의 옷주머니 속에 넣어주었고 때로는 술을 대접했다. 어린 나에게는 신나는 한바탕 놀이였다. 북, 장구, 징의 채에 빨강, 파랑색 장식천들이 농악대원들의 춤놀이에 따라 펄럭이던 모습은 네팔, 티베트 등을 여행할 때 구경한 광경들을 생각나게 한다.

긴 기도의 줄에 매달아놓은 오색기가 펄럭이던 모습이 종종 기억 속에 되살아난다. 매우 긴 줄에 수백 개의 기를 높이 걸어 달아 우리 집안의 안녕과 행운을 빌기도 했다. 물론 적지 않은 돈을 지불해야 했다. 행운에 매달리는 인간들의 연약함에서 벗어나지 못한 행동이었음을 되새기며 웃음을 머금는다. 그 당시 미국에 살던 큰아들에게 힘든 일이 닥쳐왔었다. 티베트의 오색천 기도 깃발에는 기도문이 씌어 있고 소망을 바람에 실어 날려 보내는 풍습이 있다. 우리나라 성황당에도 오방색 깃발이 꽂혀 있음을 볼 수 있다.

이런 설날 풍경보다 내 마음을 사로잡은 풍습은 따로 있었다. 부모님께 세배를 드리면 아버님은 우리에게 봉투를 하나씩 주셨다. 그 봉투 속에는 토정비결 신수점 종이 한 장씩이 들어 있었다. 1월부터 12월까지 월별로 신수와 재수를 미리 알려주고 있었다. 3단으로 빼곡히 쓰인 예언은 한문과 한글 번역이 함께 있었다. 저자가 이지함(李之菡, 1517~1578)으로 알려진 토정비결은 주역에 바탕을 두고 있다고 하나, 주역과는 많이 다르다고 알려져 있다.

토정비결은 비유와 상징적 서술이 많아 '코에 걸면 코걸이요, 귀에 걸면 귀걸이' 식의 내용이 허다했다. 지금 생각해보면 어렸을 때의 점괘는 주로 '물을 조심하거라', '불을 멀리하거라', '열심히 일(공부)하면 좋은 결과가 올 수 있다' 등의 뻔한 내용들이었다. 그러나 1년 신수점은 읽는 재미가 쏠쏠했다. 요즈음은 SNS에서 언제고 무료로 토정비결을 볼 수 있어 청소년들은 물론이고 어른들도 더러 사용하는 모양이다. 생년월일과 시를 넣으면 점괘가 나온다. 토정비결은 144괘라니, 어찌 이 세상 사람들의 신수를 144가지로 규정할 수 있겠는가?! 아니면 144 경우의 수라면 그런대로 누구의 신수든 꽤 맞출 수도 있겠다는 생각도 든다.

물론 설날 차례상을 차려놓고 조상님들께 절을 하고, 떡국을 먹으며 어른들에게서 옛분들이 살아 계실 때의 이야기를 듣는 것 또한 설날이 주는 특별한 선물이었다. 아버님 어릴 적, 내 증조할아버님의 서당에서 한문을 배우시던 얘기는 아득한 옛이야기로 울려왔다. 어린 나이에 결혼한 조부모의 이야기 한 토막을 들으며 우리는 포복절도하기도 했다.

어느 여름, 낮잠을 주무시는 할아버지를 위해 부채질을 하시던 할머님이 빙긋 웃으셨단다. 아직 어렸던 할아버지 장딴지에 조그마한 터럭이 발견되었고, 할머니는 무슨 생각을 하셨는지 그 터럭을 살짝 잡아당기셨단다. 원래 노여움을 잘 타시던 할아버지신지라 그분의 반응이 폭발적(?)이었다. 이와 같은 얘기들은 해가 바뀌어도 설날마다 반복되었다. 이런 일화 속에 스며들어 있던 우리 가족의 뿌리를 이제는 내가 자식과 며느리들, 그리고 손자와 손녀에게 다시 들려주고 있다. 물론 내가 개인적으로 배운 진가(陳家)의 옛 역사를 더 보태기도 한다.

나와 안사람은 설날에는 꼭 한복을 곱게 차려입는다. 고등학교에 다니고 있는 셋째손자 승언이와 중학교 1학년인 유일한 손녀 채언이도 한복을 입게끔 한다. 아예 안사람이 손자와 손녀의 한복을 공급해주고 있기 때문에 거절하기도 쉽지 않으리라 믿는다. 요즈음은 동생 가족들까지 설날에 모이기 때문에 전체 숫자가 자못 크지만 우리 내외는 이와 같은 가족모임을 매우 중요시 여길 뿐만 아니라 한편으로는 즐기고도 있다. 지나칠 정도로 분화되고 핵화(核化)되고 있는 현대의 가족들의 소통을 늘리고, 가족의 사랑과 고마움을 서로 나누는 설날이 우리 민족의 명절로 길이길이 남아 있기를 기원한다.

심약했던
내 어린시절의 반전

"애, 정일아. 왜 그러니? 누가 그랬어?"

"경일(가명)이가 그랬어, 엄마."

"아니 또 경일이가 그랬어? 왜 걔는 매번 너를 괴롭히니!"

경일이는 나와 가장 친하게 지내던 친구였다. 아마도 초등학교 3, 4학년까지도 매우 가깝게 지냈던 것 같다. 경일이와 나는 나이도 같고 체격도 비슷했지만, 깡다구가 세고 서너 살 위인 형도 있는 경일이는 누구에게도 지지 않는 아이였다. 피부는 까무스름했고 체력은 분명 나보다 좋았다. 우리 집이 경일이 집과 매우 가까웠기에 왕래도 잦았다. 나이가 훨씬 위인 누나가 둘이나 있었는데 나를 매우 귀여워해주었다.

"정일아, 경일이에게 왜 너를 때렸느냐고 물으니까, 오늘 너와 논 적이 없다고 하더라. 어찌 된 일이니?"

"…."

나는 할 말을 잃었다.

"경일이보다 공부는 내가 더 잘하지만, 다른 것들은 왜 경일이가 더 잘할까? 팽이도 더 오래 돌리고, 딱지치기를 해도 꼭 더 많이 따고, 뜀뛰

기도 나보다 빠르고, 씨름에서도 나를 이기고…."

생각할수록 기분이 안 좋아진 나는 경일이를 더 미워하기 시작했다. 그러면서도 가장 가까운 친구라 매일 붙어 다녔다. 그러다보니, 다른 친구들과 다투고서도 항상 경일이가 못되게 굴었다고 말했나보다.

"진 군, 오늘 진 군과 어렸을 때 가장 가깝게 지냈다고 하는 사람을 만났네!"

"네? 누구를 만나셨는데요, 교수님?"

"정경일이라고 기억나나?"

"물론입니다. 단짝친구였습니다. 그러나 초등학교 상급학년 때부터 별로 만나지를 못했고, 현재는 연락이 끊긴 상태입니다. 어디서 정 군을 보셨나요?"

"응, 가끔 약대에 정구 치러 가는데, 약대 사무직으로 정 군이 있거든."

"네, 그렇군요!"

나를 특별히 좋아하던 구 교수님 덕분에 경일이가 어디서 무엇을 하고 있는지 알게 되었다. 그러나 워낙 오랫동안 만나지도 못했고 어렸을 때 기억을 제외하고는 별로 이야깃거리도 없는지라 미루고 미루어 경일이를 가까이 두고도 만나지를 못했다.

"정일아, 축하한다. 너 이번에 석사학위 받는구나!"

"아, 너 경일이 아니니?"

첫눈에 경일이를 알아볼 수 있었다. 까무잡잡한 모습이 그대로였다.

"그래, 정말 반갑다. 구 교수님 통해 네 소식은 자주 듣고 있었지. 곧 미국으로 유학 간다며?"

"응, 그래. 넌 잘 지냈니?"

"뭐 그렇지. 난 공부할 기회를 놓쳐서 네가 부럽단다. 약대에서도 심부름이나 하고 지내는 신세지….”

그 이상 대화를 이어가기가 힘들어짐을 느꼈다.

“경일아, 반가웠다. 앞으로 연락하자. 나 저쪽으로 가야 돼. 친구들과 약속이 있거든….”

그렇게 경일이와 헤어진 지 50년 이상이 지났다. 한 번도 연락하지 않았고, 찾아보려고 노력도 하지 않았다. 희미해진 옛 추억, 70년이 된 추억에 모든 것이 묻혀버려 경일이를 다시 찾아야겠다는 생각이 들지 않았다. 세월이 지나서 어른이 된 후에도 어머님은 가끔 말씀하셨다.

“맨날 경일이가 못되게 굴었다고 했는데, 경일이는 너와 자주 놀지도 않았다고 하더라…. 지금 생각해도 네가 왜 그랬는지 잘 모르겠어….”

“글쎄요. 저도 기억이 분명하지 않아요.”

“경일이에 대한 무슨 열등의식이 있었나?”

“글쎄요. 머리가 빨랐고, 여러 놀이를 나보다 잘했다고 기억하고 있어요. 국민학교에 입학해서는 나보다 공부 면에서 뒤져 별 문제가 없었다고 기억하고 있지요!”

“공부도 공부지만 너희가 소원해진 계기는 따로 있었다고 생각해….”

“그 계기가 뭔데요, 어머니?”

“어느 날 오후였어. 우리집 대문 앞 골목에서 네가 막 울고 있는 소리가 들려와 깜짝 놀라 엄마가 뛰어나갔지.”

“그런데 무슨 일이 있었나요?”

“깜짝 놀랄 만한 광경이 벌어지고 있지 뭐냐.”

“무슨 광경이요?”

내 울음소리에 놀라 뛰어나온 어머니는 믿지 못할 일이 벌어지고 있음을 보시고는 눈을 의심하기도 하셨고, 또 한편으로는 잘 되었다는 생각도 하셨다는 설명이었다. 매일 경일이 탓만 하고 자주 울며 집에 들어오던 내가 경일이를 넘어뜨리고는 올라 탄 채로 마구 때리고 있었단다.

"아니, 그러면 신났을 터인데 왜 내가 울고 있었죠?"

"누가 아니. '내가 너를 이길 수 있다!'는 희열감에서 그랬는지…."

분명한 게 하나 있었다. 그 골목사건 후에는 경일이와 나는 더욱 친하게 지냈다는 사실이었다. 나는 분명 심약(心弱)한 소년이었다. 남들과 다투거나 경쟁하는 걸 매우 싫어했다. 경쟁 자체를 싫어했다기보다는 경쟁에서 패배할 것을 두려워해 아예 경쟁에 뛰어들기를 꺼렸다. 그러다보니 커서도 논쟁이나 놀이 등에는 참여하기를 늘 꺼렸다. 그러면서 나만의 인생철학 한 가지가 뚜렷하게 형성되었다. 남들과의 경쟁에서 희비애락하지 않고 '너 자신과 경쟁해 이기거라'고 다짐하며 살아가는 생활철학이 어느새 내 몸에 젖어들었다. '가장 위대한 사람은 이 세상이 아닌, 자기 자신을 정복한 자'라는 말도 있지 않던가!

'최선을 다해라. 결과는 달게 받아라!'

사람들은 질투심에서 허덕이며, 그로 인해 자기의 행복과 마음의 평화를 잃고 있다. 오죽하면 '사촌이 땅을 사면 배가 아프다'는 웃지 못할 옛말이 전해오고 있을까! 여든이 가까워오는 지금도 어렴풋한 옛 추억 속의 경일이와 함께 뛰놀던 성수동 어린 시절의 나를 회상하며 빙긋 웃는다.

'경일아, 미안하다. 왜 그날은 너를 그렇게 때려주었는지….'

경일이가 어디서 무엇을 하며 지내고 있는지, 손자 손녀는 몇이나 두었는지 등등 여러 가지가 궁금하다. 제발 건강히 지내고 있기만 빌 뿐이다. 단짝친구였던 경일아….

경일을 찾아 긴 옛 이야기를 나누며 소주잔이라도 나누고 싶다.

집 안 외양간, 외양간 옆 뒷간

"형! 나 뒷간에 가야 하는데 같이 가요!"

"왜? 혼자 가기 싫니?"

"무서워요!"

"뭐가 무서우니?"

"소가…."

"소가?"

"응…."

흔히 새말이라고 불리던 능동의 큰 이모댁은 여름방학에 단골로 방문하던 시골 농가였다. 안채에서 비교적 넓은 마당 건너편에는 행랑채가 대문 쪽으로 길게 뻗어 있었고 행랑채 안쪽으로 외양간이 자리를 잡고 있었다. 외양간 옆의 좁은 통로를 통해 화장실(뒷간)에 갈 수 있었다. 비록 외양간이 굵은 통나무로 보호되어 있었으나, 좁은 통로를 지나가려는 나는 겁을 먹었다. 특히 외양간에 있던 소의 큰 눈과 마주치며 늘 겁이 났다.

그뿐이 아니었다. 밑이 훤히 내려다보이는 배설물 통 위에 놓여 있는 두 평판을 밟고 앉으려면 삐걱거리는 소리가 나게 마련이었고 이 소리 때문에 소가 머리를 내 쪽으로 돌려 나를 바라봤다. 이럴 때 나는 그야말로 비상사태에 돌입했다.

"뛰어나가야 하나? 모르는 척하고 참고 있을까?"

"형! 이리 좀 와봐!"

나보다 열 살 더 먹은 영진 형은 이모부, 큰형과 함께 농사일에 깊이 관여하고 있었다. 나를 귀여워해 소등에 태워주기도 했고, 밭에서 오이, 토마토, 옥수수 등을 따주기도 했다. 형이 소마차를 끌고 나갈 때는 얼른 올라타 자가용이라도 탄 듯하여 기분이 좋았다. 달랑 네 식구가 비교적 조용히 살다가 이모네의 시끌벅적한 열한 식구와 섞여 지내는 시골 생활은 나에게 특별한 생동감을 느끼게 해주었다.

또한 막내 이종여동생 및 남동생을 빼고는 모두 연상이라 식구들이 나에게 관심과 사랑을 돌아가며 퍼부어주었기에 나는 그곳에서 머무는 내내 행복했다. 막 밭에서 따온 옥수수, 새로 수확한 햇감자와 고구마를 함께 삶아 먹던 기억을 떠올리면 생각만 해도 입에 침이 고인다. 집에서 어머니가 이들을 쪄줄 때는 깨지락거리며 즐겨먹지 않았다. 하도 먹지를 않아 어머니가 종종 힘들어하셨는데, 그런 옛 생각이 나면 '어머님, 죄송했습니다!'라고 크게 전하고 싶어진다.

당신이 먹어본 점심 중 어떤 점심이 가장 맛있었느냐고 묻는 질문에 대한 내 답을 들으신다면 하늘에 계신 어머님도 고개를 갸우뚱하리라 믿는다.

"어릴 때 새말 큰 이모댁에서 먹은 점심요!"

"어떤 점심이었는데?"

"호박과 오이나물 넣고 고추장으로 비비고, 참기름 찔끔 냄새 풍긴 보리 비빔밥요."

“그래? 집에서 비빔밥을 해주면 숟가락도 대지 않았잖아!”

“네, 어머니. 이모집에서 먹을 땐 왜 그렇게 맛이 있었지요?”

“고기가 한 점도 없었을 터인데 네가 그런 점심을 맛있게 먹었다고?”

“네, 어머니….”

“비빔밥에 계란이라도 하나 깨뜨려 넣어주던?”

“아뇨.”

“그런데도 그렇게 맛있었다고?”

그때의 그 비빔밥 얘기는 요즘도 안사람에게 가끔 한다. 유기농 야채들로만 준비해 그렇게 맛있었을까? 이모댁 사람들의 손끝 맛이 특별했을까? 안사람의 해석은 조금 다르다.

“아마도 이모댁 고추장이 당신 입에 잘 맞았던 듯 싶네요. 간장 맛도요….”

“그럴수도 있겠네요. 옛날 독에 담근 장들이 장독대에서 숙성되어 당신 입에 딱 맞는 맛을 만들었나보지요.”

“글쎄요….”

어찌 되었든 그 큰 눈으로 나를 바라보던 누렁 소의 눈빛을 피하려 애쓰며 뒷간을 찾던 때의 추억이 새롭다 같은 집터에 수세식 화장실을 갖준 현대식 주택이 들어선 뒤에는 옛 정취를 전혀 찾아볼 수 없게 되었다. 단 한 가지, 이모님이 손수 담근 누룩술은 계속해서 내 입술에 찰싹찰싹 들러붙었다.

“어유, 한 병씩이나 주셔요!”

세배 후 이모님의 누룩술 한 병을 겨드랑이에 끼고 즐거운 걸음으로 귀가하곤 했다. 항상 다정하셨던 이모님이 그립다.

훨씬 세월이 지난 1970년 중반의 일이다. 미국생활을 접고 귀국해 아직 한국생활에 적응하기 힘들어하고 있을 때였다. 아버님의 말씀이 있었다.

"아범아, 홍천에 좀 다녀와야겠어."

"강원도 홍천을요? 왜요?"

"거기 조그만 산이 하나 있는데 너무 오랫동안 돌보질 않아서…."

"어느 친척분이 가까이 계신가요?"

"응, 최삼동이라고 내 먼 고종사촌 형뻘 되는 분이 큰아들 내외와 함께 살고 있지."

"거길 어떻게 가죠? 교통편이…."

"신설동 근처 동부 시외버스 종점에서 홍천까지 버스 타고, 홍천읍에서 택시 타고 가면 돼."

"네, 알겠습니다. 시간을 잡아보지요."

나보다 한 살 위인 형 내외가 부모를 모시며, 농사를 짓고 있었다. 그런대로 넓직한 기와집이었고 행랑채도 있었다. 처음 보는 분들이었으나 진 씨 핏줄로 연결되어서인지 멀게 느껴지진 않았다.

"그래, 진 박사 부모님도 안녕하시고? 본 지도 참 오래되었군…."

"네, 머지않아 찾아뵙겠다고 하셨습니다."

점심을 맛있게 먹고 마을 위의 뒷산을 올라가보았다. 약 7,000여 평이 되는 산이었으나 북향면만 우리 소유로 되어 있고 잡목만 무성하였다. 대로에서 가깝다는 점은 좋았다.

"형님, 화장실이 어디 있지요?"

"이를 어쩌지, 서울 사람한테…."

"왜요?"

“저 대문 밖 잿광 속에 있어요….”

초가지붕으로 된 둥근 잿광을 찾아 문으로 보이는 출입구를 열었다. 뒤편에 잿더미가 쌓여 있었다. 화장실이 얼른 눈에 뜨이지를 않아 두리번거렸다. 출입문 왼쪽 바닥에 넓적한 돌 두 개가 놓여 있었다. 옆에는 마른 옥수수 속대, 조그맣게 잘라놓은 신문지 몇 장과 오래된 부삽 하나가 놓여 있었다. 큰일을 마친 후 부삽으로 뒤의 재를 퍼 배설물을 덮은 후 다시 부삽으로 전체를 뒤 잿더미에 던져 일을 끝냈다. 당시 매우 불결하고 불편하게 여겨졌으나 지금 돌이켜 생각해보면 오히려 우리가 강조하는 친환경 배설물 제거법이 아닌가?! 그 재를 오랫동안 부패시키면 훌륭한 천연비료가 된다.

집으로 놀러온 손녀에게 이런 경험을 이야기해주며, 어느 것이 바람직한 삶의 방식인지 다시 생각해보았다. 현재 우리들이 씨름하고 있는 하천과 바다 오염의 시작과 주범이 수세식 화장실임을 보면 어떤 방식이 더 문명적인지 따져보게 한다. 바람직한 삶의 방식에 대해 여러 가지 생각을 하게 된다.

시약주걱과 PH지도
소중했던 시절

만 8년여 전에 미국으로 떠난 후 그사이 한 번도 방문한 적이 없는 모국으로 돌아가야 할 시간이 되었을 때 설렘보다는 걱정이 더 앞섰다.

거의 아무것도 없다고 할 수 있었던 실험실 여건이 떠올랐다. 비록 몇 가지 기기를 새로 장만했다는 소식을 듣기는 했지만, 내 기억은 60년대 중반 서울대 대학원에서 석사과정을 밟던 때에서 멈춰 있었다.

“아, 오셨군요. 스텐재료로 작은 약숟가락을 만들어주실 수 있는지요?”

“네, 얼마만한 크기를 말씀하시나요?”

“글쎄요. 제 새끼손톱의 절반 크기면 되는데요.”

“네, 그러면 가는 스텐로드(rod)를 두들겨 약숟가락 모양을 만들면 되겠군요.”

지도교수인 장세희 선생님과 어느 실험실 용품 제공사의 직원 사이에 오간 대화 내용이었다. 화학실험실에서 사용하는 시약 숟가락(spoon)과 주걱(spatula)의 질이 형편없던 시절의 이야기다. 녹이 슬지 않아야 하는 스테인리스 스틸(강)으로 만든 이들이 어찌나 잘 휘어지고 녹이 스는지, 사용하기 불편했다.

'옳지! 한국에 갈 때 이렇게 질 좋은 약숟가락과 약주걱을 충분히 갖고 가야 되겠구나.'

슬금슬금 몇 가지를 꾸리기 시작했다. 소소한 물품들이었지만, 실험실이 굴러가기 위해서는 꼭 필요했다. 귀국한 지 45년이 되어오는 지금도 내 책상 서랍에는 그 옛적에 함께 온 추억의 화학실험실 필수품이 몇 가지가 아직도 들어 있다.

1. **pH지 디스펜서(AB pH 1-11):** 테이프 종이의 색깔 변화로부터 용액의 수소이온 농도(pH)를 손쉽게 알아볼 수 있다.
2. **약숟가락과 약주걱 겸용 스테인리스 강:** 한쪽 끝은 약숫갈, 다른 끝은 약주걱이 중간 막대로 연결되어 있다. 전체 길이는 24cm.
3. **파커 슈퍼 킹크 잉크 카트리지 한 박스:** 검은색 잉크 카트리지로 만년필용. 아마도 한국에서는 당시 내가 사용하던 만년필용 카트리지를 만나기 힘들다고 판단했던 모양이다. 그러나 귀국 후에는 주로 연필과 볼펜을 사용했기 때문에 이 카트리지들은 그냥 남아 있다.
4. **섭씨 200℃ 온도계:** 국내에서 150℃ 이상 온도를 잴 수 있는 온도계가 없어 200-250℃ 온도계들도 귀국 짐에 넣었다.
5. **스테이플러(stapler) 핀:** 국산 핀이 강하지 못해 스테이플링이 어려웠던 기억이 나 몇 통 샀다.

이들 외에도 전동 모터에 사용할 여러 모양과 크기의 날개 달린 저으개, 교반용 막대자석 등 소소하지만 화학실험실에서는 필수적인 것들을 생각나는 대로 챙겼다. 만 8년 만에 귀국하는지라 그 시간 동안 실험실 환경이 변했다면 이것들이 얼마나 유용할지는 미지수였다. 그러나 도착해보니 이러한 기우는 정말 기우가 아니었음을 깨달았다. 대학의 실험실에는 큰 변화가 없었다. 덕분에 미국에서 챙겨온 이런저런 소소한 물품들은 값지게 사용되었다. 특히 대학원생들이 좋아했다.

당시에는 지금처럼 교수들의 연구를 지원해주는 곳이 전무했고, 대학에서도 지원을 엄두도 내지 못하고 있었다. 교수들의 봉급 내역서에는 소위 본봉과 연구지원비라는 항목이 거의 1:1로 되어 있었다. 그러나 연구지원비는 생활보조금으로 과세대상이 아니었다. 따라서 세금 내지 않는 월급 부분이었다. 워낙 박봉인 교수 월급을 보완하는 방법이 아니었겠나 싶다. 그러나 후에 이런 식으로 교수들의 퇴직금 적립 보조액을 대학(재단)이 절약하고 있는 꼼수의 정책 결과였음을 알게 되었다. 이러한 현실 속에서 한두 명씩 늘어나는 대학원생 연구 뒷바라지는 큰 짐이 되었다. 특히 합성을 중요시하던 내 연구에는 비싼 시약이 꼭 필요했다. 그럼 다른 교수들은 이 난제를 어떻게 해결하고 있을까?

별 도리 없이 학부 학생들과 대학원생들이 내는 실험실습비에 의존해야 했다. 대학이 일부 떼고 각 학과에 실험실습비를 배정해 내려 보냈다. 그러면 교수들이 참여하는 학과 회의에서 학부의 각 실험에 꼭 필요한 예산을 배정하고, 절약된 실습비를 대학원생들을 위한 연구에 배정했다. 대학원생들이 지불한 실험실습비는 각 연구실로 돌아갔다. 학부 학생들의 실험실습에 사용되고 남은 시약, 거름종이 등은 대학원생들이 매우 반기는 소모품이 되었다. 그야말로 결핍과 함께하는 연구 환경이었다. 없이 사는 생활에 익숙해졌다. 그러나 이런 조건에서 무슨 연구를 할 수 있을지가 의아했다.

이런 상황에서도 대한화학회 학술발표회는 점차 활성화되는 분위기였다. 더구나 고려대 화학과의 대 선배님들, 박기채, 김태린, 김시중 교수님은 학회의 논문 발표수에서 단연 돋보였다. 신기하다고 느꼈다. 다행히 선배님들의 고집스러운 노력으로 고려대 도서관은 국내외의 많은 주요 학술지를 받아보고 있었다. 유일한 위안거리라 해도 과언이 아니었다. 방학이 되면 지나칠 정도로 과중한 강의시간, 대학원생들 지도의 고단함에서 벗어날 수 있었다. 일정 시간을 쉬면서 머리를 정리할 기회를 가졌다.

'그렇지! 도서관에 가자. 거기는 에어컨이 돌아가고 있지 않은가?!'

그러나 거기에서도 나는 편안하게 책을 읽을 수가 없었다.

'세상에…. 학술잡지가 가득히 깔끔히 정돈된 서고는 여름의 습하고 더운 공기로 꽉 차 있지를 않는가!'

저쪽에서 이마의 땀을 닦으며 문헌을 열심히 보고 계신 화학과의 김 교수님이 보였다. 우리나라에 물리유기화학(Physical organic chemistry)의 뿌리를 내린 분이다. 서고에서 가장 자주 만났던 분이다. 사실 다른 동료 교수님들은 별로 보지 못했다. 우리나라에서 연구하지 않으면서도 교수직 유지가 가능했던 시절의 이야기다. 물론 승급과 승진을 위해서는 연구 업적이 평가되었다. SCI(Science citation index)니 IF(impact factor)니 하는 평가 지표가 없던 시절이었다. 당시에는 논문의 질보다 논문 편수를 따져 교수들의 업적을 평가했다. 국내 학회의 학술지에 실리면 우수 논문으로 평가되었고, 대부분은 각 단과대학이 발간하는 논문집에 실린 것을 논문으로 간주했다. 교수들의 능력이나 연구에 대한 열성이 부족하다기보다는 당시의 열악한 연구환경이 반영된 현실이라 하겠다. 특히 화학계에는 1960년대에 미국, 독일 등지에서 박사학위를 취득하거나 연구경험을 쌓은 선배들이 상당수 있었다. 고려대학교 화학과의 경우도 마찬가지였다.

다행히 1967년, 정부에 과학기술처가 생겨, 과학기술 진흥을 위한 국가 차원의 노력을 경주하게 되었다. 몇 년 지나서부터는 제한된 수의 연구 프로젝트에 적은 금액이나마 지원하기 시작했다. 고맙기는 했지만 정부 부처가 연구관리를 직접 하는 바람에 관리가 지나치게 관료화되어 불편한 점도 많았다. 예컨대 연구결과 보고서 제출 시 연구의 내용보다 보고서 형식을 어찌나 엄격히 따지는지 나도 한번은 보고서를 세 번씩 인쇄하는 해프닝을 경험했다. 이 이상 견디기가 힘들다는 생각에 이 문제로 국장으로 있는 친구에게 전화해 불평을 털어놓았다. 잘 보아달라는 부탁까지 하면서 통화를 끊었다. 과학자들의 과거 업적을 중요시하며, 불필요한 행정적 관료화를 최소화하고 있던 독일의 연구지원 방식이 너무나 부러웠다. 따져보면, 우리나라 과학자들의 과거 업적이 매우 미흡하던 시절이라 관료들의 횡포(?)가 끼어들 틈이 많을 수밖에 없었던 게 아닌가 하는 생각도 든다.

지금은 교수 연구실과 학생들 실험실 환경이 많이 개선되고 선진화되었다. 그러나 학부학생들을 위한 실험실습실은 개선되어야 할 사항이 한둘이 아니다. 젊은이들 대다수는 결국 대학교육을 최종학력으로 하여 사회에 진출한다. 그들을 위한 교육에 전력을 기울여 기초를 잘 닦아줄 필요가 있다.

모기와의
치열한 싸움

"진 교수, 정 교수와 수고 좀 해주시지요. 외자(外資)로 구입 주문한 기계 일부가 부산 세관으로 입하된답니다. 그곳에 내려가 확인을 해달라는 공문이 와 있습니다. 어차피 우리 과에서 두 분이 기계에 대해 가장 잘 알고 계시니까요…."

1980년대 초의 일이었다. IBRD(국제부흥개발은행)로부터 정부가 차관을 얻어 대학교육 기자재 현대화를 위해 각 대학에 차관을 배정했다. 국립대학에는 정부의 차관액 지원이 있었으나 사립대는 여러 해에 걸쳐 차관배정액을 갚아야 했다.

대학 본부에 강력히 요청했지만 고려대는 겨우 200만 달러 상당의 기자재를 사도록 결정했다. 적은 액수를 이과 대학 전체에 나누어 배정해야 했으며, 주로 학부 실험기자재를 구입하도록 하는 조건이 붙었다. 학부와 대학원 교육을 위한 겸용 기자재 구입도 일부 허락되었다. 화학과 기자재를 구입하는 과정에서 기종 선정을 내가 주도하였다. 기체크로마토그래피와 핵자기공명분광기를 구입했다.

정 교수와 함께 부산 세관 부두 가까이에 여관을 잡았다. 눅눅한 방

한구석에 선풍기가 있었다. 하룻밤만 견디면 되겠지, 하고 고단한 몸을 눕혔다. 곧 잠에 들거라 생각했지만 이는 오산이었다.

앵~~, 앵~~.

"어, 모기네요!"

"큰일났네, 이를 어쩌지?"

여관에는 요즘처럼 모기를 퇴치할 어떤 도구도 없었다.

"정 교수, 이 홑이불을 푹 뒤집어쓰고 잡시다."

"그 수밖에 없겠군요."

이 더위에 방충망도 없으니 창문도 열지 못하고, 선풍기를 강하게 돌렸으나 더운 바람만 돌았다. 몇 마리의 모기를 때려잡고 눈을 붙이기로 했다.

"아이쿠, 이 모기들 지독하네! 이불을 통해서도 무네. 아이, 가려워라!"

정 교수가 매우 힘들어했다. 나 또한 마찬가지였다.

"잘 있는 사람 괜히 한국으로 돌아오라고 했나?"

모기와 싸우며 3년 후배 정 교수와의 인연을 상기해보았다.

1964년 정 교수가 화학과 2학년일 때 나는 그 클래스의 유기화학 실험조교를 하고 있었다. 그는 전체 40명의 학생 중 가장 우수하였으며, 입학 때부터 삼일 장학생으로 선발되어 훌륭한 과학자가 될 소질을 지녔다고 생각했다. 고려대 화학과에 유기화학 교수로는 김태린 교수(14년 선배)가 계셨다. 나도 유기화학을 가르치고는 있었으나 자연스레 내 전공인 고분자화학으로 관심이 쏠렸다. 사정이 이렇게 되니 유기화학 교수 한 분을 더 모시기로 과교수회에서 합의를 보았다. 당시는 공모라는 과정은 거치지 않았다. 대학이 전임교수 충원을 지극히 꺼리던 터라,

교수 채용을 위해서는 우수한 사람의 이력서를 가지고 학장과 교무처장을 설득하고 그 뒤로는 총장에게까지 신임교수 채용의 당위성을 이야기해야 했다.

"우리는 새까만 후배들 신상을 잘 모르니, 진 교수와 최 교수(2년 후배)가 알아보고 좋은 사람 유치하도록 하지요!"

선배 교수들의 명령이었다.

"유기화학 분야는 진 교수께서 잘 아시니까, 좋은 사람 골라보시지요!" 최 교수의 말이다.

"네. 우리 둘이 상의합시다. 최 교수도 수소문해보고요."

나는 은사이신 서울대 장 교수님께 여쭈어보았다.

"선생님, 안녕하셨습니까? 고대에서 유기화학 자리가 하나 있는데, 캐나다에 있는 정봉영 박사를 들어오라고 할까요?"

"좋지!"

"네, 잘 알았습니다. 접촉해보겠습니다."

"최 교수, 정봉영 박사 알아볼까?"

"오게 할 수만 있다면 좋지요!"

캐나다의 명문 맥길대(McGill University)에서 박사학위를 취득하고 알버타대(University of Alberta)에서 박사 후 연구원 생활을 하고 있던 정봉영 박사와 연락을 취했다. 관심은 꽤 있어 보였으나 곧바로 귀국하기에는 어려운 상황이었다. 나도 어려운 사정일 때 귀국했지만 잘 정착한 사례를 이야기하며 귀국할 것을 권했다. 몇 번의 연락이 오고갔다. 어느 날 아침, 막 연구실에 들어서는데, 학과 사무실에서 전화를 받으라는 연락이 왔다.

"캐나다에서 정봉영 박사라는 분의 전화입니다."

뛰어가서 전화기를 들었다.

"정 박사, 전화 바꿨습니다."

"진 박사님, 사실은 머크사(Merck)에 연구원 자리를 지망하고 답을 기다리고 있습니다. 조금 더 경험을 쌓고 싶기도 하고요."

"정 박사, 직장을 다니던 나도 귀국했지 않았소. 속히 귀국해 자리를 잡은 후에 다시 연구하러 해외에 나갈 수도 있겠지요! 귀국해 고대 화학과를 위해 함께 일합시다."

"네, 고민해보겠습니다. 고맙습니다."

결국은 정 박사는 귀국하기로 결정했고, 이후에 여러 가지 어려움을 겪으며 고대에 정착했다. 살아가면서 힘든 일이 있을 때마다 문제 해결에 앞장서서, 나를 편하게 해준 고마운 후배다.

"정 교수, 모기 때문에 잠도 못 잤겠지만, 일찍 어디 가서 해장국이나 먹고 부두에 나갑시다. 우리가 어디 가서 무엇을 해야 하는지도 알아보고요."

"네. 그러는 게 좋겠습니다."

간단히 아침 식사를 하고 부두에 나가보니 한숨이 절로 나왔다. 어디를 가야 우리가 원하는 정보를 얻어서 임무를 마칠 수 있을지 참으로 막연했다. 이리저리 헤맨 뒤에야 우리는 겨우 차관으로 구입해 들여온 기자재 리스트를 지닌 곳을 발견했다. 고려대에서 주문한 기자재 리스트를 차근차근히 살펴보았다. 담당관에게 물었다.

"언제쯤 고려대에 배달될 예정이지요?"

"글쎄요, 잘 모르겠습니다만 머지않아 배달되겠지요. 시간이 갈수록 비용이 드니 여기 오래 둘 수도 없어요."

한참 지나 커다란 박스들이 이과대 건물 입구에 들어섰다. 마음 같아서는 하루 빨리 박스들을 열어 기기들을 연구실에 설치해 사용하고 싶었다. 그러나 설치해서 사용하는 일 또한 쉽지 않음을 곧 깨달았다. 교내 관리처 시설과가 확인하는 등의 절차를 거쳐야 했다. 또 기기 수입에 관계했던 기기 수입상들이 워낙 영세해 숙달된 엔지니어가 턱없이 부족해 기기가 돌아갈 수 있도록 조립해 설치하는 데에도 매우 오랜 시간이 걸렸다. 현실이 참으로 답답하게 느껴졌다. 모기에게 물려 뜯긴 경험은 쉽게 잊을 수 있었으나, 그 후의 일은 우리에게 더 큰 마음의 상처를 주었다.

'우리나라가 언제나 효과적으로 이런 일을 잘 처리할 수 있게 될까?'

이를 곁에서 보고 있던 정 교수에게 미안하기도 하고, 고맙기도 했다.

"정 교수, 수고 많았고 고마워. 정년한 지도 꽤 여러 해가 지났군. 정 박사와의 인연이 벌써 반세기가 넘었어. 남은 여생 건강히 즐겁게 지냅시다. 당신이 있어 나는 행복하답니다."

오늘은 정 교수에게 전화해 소주나 한 잔 하자고 해야겠다.

아뜩한 순간의 운전사고,
늘 조심스러운 삶

자동차 운전을 즐기는 사람들이 부럽다. 이젠 필수품이 되어버린, 이리도 중요한 문명의 이기와 가까이 사는 사람들은 얼마나 행복할까. 본디 나는 자동차 운전을 즐기지 않았다. 아니 싫어했다. 운전할 때에는 운전에만 신경 써야 하며, 내가 아무리 운전 수칙을 잘 지키더라도 그렇지 못한 운전자들 때문에 신경이 날카로워지니 괴로움만 더했다. 오죽하면 미국에서 직장생활을 시작하면서 새로 산 자동차로 연습할 때, 운전면허 시험에 두 번씩 낙방하고 세 번째에 합격하는 수모(?)를 당했을까!

자동차를 운전하지 않으면서 미국에서 살기란 거의 불가능하므로 이웃 한국인 선배의 보증으로 커다란 V8 포드 자동차를 샀다. 내 자동차로 운전연습을 하니 마음은 편했으나 소위 8기통 자동차는 불편할 정도로 크게 느껴졌다. 점심시간 때면 연구소 주차장에서 백파킹(back parking) 연습을 하곤 했다. 내 연구실에서 조수로 일하던 킹(King) 군을 옆에 태우고, 그의 지도를 받으면서 운전에 익숙해지고 있었다. 킹 군은 나보다 연상으로, 자동차 면허를 소지하고 있었으나, 출퇴근은 대중교통이나 카풀(car pool)에 의존하였다. 내가 귀국할 때까지 함께 일한 킹은 비록 고등학교밖에 나오지 않았으나 본인이 계속 공부하며 많은 경험을 쌓아 상당히 많은 아이디어를 갖고 있었다. 내 판단으로 그의 아이디어의 반 정도는 크게 신경 쓰지 않아도 될 정도라 생각했지만, 우수하다고는 느꼈다.

어느 날 점심 후 우리 둘은 함께 연구소 주차장에 있는 내 자동차 앞자리에 나란히 탔다. 그 날도 가장 어렵다고 느끼고 있던 후진주차 연습을 할 참이었다. 차를 전진해 주차공간에서 뺀 후 좀 떨어진 다른 주차공간에 내 차를 후진 주차하기로 했다. 어느 정도 후진을 행했을 때 킹 군이 소리친다.

"진 박사님, 좀 속도를 줄이세요. 그리고 핸들을 더 꺾으세요."

"알았어, 킹 군. 내가 그렇게 하고 있지!"

"이래선 안 됩니다. 진 박사님. 아이쿠, 이미 늦었네요!"

주차를 끝낸 후 우리 둘은 차 밖으로 나와 무슨 일이 일어났는지를 보았다.

아뿔싸! 내가 앉아 있던 운전석 앞문의 중앙 부분이 움푹 들어가 있지 않은가! 후진 주차 중 내 차가 주차 중인 옆차 앞범퍼를 긁은 모양이다. 아니, 아직 운전면허도 따지도 못했는데, 산 지 며칠 되지도 않은 새 차를 이 지경으로 만들어놓았으니 그야말로 잡친 기분이었다.

"괜찮아, 킹 군. 이까짓 것쯤이야. 고치면 되지 뭐!"

나는 짐짓 태연한 척했다. 인생 처음 경험한 차 사고(?)였다. 그러고 나서 나는 차체를 고치지 않고 그대로 끌고 다녔다.

"남들이 보면 내 차를 피하려 하겠지. 오히려 그게 더 편한 것이 아닌가?!"

그 자동차로 큰아이를 태우고 나이아가라 폭포도 다녀왔고, 워싱턴 DC도 다녀왔다. 대륙횡단은 계획만 하고 실행하지는 못했다. 귀국한 뒤에는 자동차를 소유하고 싶은 생각도 사라졌다.

안사람은 슬금슬금 내 눈치를 보고 있었다. 귀국 후 7, 8년이 지나 한국 생활에도 어느 정도 익숙해졌으니, 내가 작은 승용차라도 운전하길 바라는 눈치였다.

"여보, 이게 웬 자동차요?"

어느 날 집 정원에 붉은 색 계통의 현대 엑셀 자동차 한 대가 들어 앉아 있었다. 퇴근길의 나는 놀랄 수밖에 없었다.

"당신께 드리는 선물이에요. 부모님과 상의해 내린 결정이니 화내지 마세요. 당신 40번째 생일을 축하해요!"

"한국에서는 운전 안 하겠다고 했는데 승용차는…."

오랫동안 나는 그 자동차를 무시하면서 생활했다. 운전대에 앉아보지도 않았다. 운전면허는 일찌감치 따둔 상태지만….

"우리 집 마당엔 비싼 장식물이 하나 있구나! 허허허…."

아버님이 슬그머니 재촉하는 소리가 들려왔다. 실은 온 식구가 내가 언제 그 차를 몰고 대문 밖을 나가려는지 기다리는 눈치였다. 무언의 압력이 점점 더해지는 것을 느꼈다.

"여보, 오늘 경복궁 근처 음식점에서 모임 있는 것 기억하시지요? 일찍 집에 오셔서 함께 가요!"

"그렇게 합시다."

쉽사리 음식점 주차장에 진입했다. 귀국 후 첫 운전치고는 어려움이 없었다. 어느 쪽에 주차할까 망설이다가 한쪽 귀퉁이를 택했다.

"조심하세요. 저쪽에 기둥이 있네요."

"네, 알겠어요."

쿵하는 소리에 깜짝 놀랐다. 안사람이 주의를 주었던 바로 그 기둥을

약하게나마 받은 느낌이었다. 다행히 자동차와 기둥에는 충돌의 흔적이 전혀 없었다. 옛날 미국 주차장 사고 경험이 주마등처럼 머리를 스쳤다.

"자동차와 위험한 기계나 장비를 운전할 때는 차분히 운전에만 전념하거라."

서두르는 내 성격을 너무나 잘 아시던 아버님의 말씀이 평생 동안 큰 가르침으로 남아 있다.

"어려서부터 정일이 손에 들어가면 망가지지 않는 장난감과 기계들이 없었단다."

아버님이 안사람과 함께 집안일을 할 때면 자주 해주신 말씀이라고 안사람이 전했다. 그러나 큰 사고 없이 마흔 넘도록 지내온 터였다.

"여보, 오늘 양동 면사무소에 들러야 할 일이 있어요. 그 험하던 길들도 거의 다 포장이 된 모양이니 차로 함께 가시지요!"

돌투성이 길이라 가다가 중간에 돌아온 적이 있는 그 길에 관해 안사람이 말해주었다.

"그래요? 얼마나 포장이 잘 되었는지 가봅시다. 시골 논밭과 집도 볼 겸 가보지요…."

부모님의 성화를 못 이겨 70년대 후반에 양동면 석곡리에 친척이 살던 농가와 밭, 논 등 2천여 평을 안사람 이름으로 샀다. 부모님은 종종 이 시골집에 가 지내시곤 하셨다.

시골 들녘을 보니 마음이 평온해졌다. 누렇게 벼가 익어가고 있는 논은 느리게 불어오는 가을바람에 황금물결을 만들었다. 벼 냄새가 구수하게 내 코끝을 간질였다.

"여보, 차 잠깐 세우고 우리 논 구경이나 할까요?"

"네. 그렇게 하시지요."

시골길은 텅 비어 있었다. 고추잠자리들이 들녘에 평화스러움을 더해주고 있었다. 좁은 2차선 도로에 금도 그어져 있지 않았지만, 오른쪽 찻길을 따라 가던 차의 속도를 늦추었다. 반대편 길가에 붙어 있는 우리 논으로 접근하려 왼쪽으로 차 핸들을 돌려 논 가까이 다가가는 순간이었다. '퉁' 하는 소리가 차 뒷트렁크를 치면서 무언가가 날아 우리 논에 떨어졌다. 순간 아찔했다. 아무것도 없었는데 이 무슨 날벼락인가?

우리 논 벼 위에 벌렁 누워 있는 오토바이와 그 운전자!

"이거 큰일 났구나, 크게 다쳤으면 어쩌지? 가까운 병원이 어디 있지?…."

별 생각이 내 머리를 스쳤다. 다행히 그는 멀쩡히 우리 논에서 오토바이를 몰고 나왔다.

"놀라셨지요, 죄송합니다. 제가 과속을 했군요!"

이 청년은 양동 읍내에서 전화사를 운영하고 있는 내 친척집의 일꾼이었다.

"어디 다친 데는 없소?"

"괜찮습니다. 저 지금 심부름 마치고 전화사로 가는 중입니다."

나는 5만 원을 꺼내 그의 주머니에 쓸어 넣어주었다.

"웬걸요…."

"혹시 후에라도 병원에 가게 되면 보태 쓰고, 혹시라도 큰 증상이 나타나면 연락하시오."

정말 아찔했던, 처음 겪은 교통사고였다. 인간은 살아가면서 크고 작은 여러 가지 일들에 시달린다. 아무리 조심을 하더라도 어느새 사고가 우리를 찾아와 마음을 흔든다. 단지 우리는 불행한 사고가 아니길 빌며, 조심스러운 삶을 살아갈 따름이다.

왠지 쓸쓸한 내 이름 문패

"여보, 왜 내 이름 문패만 있고 아버님 문패는 안 보이지요?"

"그래요? 난 그것도 모르고 있었네요."

1988년 여름에 현재 살고 있는 집으로 이사를 왔다. 전에 살던 집에서 출근해 저녁에는 새 집으로 퇴근했다. 대문 옆 소문 쪽에 설치된 초인종을 누르며 위쪽을 보니 陳政一(진정일)이라고 새겨진 대리석 문패가 보였다. 먼저 집 대문에 붙어 있던 문패였다. 그러나 마땅히 함께 있어야 할 아버님 이름의 문패가 보이질 않아 가슴이 철렁했다. 홀로 걸려 있는 내 문패를 보니 가장으로서의 책임감이 더 크게 느껴졌다. 동시에 외로움도 찾아왔다.

'이제 네가 이 집의 어른 노릇을 하거라!' 하시는 아버님의 뜻이 보이는 듯했다.

"왜 아버님 문패는 달지 않으셨어요?"

"내 문패는 이제 필요치 않은 듯싶다. 이제 내 이름으로 오는 우편물도 없고…. 또 이 집의 주인은 네가 아니냐!"

"그래도 아버님의 문패가 있어야지요, 남자 이름 둘이 함께 있어야 어머님과 안사람도 더 든든하게 느낄 텐데요…."

아버님과 내 이름 문패가 함께 있던 지난 13년간 이때처럼 문패의 의미를 느껴본 적이 별로 없었다. 달랑 내 이름 문패 하나만 걸려 있기에 그 뜻이 더 짙게 느껴졌다. 나를 내보이는 내 문패! 세상에서 내 이름을 떳떳이 드러내어 보이고 있다. 내가 이 집에 살고 있다는 것을 누구에게나 알리고 있다. 그러나 이제는 나 혼자만의 이름으로 살아야 한다. 누구의 아들이 아니라 우리 가족과 가정의 모든 것을 책임지고 살라는 아버님의 큰 뜻이 엿보였다.

어릴수록 자기가 누구인지 내보이기를 꺼려하는 경향이 크다. 따라서 학생들은 자신들의 이름표를 감추려든다. 물론 자기보호 본능이 작동하는 것으로 이해한다. 요즘처럼 개인정보가 쉽게 악용될 수 있는 세상에 자기 이름을 드러내고 홍보할 사람은 드물 수밖에 없지 않은가!

독재 타도를 외치며 일부 정치 지도자들의 문패가 짓밟히고, 불에 태워지던 광경을 뉴스에서 보았던 시절이 기억난다. 우리나라에서 문패(門牌)를 달기 시작한 때는 우편제도의 발달과 우편물의 왕래가 빈번해지기 시작한 1900년경으로 거슬러 올라간다. 1897년에 법으로 각 집의 주소와 호주의 성명을 목판에 쓰거나 새겨 문기둥에 달게 했다. 문패가 달리기 전에는 매우 특별한 경우에만 솟을 대문에 홍패(紅牌)와 청패(青牌)를 내걸었다. 주로 높은 벼슬이나 충절을 기리는 내용을 패액(牌額)으로 해 솟을 문 또는 패루(牌樓)에 걸었다. 문패라는 말의 기원도 홍문과 패액의 준말이라 한다.

새삼 시 한 편이 생각난다. 최현옥 시인의 아름다운 시이다.

문패가 걸리던 날

열일곱 나이에 보따리 하나 달랑 안고
산 넘고 바다 건너 작은 마을로 시집와서
곱던 색동저고리 가지런히 벗어
장롱 깊숙이 밀어 넣은 후
손끝에 호미 놓을 날 없이
칠십 평생 흙과 함께 살아온 당신

낡은 헌집 허물어지던 날!
앞마당에 서 있는 자목련처럼
서러웠던 세월 북받쳐 올라
한 움큼 눈물 뚝! 흘리시더니
새집지어 대문 앞에 당신의 이름 석 자
문패로 당당하게 걸리던 날
당신의 얼굴 모습 어제와 다르게
흐드러지게 피어 있는 복사꽃을 닮았더이다.

(2004년 9월 월간 스토리문학 詩부문)

이 시는 몇 가지 점에서 내 가슴을 두드린다. 첫째는 당당하게 문패를 걸던 날 어머니의 얼굴 표정이 활짝 핀 복사꽃 같았다고 읊고 있다. 문패에 자기 이름이 실렸다는 것은 떳떳한 주인이 되었음을 보여주는 커다란 사건이었음에 틀림없다. 더구나 칠십이 된 여인네의 이름이 커다랗게 문패에 씌어 있는 멋스러움이 노래되고 있다. 이는 시골 아낙의 새로운 탄생을 세상에 알리는 우렁찬 선언이다.

또 살던 집에서 평생 흘린 땀에 대한 보람이 헌 집을 헐고 멋진 새 집을 지으며 더 짙게 느껴졌으리라. 쭈그리고 앉아 아궁이 불을 지피던 고된 일에서도 벗어날 수 있었겠지. 겨울 추위와 함께 찬물이 손을 트게 하는 일도 이제는 없으렷다. 전통적 어려움으로부터 벗어났다는 선언이다. 문패는 바로 어머님의 노력과 희생에 대한 보답의 표시가 아니던가! 시인의 따뜻한 감성이 내 마음을 고마운 희열로 채워준다.

지나고 보니 우리 집에는 여인들의 문패가 달린 적이 없다. 현재에는 그만큼 구시대적 · 가부장적 분위기가 지배하고 있지도 않은데 말이다. 여인들에게 우편물과 전신물이 없는 것도 아니다. 요즘은 문패 달기를 주저하기도 하지만, 주거지가 아파트와 다세대 건물인 경우가 많아 문패를 달 공간도 마땅치 않다. 따라서 문패 없는 집에 사는 경우가 대부분이다. 물론 우편물함과 아파트 문에 조그맣게 이름을 붙여놓은 집도 자주 본다. 따라서 앞의 시가 전달해주는 희열을 지금은 맛보기가 어렵겠다는 생각이 든다.

"여보, 늦게나마 당신 문패도 답시다!"

"왜요? 지금껏 내 문패는 걸어놓지 않았잖아요!"

"그렇긴 하지만, 당신 문패도 걸고 싶어요. 달랑 내 문패 하나만 걸려 있는 게 쓸쓸하게 느껴지기 때문이요!"

"새삼스럽게 왜 그렇게 느끼시지요?"

"글쎄, 먼저 집에 살 때는 아버님 문패와 함께 있어 왠지 든든하기도 하고 문패 둘이 함께 있는 게 보기도 좋았고…."

"혹시 당신 마음이 약해지고 있는 게 아니에요?"

"왜요?"

"혼자 진가(陳家)를 이끌기 힘들다고 느끼시나요. 혹시? 아니면 아들과 함께 살고 싶으신 거 아닌지요?"

"글쎄. 힘들기보다는 두 번째 까닭이 더 클 수도 있겠지요. 그것도 전체 이유가 되지는 않습니다."

"그럼 무어가 더 있죠?"

"아마도 아버님 문패가 함께 있지 않아 내가 외롭게 느꼈는가 보죠. 아니면 아버님이 그리워지고 있는지도 모르죠!"

오늘도 오롯이 달려 있는 내 문패를 흘끗 보며 대문을 들어선다.

"아들놈들 문패라도 좀 달까?"

'혼자'에 꽤 익숙한데도 왠지 오늘따라 외로움이 느껴진다. 누구에게든 언제나 '혼자'라는 단어는 씁쓸함과 버려짐을 떠올리게 한다.

아쉽게 흘러가버린 대학 저학년

대학교 1학년은 어차피 망칠 거라고 생각했다. 대학에 합격했다는 소식조차 듣는 둥 마는 둥 했다. 사람들 모임을 금지하고 있었던 터라 예년처럼 합격자 명단을 학교에 붙이지도 않았다. 어느 날 라디오에서 합격자 명단을 읽어주고 있었다. 지나가던 자동차 소리에 화학과 합격자들의 이름이 호명될 때에도 나는 내 이름을 듣지 못했다. 조금 후 친구 한 명이 헐떡이며 우리 집을 찾아와 축하 메시지를 전했다.

"정일아. 합격을 축하한다. 역시 너는 해냈어. 자랑스럽다."

친구는 내 이름이 호명되는 것을 똑똑히 들었단다. 나는 다음날 아침 조간신문에 끼어 있는 명단을 보고서야 실감이 되었다.

화학과는 동숭동 문리과대학 내에 있었으나, 일반화학 강의는 청량리의 옛 경성제대 예과 벽돌 건물에서 들으라 했다. 다른 과목들은 동숭동에서 들었기 때문에 캠퍼스에서 친구들을 쉽게 만날 수 있어 좋았으나, 일주일에 한 번은 청량리에서 수업을 듣는 번거로운 일정도 소화해야 했다.

1960년 3월 15일의 부정선거 사태로 전국이 연일 시위의 격랑 속으로 빠져들었고, 이승만 정권(자유당)은 힘을 잃어갔다. 그러는 와중, 4·19 혁명은 이 정권을 완전히 파멸시켰고 나라는 혼란 속을 헤매고 있었다. 당시에는 개학이 4월 1일이었으니, 대학생활의 즐거움을 경험할 틈도 없이 방황하는 나날들이 계속되었다. 연일 계속되는 각종 집회와 데모로 우리는 강의실 밖으로 내몰렸고, 강의 또한 제대로 진행될 수 없었다.

수업이 잘 진행되지 않았기 때문에 우리들은 불안했다. 출석은 어떻게 되지? 학점은 어떻게 되지? 이러다가 대학 졸업도 없는 일이 되려나? 이런 불안으로 고민하던 중, 느닷없이 서울대 신생활운동반이라는 단체로부터 전단이 왔다.

'신생활운동에 참여하면 출석으로 인정된다'는 내용이었다.

거기에 어느 과의 몇 학년생들은 언제 어디에 모여 신생활운동에 참여하라는 내용까지 구체적으로 씌어 있었다. 우리들은 시내 중심지 다방을 돌며 양담배 흡연자들로부터 양담배를 빼앗아(?) 한 곳에 모았다. 광화문의 어느 다방에서는 한 고등학교 교장이 양담배를 피우고 있는 모습을 발견했던 기억이 생생하다. 그런 일이 벌어질 때면 우리들은 더욱 의기양양해졌다. 양담배 흡연이 법적으로 금지되어 있었는지 분명치 않으나, 우리들이 모은 양담배양은 산더미 같았다. 7월 초에는 세종로에서 이들을 소각해 전국의 뉴스거리가 되었다. 럭키스트라이크, 말보로, 팔말, 카멜, 살렘 등의 양담배 이름들이 생각난다.

나는 당시 흡연을 하지 않았기 때문에 양담배에 관심이 없었다.

서울대 신생활운동반 이외에도 서울대 국민계몽대가 결성되는 등, 서울대 학생들의 사회활동이 다양해지는 양상을 보였다. 신생활운동은 '양담배 소각' 외에도 국산품 애용과 사치추방 캠페인을 함께 전개했다.

뜻은 좋았으나 국민 계몽운동과 신생활운동이 국민들의 일상에까지 파고 들어가지는 못하고 있다고 느꼈다. 먹고살기도 힘들었던 당시, 학생들이 벌인 운동이 일반인들의 관심을 많이 끌지는 못했다고 생각한다. 더구나 관영차의 고발과 가넘버 차량의 폐지 요구 등이 관료들과 국회의원들을 자극해 신생활운동을 불법화시키는 촉매작용을 했나 싶다. 그 후 정치적 색깔이 짙은 '서울대 민족통일연맹'이 생겨 소위 '통일'운동을 활발히 추진하였으나 5·16 군사쿠데타로 중단되었다.

손수레에 배터리와 마이크를 싣고 다니며, 한 학생은 수레를 끌고, 한 학생은 수레를 타고 '국산품을 애용합시다', '사치를 배격합시다', '양담배를 태우지 맙시다'라고 외치던 장면이 지금도 눈에 선하다. 통일운동에 앞장섰던 학생 대표들이 판문점까지 가서 북한학생대표들을 만나려 했으나 실현되지는 못했다. 사회혼란상이 극에 달하던 시기였다. 그리하여 대학 1학년을 떠올려보면 아름다운 추억을 찾을 길이 없다. 1960년 6월 15일에 공식적으로 출범한 대한민국 제2공화국은 산적한 사회적·정치적 과제를 풀지 못하고 내부(민주당) 정치적 갈등에 휘말리고 있었다.

2학년 때도 대학생다운 생활을 즐기지 못하기는 마찬가지였다. 국내 정치가 혼란에 혼란을 거듭하더니 5·16이 터지고 말았다. 가까이에 있던 백부댁으로 달려가 총성이 들리는 밤을 지내고 난 다음날에야 집에 올 수 있었다.

사실 신생활운동은 일찍이 중국에서 장제스(蔣介石)가 1934~37년에 전개했던 운동을 일컫는다. 중국에 내전이 벌어지고 있을 때 장총통은 중국 국민들에게 유교사상적 정신운동을 제창해 사람들을 결집시켜 중국을 완전히 정복하고자 했다. 장제스는 후에 마오쩌둥 공산당에 밀려

현 대만으로 피신했다.

한국 근현대사 사전에는 "신생활운동은 국민계몽운동과 더불어 당시 학생운동 주체의 의식적 한계를 보여주는 것이지만, '대외 의존을 배격하는 국산품 사용운동이자 부패 관리들에 대한 정화운동이며, 독점 재벌에 대한 경제적 민주화운동이었다'는 점에서 긍정적 의미를 갖는다"고 평하고 있다. '무엇'은 잘 알고 있었으나 '어떻게'에는 어두운 젊은 이상주의자들의 실패담이라고나 할까…. 여유 있는 집의 친구가 양담배를 가지고 오면 서로 한 개피씩 얻으려 노력하던 흡연 친구들의 행동이 우습기만 했다.

"저러면서 무슨 국산품 애용이니, 양담배 불매니, 사치생활 배격이니 한담…."

건전한 일상생활 태도는 구호로 외쳐서만 되는 일이 아니다. 실천이 가장 중요하다. 근검절약을 습관화하고 부정 · 비리는 가까이 오지 못하게 하는 '진인무구(眞人無垢)'의 생활철학이 무엇보다도 중요하다.

양담배 피고 있는 신사(?)를 한 명이라도 더 찾아 담뱃갑 채로 빼앗으며 느꼈던 당시의 쾌감이 지금은 오히려 아픔으로 느껴지니 시대의 변천이 우리를 변화시키고 있음이 확실하다. 정의롭고 정직하며, 검소하고 아낄 줄 알며 평생을 산다면, 그 사람은 틀림없이 가치 있는 삶을 영위하고 있다 하겠다. 아쉽게도 잃어버린 대학 1~2년은 아직까지도 되찾지 못해 안타까울 따름이다.

여전히 낯선 모스크바

'어! 버스가 날 버리고 떠났네! 어떻게 돌아가지?'

모스크바 크레믈린 모습을 카메라에 담고 버스에서 내린 곳으로 돌아오니 버스가 안 보였다. 잠시 당황했다. 내가 어느 거리에 있는지도 모르고 대중교통에 대한 정보를 전혀 갖고 있지 않으니 지나가는 택시라도 혹시 만날 수 있을까 하고 길가에서 혼자 서 있었다. 꽤 오래 서 있었지만 택시는 한 대도 구경할 수 없었다. 문득 읽은 신문기사가 생각났다.

'모스크바에서는 자가용도 비공식적으로 택시 영업을 한다.'

엄지손가락을 쳐들고 지나가는 승용차들에게 신호를 보냈다. 얼마나 시간이 흘렀을까? 아마도 20~30분은 족히 지났으리라. 예쁘게 생긴 빨간색의 소형 자가용이 내 앞에 섰다. 운전대에는 금발의 미녀(?)가 앉아 있었다. 순간적으로 경계의 신호가 내 머리 속에 떠올랐다.

'글쎄, 무슨 일이 있겠어?'

나를 달래고 자동차 문을 열며 말했다.

"호텔까지 데려다 줄 수 있나요? 우크라이나 호텔로요."

"네, 잘 알겠습니다."

"얼마죠?"

"20달러입니다."

"OK."

일단 안도의 한숨이 절로 나왔다. 승용차 속은 말끔했으나 약간은 불안했다. 모스크바 지리를 모르고 있었기에 호텔 정문 앞에 나를 내려놓을 때까지 어느 곳으로 가는지 알 수 없어 불편함이 계속되었다. 또 모스크바에서 벌어진 여러 가지 불미스러운 일이 국내에서 심심치 않게 보도되고 있었기 때문에 더욱 긴장이 되었다. 20달러를 주고 내릴 때처럼 안도감을 느낀 적도 드물었다.

유럽고분자연합회(European Polymer Federation)가 2005년 학술대회를 모스크바대학에서 개최하였다. 조직위원장인 코클로프(Alexei Khokhlov) 교수의 초청으로 모스크바를 왔다. 코클로프 교수는 모스크바대 물리학과 교수로, 고분자물리화학에서 러시아를 대표하는 과학자다. 나와는 비교적 두터운 친교를 유지해오고 있었다. 부친이 모스크바대 총장이었으며, 본인은 현재 모스크바대 부총장으로 있다. 나로서는 두 번째 모스크바 방문이었다. 학술대회 주최 측이 마련한 모스크바 시내 관광 프로그램에 참여했다가 이런 당황스러운 경험을 했다. 호텔 가까이에 있는 지하철 정거장에서 티켓을 사려니 해당 금액을 정확히 주지 않으면 표도 구매할 수 없었다. 영어로 말하면 exact change만 통했다. 매표소에서 일하는 러시아 여인들은 무뚝뚝했다. 택시들에도 미터기는 달려 있었으나 모두 흥정을 요구했고, 외국인들에게는 터무니없이 비싼 요금을 청구했다.

우크라이나 호텔은 소위 스탈린 7시스터스(sisters) 중의 한 건물로 겉보기는 대단했으나 방은 비좁았고, 식당 음식도 나쁜 축이었다. 스탈린의 지시에 따라 1947~53년에 결혼 케이크 장식 모양을 한 7개의 큰 건물을 지었는데, 그렇기 때문에 이 7개의 건물들은 '스탈린 결혼 케이크 빌딩'이라고도 불린다.

스탈린 시절 여러 위성국가에도 유사한 모양의 건축물을 지었다. 모스크바 LG지사가 초청해준 멋진 한국식당 만찬(코클로프 교수도 함께 했다.)이 아니었더라면 2005년 모스크바 방문은 별로 기억에 두고 싶지 않았던 일이 될 뻔했다. 학술대회 개회식에 연설하기로 되어 있었는데, 내 교통편을 책임지고 있던 여행사의 불찰로 현장에 한 시간이나 늦게 도착하는 등 시작부터 편치 않은 일이 벌어졌다. 비록 카바노프(V. Kabanov) 등 러시아 고분자학계의 대부들이 기다리고 있었지만….

한 · 러 기초과학 협력 논의차 1990년에 러시아를 처음으로 방문했을 때 부딪힌 모스크바는 음울하게만 느껴졌다. 공항에서 러시아 한림원 게스트하우스로 이르는 포장도로는 울퉁불퉁하게 변형되어 있었다. 지난 여름이 몹시 더워 아스팔트가 녹았다는 설명이었다. 과연 그랬을까? 분명 여러 해 동안 손보지 못한 듯했다. 소비품이 모자라 무엇이든 사려는 시민들이 가게 앞에서 장사진을 이루었다.

"존경하는 진 교수님, 한국 대표 여러분. 여러분을 진심으로 환영합니다. 여기 자리를 함께하고 있는 몇 분을 소개하겠습니다."

러시아 학술원의 한 회의실에 한국 대표들과 러시아 대표들이 모였다. 이런저런 부처의 장관이라고 소개된 러시아 인사가 4명이나 섞여 있어 우리들을 놀라게 했다. 한결같이 한국의 투자와 기술협력을 강조했다.

"한국 대표들께 간곡히 부탁합니다. 우리나라는 대형 ICBM을 실어 나르는 대형 트럭은 잘 만들지만, 농가나 중소기업이 필요로 하는 소형

트럭 제조 능력은 없습니다. 한국에서 소형 트럭 제조 기술을 제공해주면 고맙겠습니다."

분명치는 않지만 당시 러시아의 교통부장관이 한 말로 기억한다. 우리 한국 대표단은 모두 어안이 벙벙했다. 우리는 한·러 기초과학 협력을 논의하기 위해 이곳에 오지 않았던가?! 담당기관 사이 사전 소통이 옳게 이루어지지 못한 듯했다.

우리 대표팀들은 전공 분야에 따라 나뉘어 관심 가는 연구소들을 방문했다. 영어 선생을 했었다는 안내원이 우리를 도와주었다. 학교 선생 월급으로는 도저히 생활할 수 없어 이런 식의 여행 도우미를 겸업하고 있다고 설명했다.

방문한 연구소들은 한결같이 우리들을 회의실에서 영접하고는 각 연구소의 공적을 장황하게 설명해주었다. 어느 한 곳에서도 연구소 현장을 직접 둘러보게 하지 않았다. 무너져가던 구 소련의 구제도와 새로 자리하는 러시아의 신제도가 혼재하고 있던 시기였기에 연구소들도 전환과정에 있다고 믿었다.

우주연구소 방문은 러시아의 우수한 과학기술의 힘을 실감나게 해주었다. 연구소장의 요청이 생각난다.

"여러분, 우리는 세계에서 가장 앞선 우주항공기술을 지니고 있습니다. 우리는 이런 기술을 협력국에 제공할 의사를 갖고 있습니다. 여러분의 방문이 러시아와 한국 사이의 우주항공기술 협력의 길을 터주기를 바랍니다."

귀국한 우리 대표단은 비교적 긴 러시아 방문 보고서를 제출했다. 한·러 과학기술 협력을 서두르던 우리나라 정책입안에 도움이 되기를 바라는 마음으로 보고서를 준비했다. 러시아 연구소 방문 시 우리 눈에 들어온 모스크바는 생기 없는 쓰러져가는 도시 같았고, 시민들의 표정 또한 매우 음울해 보였다. 보완이 제대로 이루어지지 않은 어두운 색깔의 건물들 사이로 스탈린 결혼케이크 건물이 눈길을 끌었다. 그 후 두어 번 더 방문한 모스크바의 중심가는 눈부시게 재단장되었고 옛 교회당의 돔은 모두 금빛으로 빛나고 있었다. 그러나 아직도 모스크바의 거리는 낯설었다.

그 친절한 러시아 친구들조차 나의 이 편견을 아직도 고쳐주지 못하고 있다. 왜 그럴까?

여러 면에서 변화가 더 있기 전에는 모스크바 방문이 편하게 느껴지기란 어려우리라고 생각한다. 아직도 공산주의 시절의 구습이 곳곳에 남아 있어 우리와 같은 방문객들을 불편하게 만드는 모양새다. 친절한 러시아 친구들에게는 미안하지만 이러한 감정을 아직까지도 다 버리지 못하고 있다. 러시아의 변화는 더 많이 진행되어야 한다. 그러나 따뜻한 그 사람들과 나눈 보드카 잔이 눈에 어른거린다.

이름이 가진 힘

"정일(Jung-Il)!"

"왜, 폴(Paul)?"

"별것 아냐!"

"폴, 무슨 얘기하려 했니?"

더 말하기를 꺼려하던 폴에게 다그쳐 물으니, 입을 열었다.

"다름이 아니고 네 한국이름 '정일'은 기억하기 어려울뿐더러 발음도 쉽지 않아서…."

"그럼 내가 미국식 이름을 갖기를 바라니? 예컨대…."

폴은 내 첫 직장인 스타우퍼 케미칼사(Stauffer Chemicals Co,) 동부 연구센터의 직속상관이었다. 매우 싹싹하고 경험이 풍부한 고분자화학자였다. 단지 박사학위가 없다는 이유로 박사학위를 지닌 연구원들이 눈치를 주고 있는 듯했다.

한국에 귀국하기 위해 그 연구소를 그만둘 때까지 폴과 나는 잘 지냈고 협력에도 문제가 없었다.

정일이라는 이름이 미국인들이나 다른 외국인들에게 발음하기나 기억하기가 그리 쉽지 않은 이름이라는 점은 잘 이해하고 있는 터였다.

"네 이름과 성이 모두 J라는 알파벳으로 시작하니까 제이(Jay)라는 이름을 사용하면 어떨까 했어…."

정일(Jung-Il)이라는 발음을 제대로 하는 사람들은 드물었고 흔히들 정글(Jungle)이라는 식으로 발음했다. 정글에다 내 성(진)을 붙여 부를 때는 정글 짐으로 들려 사람들이 킥킥대기도 했다. 그렇다고 제이라는 이름을 택하기는 싫었다. 미국에서도 한국명을 고집하고 싶었다. 결국 귀국 때까지 원래의 한국 이름을 지켰으니 미국명이 없던 일이 오히려 마음을 더 홀가분하게 했다.

거기다 제이(Jay)라는 영어단어가 주는 의미들도 전혀 마음에 들지 않았다.

'조류의 한 종류, 어치, 건방진 수다(꾼), 바보, 얼간이, 마리화나 담배'

이렇듯 말도 안 되는 뜻을 지녔다!

"폴, 만약 정일이 힘들면 정(Jung)이라고 부르렴."

"그것도 좋겠다!"

그 뒤로 스타우퍼 사 사람들은 내 이름을 '정' 또는 '정일'이라 부르는 두 부류로 나뉘었다. '정'이라 부르는 이들이 점점 더 많아져, 그 다음부터는 아예 '정일'이든 '정'이든 불리는 이름을 상대의 선택에 맡겼다.

이전에도 아이들이 태어났을 때 작명에 대한 고민이 있었다. 둘 다 미국에서 태어나 미국이름과 한국이름을 어떻게 배합시킬지도 신경이 쓰였다. 어차피 둘은 미국에서 태어난 미국시민이기도 했다. 한국이름은 아버님과 상의하여 현철(弦徹)과 현욱(弦煜)이로 정했으나, 영어 이름을 짓는 것은 더 고민이 되었다.

친한 벗 바비와 상의하여 고심해서 선택한 몇 가지 이름 중 큰아이에게는 마이클(Michael), 작은아이에게는 에드워드(Edward)라는 이름을 지어주기로 했다. 둘의 애명은 각각 마이키와 에디가 되었다. 따라서 큰 아이는 마이클 현철 진, 둘째는 에드워드 현욱 진이라는 이름을 갖게 되었고, 그렇게 출생신고(미국)도 되어 있다. 물론 한국에서 출생신고를 할 때에는 미국이름은 떼어 없애고 우리나라 이름만 살렸다.

내 이름 이야기로 다시 돌아가 보면, 내 인생에서 국제 활동이 점점 중요해지고 있을 시절에 이름 이야기가 다시 튀어나왔다.

"정일, 아니 정! 두 이름 다 입에 붙질 않으니 존(John)으로 하면 좋겠다!"

"무슨 이야기야? '찬드라세카', '스태니슬라브'니 '코클로프'는 괜찮고 '정일'이나 '정'은 안 된다니 듣기 거북하네. 그냥 너희들 편한 대로 '정일'이나 '정'으로 부르거라. 단 한국에는 '정'이라는 성을 가진 사람들이 많으니 혼동하면 안 된다. 내 성은 '정'이 아니고 '진'이거든. 잘 기억해 둬!'

그렇다고 문제가 전체적으로 해결되지는 않았다. 외국 과학자들이 국내 과학자들에게 종종 Prof. Jung이라는 이름으로 내 안부를 묻는 모양이다. 이럴 때 그 외국인이 나의 안부를 묻고 있다는 사실을 알아채는 사람들이 많지 않았으리라 생각한다. 단 고려대(Korea University)라는 단서를 덧붙이면 더 쉽게 나를 찾는 듯했다.

내 이름에 관한 에피소드 두어 개를 더 말하고 싶다. 이름이 정일(政一)이고 보니 한문 뜻풀이를 들어 '이름이 정치에서 첫째라는 뜻인데 왜 정치에 발을 딛지 않았니?, 북한의 정일(正日)이와 이름이 같으니?' 같은 이야기를 비교적 자주 들었다. 그 외에도 내게는 '동성(東成)'이라는 이름이 하나가 더 있다. 이름 자에 한 일(一)자가 있어 외아들이 되기 쉽다는 작명가의 설명을 믿으셨는지 하루는 아버님께서 '동성'이라는 새 이름을 지어 오셨다. 그 후 나는 집안에서는 '동성'이라는 이름으로 불렸다. 그 덕분인지 15살 차이가 나는 남동생 한 명이 생겨, 지금도 자주 만나 즐거운 시간을 함께 나눈다. 이래도 이름 탓, 저래도 이름 탓. 어떻게든 '탓'을 찾으려는 우리 민족의 습성이 우습다. 대통령 선거 때마다 조상묘를 옮기는 사람들도 '탓'을 찾아 옮기는 듯하다. 남은 세월 동안은 이름 탓 말고 내 이름을 아끼고 자주 부르도록 노력해야겠다.

끝으로 아버님 이름과 관련한 일본인들과의 짧은 경험담 한 가지.

"네? 아버님 성함이 다이꽁(대근, 大根)이라고요?"

"그렇습니다. 진대근(陳大根)입니다. 제 증조할아버지가 지어준 이름이라 들었습니다. 아버님은 1917년생이십니다."

"하하, 그렇군요."

"왜, 제 아버님 이름이 이상합니까?"

"아뇨, 그렇지는 않지만요. 일본에서는 다이꽁이라면 큰 무라는 뜻입니다."

"아하, 그렇군요. 하긴 아버님도 그 말씀을 하시곤 했습니다. 아버님은 일어에도 익숙하셨죠."

'큰 뿌리'의 의미를 지닌 아버님의 이름은 멋진 이름이라고 나는 늘 생각했고, 그 생각에는 지금도 변함이 없다. 삶도 그렇고, 학문도 그렇고, 뿌리가 깊게 뻗어나가야 지상의 줄기와 잎을 오랫동안 건실하게 유지할 수 있지 않던가!

정원을 가꾸는 화학자

늦봄의 따사로움 덕에 자꾸 정원으로 나가고 싶어진다. 손 보호 장갑을 착용하고 정원용 호미를 들고 잔디밭 귀퉁이에 자리를 잡았다. 새끼 쑥 잎들이 꽤나 많이 무리지어 제법 넓게 터를 잡고 있다. 쑥 잎들을 뽑기 시작했다. 재미를 느꼈다. 잔디밭이 조금씩 본래형태를 갖추어갔다.

'아니, 이 작은 쑥 잎을 받치고 뻗어 있는 가는 뿌리가 이렇게나 길다니. 더구나 잔뿌리가 이리저리, 얼키설키 땅속에서 연결되어 있네! 현대를 초연결시대(super-connected age)라 한다더니, 이 땅 속에 그야말로 그들만의 초연결사회(?)가 있네!'

나나 안사람이 쑥을 매우 좋아해, 잔디 입장에서 보면 잡초에 지나지 않는 쑥들을 몇 년 뽑지를 않았더니 잔디밭이 큰 피해를 입는 듯했다.

'미련을 뒤로하고 뽑아버리리라. 너희들을 사랑했던 우리들의 잘못이지! 이렇게까지 뿌리가 땅 속에 넓게 자리하고 있다니! 그러니 잔디들이 맥을 못 추고 죽어갔지. 그냥 두었다간 잔디밭 잠식이 심각해지겠구나!'

문득 어느 스님의 짧은 글이 머리에 떠올랐다.

'사랑이 이 세상 모든 문제의 근원이니라!'

'도대체 무슨 말씀을 하시려나?'

나는 그 짧은 일화를 재미있게 읽어 내려갔다.

스님은 대나무를 특별히 좋아하셨단다. 곧 뻗게 자라는 대나무의 자태가 어떻게 살아야 하는지 가르쳐주는 듯싶었다. 더구나 기둥을 따라 생기는 마디는 인생의 굴곡을 의미한다고 생각했다. 푸르른 대 잎은 넓게 그늘을 만들며 시원한 바람 노래를 불러주었다. 겨울 밤 대나무 바람 소리는 스님의 마음에 따라 속삭임으로 들리기도 하고, 인간들의 비명 소리로도 들렸다. 그런데 스님이 그렇게나 좋아하고 아끼던 대나무와 스님 사이에 갈등이 생겼다. 절 마당 양 옆을 둘러싸고 있던 대나무들이 마당 한가운데 새끼를 치고 있지 않은가! 뾰족이 나온 대나무 새순을 호미로 땅을 파 하나씩 없애려던 스님은 당황하고 말았다. 새순이야 조그마했지만 그 순에 매달려 있는 뿌리는 끝이 없어 보였다.

'아하, 이거 큰일 났네. 저 대나무들의 뿌리가 이 좁은 절 마당을 넓게 침범하고 있구나!'

왜 이런 일이 생겼을까 생각하고 스님은 이내 깨우침을 얻었다.

'다 나의 사랑하는 마음 때문이다!'

대나무를 사랑한 스님은 '사랑이 원인을 제공했다'고 한쪽 무릎을 탁 쳤다.

불교의 여러 가르침 중 연기설(緣起說)이 있다. 우주 만유(萬有)가 인연 때문에 생겨 서로 엉킨다는 의미다. 사실 인생사를 따져보아도 모두 원인이 있으며, 특히 인간과 인간, 인간과 사물 사이의 관계는 사랑, 아니 집착이 까닭을 제공한다. 따라서 집착에서 벗어나라고 가르친다. 사랑과 집착은 욕심으로 통한다. 헛된 욕심은 인간을 죄악의 구덩이로 몰

아넣기 일쑤다. 따라서 불가에서는 닿을 수 있는 그 밑 끝까지 '내려놓으라' 권한다.

정원의 조그만 일이 나의 생각을 꽤 멀리 끌고 가고 있음을 느꼈다. 정원에 앉아 잡초를 뽑을 때 종종 아버님 생각이 떠오른다. 지금의 집에서 15년밖에 살지 못하셨다. 먼저 집에도 정원이 있었지만 아버님에게 소일거리가 될 만큼 크지는 않았다. 따라서 지금 집의 정원 가꾸기를 매우 즐기셨다. 사철나무, 회양목, 향나무류 들이 정원 둘레에 심어져 있고, 사이사이 다른 색깔 꽃잎을 피우는 영산홍이 자리하고 있다. 벽돌담은 장미가 장식하고 있고 최근에 심은 개나리도 한 자리를 차지하고 있다. 수국이 앞자리를 점령하고 있고 목단이 제법 굵게 자라 벽돌담 바짝 복스런 꽃을 매해 선사한다. 목백일홍(배롱나무)과 능소화가 여름 내내 붉은 꽃과 주황색 꽃을 선물해주고 있으며 오른쪽 구석에 서 있는 앵두나무도 이른 봄에는 아름다운 분홍색 꽃을, 이어서 예쁜 빨간 열매를 매달아준다.

가을에는 오른쪽 잔디밭 끝에 몇 가지 다른 색깔의 국화가 핀다. 계절에 따라 다른 꽃들의 아름다움을 즐기는 일종의 사치를 부린다. 정원사의 도움 없이는 나무들 손질을 해낼 수가 없었다. 지금도 마찬가지다. 따라서 아버님은 주로 잔디를 돌보셨다. 안사람은 여러 화분에 일년초와 몇 종류의 꽃 관목을 심어 정원의 화려함과 다채로움을 키워왔다. 계절의 흐름은 예외 없이 자연의 변화를 경험케 하며, 자연의 신비를 경외하게 만든다. 특히 따사로운 햇볕의 위대한 힘에 반복해서 감탄하게 된다.

잔디밭 관리는 생각보다 어렵다. 여러 종류의 잡초가 어찌나 끼어들어 자리를 잡으려 하는지. 잔디밭을 샅샅이 뒤져가며 뽑지 않으면 잔디밭은 순식간에 잡초밭으로 변한다. 잔디밭 관리는 마음 밭 관리와 크게 닮아 있다. 마음이라는 잔디밭에도 항상 잡초가 자리를 차지하려 한다. 마음속 잡초도 매우 다양해 그들이 나타나는 시기와 생명력을 예측하기 힘들다. 잔디밭 잡초도 종류가 많듯이 우리 마음을 흔드는 번뇌도 여러 가지다.

'마음속 잡초는 어디서 오고 있을까?'

불가(佛家)에서는 무명인(無明人)의 번뇌는 삼독(三毒)에 근원한다고 가르친다. 삼독이란 지나친 욕심(貪慾, 탐욕), 화냄(瞋恚, 진애)과 어리석음(愚痴, 우치)을 뜻한다. 이 탐진치라는 세 가지 독을 마음속의 잡초로 보면 틀림없다. 탐진치에 달린 한자들을 살펴보면 모두 마음 심(心)자를 갖고 있는 점이 다시 한 번 그러함을 말해준다. 잔디 속에 겨우 나오고 있는 잡초는 힘없고 작아 보이지만 그 가는 뿌리를 쫓다보면 그물처럼 엉켜 있는 잔디 뿌리의 그물망 사이로 자기들의 자리를 확보하면서 크게 퍼져나갔음을 확인할 수 있었다. 뿌리째 뽑아야 한다는 원칙과 의도가 종종 허물어짐을 느낀다. 어쩌면 마음 속 잡초와 그리도 닮았는지….

복잡한 이 세상 살다보면 화가 나면서 받아들이기 힘든 여러 경험을 하게 된다. 세상 돌아가는 모습에 화가 난다. 주위 사람들의 부도덕한 행위도 많이 눈에 띄고, 권력자들의 비이성적 행동은 마음의 평화를 깨뜨린다. 우리나라 사회망 여기저기에 병이 들어 있어 한숨이 나오기도 한다. 모두 화난(火難)을 일으키고 있다. 어찌 강대국 지도자라는 사람들은 인류의 평화에는 관심이 없고 자국과 자기의 영욕에만 눈이 멀어 있을까. 그러나 이 화난이 번지지 않게 마음가짐을 단단히 해야 한다. 일찍이 부처님이 하신 말씀에 기대야 한다.

'진애(성냄)는 공덕(선행)의 숲을 태워 없앤다.'

화난이 우리 마음속에 있지 않게, 아예 발을 붙이지 못하게 방화 시설을 완벽하게 준비해야 한다. 분노(憤怒)는 자기를 태워 자멸로 이끄는 파멸의 씨앗이다. 잡초를 제거한 초록색 잔디밭의 잔잔하고 평화스러운 모습을 보노라면 저절로 내 입꼬리가 올라간다. 빌딩 숲 서울에서 이런 행복을 누릴 수 있다니…. 집 둘레 하수구들도 살펴본다. 나뭇잎으로 덮여있는 곳이 눈에 띈다. 나뭇잎들을 제거한다.

잡초를 물리치지 못하는 잔디를 나무라기도 했다. '어찌 너는 잡초가 번지지 못하게 타감작용(他感作用, 한 식물의 잎이나 뿌리에서 방출되는 화학물질의 작용으로 다른 식물을 억제하는 현상)도 못 보이니, 바보 잔디풀아….'

어디서 새로운 씨앗이 날아오는지 잔디 속에서 새로 내미는 얼굴들이 매해 다르고 종류도 다양하다. 나이 들수록 커지는 번뇌의 모양새와도 어찌 그리 닮았는지….

잔디 돌보기보다 훨씬 힘들게 노동력을 동원해 정원을 돌보아야 할 때도 드물게 있다. 화단 속에 크게 자란 잡목을 제거하는 작업이 이에 속한다. 쉽게 생각해 삽을 들고 가 뿌리째 뽑아버릴 양으로 화단의 굳은 흙을 파들어 간다. 꽤 힘을 썼으나 뿌리 끝이 잘 보이지 않는다. 깊이만이 문제가 아니었다. 앞에서 말한 쑥과 대나무 뿌리들의 흙 속 엉킴과 같은 꼴이 되어 화단을 다 파헤쳐야 할 판이다.

인간의 마음이라는 잔디밭도 마찬가지다. 어느새 슬며시 스며든 마음속의 잡초들. 정결한 마음을 강철같이 지켜 아예 가까이하지 못하게 할 수는 없는 일인가. 아니면 마음속의 타감제를 다양하게 준비해 못된 욕망의 씨앗이 싹트지 못하게 할 수는 없단 말인가?! 쇠에 생기는 녹은 쇠를 못 쓰게 만들며, 우리 마음속에 생기는 욕망은 우리 마음을 병들게 한다.

욕심을 버리고, 성내지 말고, 바보스럽게 생각하거나 행동하지 않으려면 지혜로우며 용기가 있고 자비롭게 인간답게 살라고 배운다. 바보스럽지 말고 지혜롭게 산다는 말도 꽤나 어려운 가르침이다. 불교에서 가르치는 지혜(智慧, 미혹(迷惑)을 절멸하고 보리(菩提)를 성취하는 능력)는 우리가 보통 알고 지내는 지혜(知慧, 슬기로움)와는 차이가 있다.

나는 오늘도 내 마음 잔디밭 잡초를 뽑고 또 뽑고 있다. 끝이 어딘지 모르면서….

아름다운 정원을 가꾸고 즐기는 일은 수도승이 깨달음에 다가가는 수도자의 걸음걸이와 많이 닮았다고 느낀다. 내 이마에 흐르고 있는 땀은 깨달음을 느끼게 하는 환희의 땀이다.

5부

나의 든든한 지원군 가족

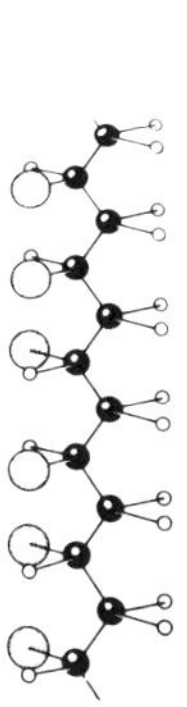

부모님. 1969년 4월 창경궁.

조모 추석 성묘 후. 왼쪽부터 아버지, 넷째 · 다섯째 작은아버지, 본인, 동생. 망우리산. 1978년 9월.

어머님 칠순 축하 가족모임. 1993년 음력 6월 21일.

논산훈련소에서 장남 현철과 함께. 1992년 가을.

대만 태평양가에서 동생 동일과 함께. 2017년 1월.

미국 LA 여동생 집에서 함께. 2001년 12월 9일.

이집트 카이로에서. 2009년 1월.

미국 친구 밥과 프레드. JFK공항. 2008년 8월 3일.

손자들과 손녀. 2016년 7월.

예술의 전당 송년음악회에서.
2015년 12월.

제3차 한 · 벨기에 공동 심포지엄. 벨기에 루벤대 앙드레 Persoons, 최동훈 교수와 함께. 2014년 9월 16일.

제2차 한 · 벨기에 공동 심포지엄 중
벨기에 플레미시 정부 수상
크리스 피터스 방문.
2009년 11월 18-20일.

베트남 하노이 화학연구소 앞에서 Nghia 교수와 함께. 1999년 1월.

고려대학교 졸업식에서. 2004년 2월 25일.

약혼식 후 경복궁에서. 1966년 8월 15일.

도쿄대 생산기술연구소에서. 1992년 12월 7일.

IUPAC 창립 100주년, 전 · 현 회장들. 프랑스 파리, 2019년 7월.

서울에서 함께한 가족 모임. 2016년 7월.

금혼식 기념사진, 2018년 9월 7일.

크루즈 선내에서, 2018년 10월.

부모님이 쓰시던 장들을 열며

아버님이 2003년 11월에 타계하신 후 꽤 많은 시간이 흐른 뒤에야, 가끔 아버님 유품을 정리하곤 한다. 지금도 아버님 양복 한 벌과 몇 가지 소지품은 별도로 보관한다. 어머님은 2012년 6월에 타계하셨다.

현재 살고 있는 집으로 1988년에 이사 왔으니 30년 이상을 같은 집에서 살고 있다. 그간 부모님은 1층의 한 방에 기거하셨다. 따라서 아버님은 15년, 어머님은 24년을 이 방에 머무신 셈이다. 어머님이 타계하신 후로 이 방을 어느 목적으로 사용할까 고민한 끝에 방 한가운데에 내 책상을 가져다 놓았다. 2층의 큰 방을 나의 서재로 쓰고 있었으나, 종종 아래층 부엌 식탁을 책으로 덮어버리기 일쑤라 안사람이 종종 거북해 하던 터였다. 하긴 나에게는 오가는 모든 곳에 책들을 펼쳐놓아 어지럽게 만드는 고치지 못할 버릇이 있다.

부모님 방에 앉아 책도 보고, 글도 쓰고, 부모님이 보시던 TV도 보고 라디오도 듣는다. 큰 공작과 목단으로 자개 장식이 된 이불 · 옷장이 아직도 북쪽에 자리하고 있다. 그 속에 부모님이 사용하시던 이불, 요, 덮개 등과 옷가지들의 일부가 아직도 남아 있다. 집사람과 나는 옷장에 걸려 있는 부모님의 옷가지를 지금도 스스럼없이 꺼내 입고 다닌다. 특히 운동복과 겨울 외투는 대를 이어 입고 있다. 두 아들이 대학생 때 입고 다녔던 옷가지 몇 개는 지금도 종종 걸친다. 동쪽 벽 아래 부분에는 원앙과 꽃 자개로 장식된 문갑이 놓여 있다. 부모님들의 수첩, 노래책, 노래카세트 테이프, 약품, 화장품, 민력(民曆) 책자, 접는 부채 등 소소한 것들이 들어 있다. 가끔 이들을 들추어보면 부모님의 손길이 느껴지는 듯하다.

어느 날 문갑 속에 들어 있는 아버님의 철재 서류함에 눈이 갔다. 두 분에게서 별다른 유언을 듣지 못한 기억이 갑자기 스쳐, '혹시나'하는 생각이 들었다.

'혹시 유언장이라도 써놓으셨나?'

약간의 긴장과 함께 흥분된 마음으로 뚜껑을 열었다. 무엇으로 가득 차 있을지도 모른다는 기대가 한순간에 무너졌다. 그러나 오려놓은 신문 기사 몇 개가 보였다.

"여보, 이리 와요. 아버님이 간직하고 계시던 신문기사네요."

"네, 정말 그러네요? 무슨 기사길래 신문이 이렇게 누렇게 변하도록 잘 간직하셨죠?"

"아, 내 사진이 보이네요!"

맨 윗장은 《조선일보》 1991년 11월 6일(수요일) '사람들' 면에 전날 발표한 한국과학상 수상자 3명의 업적이 비교적 자세히 설명된 기사였다. 그중 하나가 나였다. 1987년부터 2년마다 시상하던 한국과학상은 한국의 노벨상으로 꼽혔다. 나는 제3대 수상자가 되었고 1991년 11월 20일에 서울교육문화회관 강당에서 거행된 시상식에 참석했다. 물론 부모님과 안사람도 함께 참석했다.

그때만 해도 한국과학상이 가장 큰 명예로운 상에 속했으며, 과학기술부 장관이 직접 시상하였다. 수상자는 박사복을 입고 참가했고 취주악부의 축하 연주도 있었다. 아마도 아버님은 큰자식이 이렇게 큰 상을 받는 모습이 매우 기쁘셨던 모양이다. 학문적으로 더 크게 대성하지 못해 부끄러울 따름이다. 이후 2013년에 받은 과학기술훈장(1등급 참조장)과 2016년 프랑스 파리의 UNESCO 본부에서 시상된 UNESCO 나노과학 및 기술 메달 수상은 천상에서 내려다보시며 좋아하셨겠지….

그 기사 밑에 또 한 장의 신문기사가 보였다. 당시 어느 회사 중역으로 연구개발 책임자였던 동생의 활약을 자세히 설명하고 있는 기사였다. 후에 아버님 서류함에서 나왔다는 말과 함께 그 기사를 동생에게 주었다.

"이건 또 뭐지?"

서류함 맨 밑바닥에 아주 작은 신문 조각이 보였다.

"와…. 이거 1969년 신문 쪽지겠네!"

"무언데요, 여보…."

"이거 내 박사학위 취득 기사 같은데!"

조그맣게 오려 보관하고 있는 신문 조각은 1969년 6월에 내가 미국에서 박사학위를 취득했다는 짧은 기사였다. 나의 박사학위 취득을 아버님이 매우 자랑스러워 하셨음을 보여주는 보관품이었다. 나 자신도 그 짤막한 기사를 보면서 설레었던 50여 년 전의 영광된 순간을 다시 떠올렸다. 그 어려운 시절에 미국 유학의 길에 오르도록 뒷받침해주신 부모님의 고마움은 아직도 잊을 수 없다. 이는 나에게 평생 '열심히 옳게 살아라!' 하는 명령의 채찍이 되었다. 두 분 다 계시지 않는 지금 '조금이라도 더 따뜻이 모시지 못한' 한을 종종 되새기며 극락세계에서 영원한 평화와 행복을 누리시길 기도한다.

'부모님, 저는 오늘도 두 분의 가르침대로 열심히, 옳게 살려고 노력하고 있습니다!'

부모님이 사용하시던 문갑에는 오래된 몇 권의 책이 있다. 그중에 겉장이 유실된 천자문(千字文) 책이 있다. 이 책 마지막 장에 의하면 만력 29년(萬曆二十九年) 발행으로 되어 있으니, 서기 1601년에 발간된 천자문이다. 각 한문글자 밑에 뜻풀이와 음이 한글로 씌어 있다. 원본인지 복사본인지 모르겠으나, 아름다운 한석봉의 글씨를 볼 수 있어 아끼고 있다. 문헌에 의하면 한호(韓濩, 1543~1605)가 왕(선조)의 명을 받아써서, 1601년에 목판인쇄 되었다고 한다. 만력 29년이 서기 1601년과 일치한다. 한글 뜻풀이와 음이 비교적 현대적임을 보아 모판으로 판단하고 있다.

제사 때 신위와 축을 쓰실 때 자주 보시던 가정보감전서(家庭寶鑑全書)와 대한민력(大韓民曆) 등의 책들도 눈에 띈다. 이들 책 사이에 남아 있는 아버님의 필적을 볼 수 있어 특별히 이 책들에 정감이 느껴진다. 우정친목회(友情親睦會) 회원 명부 수첩에는 1991년에 75세이던 아버님부터 52세인 친구 분까지 20명의 이름, 나이, 생일, 주소, 전화번호들이 들어 있나. 그 어느 한분 도 내가 일아볼 수 없어 인타까울 따름이다. 서울시가 발간한 '시민 생활 안내(세계의 1등 시민이 됩시다)'는 웃음을 자아낸다. 40여 년 전에 배포한 책자이니 내용과 인쇄질이 지금에 와서 보면 크게 뒤처졌다고 느껴진다.

전쟁과 피난, 여러 번의 이사와 나의 비교적 길었던 미국생활로 부모님의 손때가 묻은 옛 물건이 별로 남아 있지 않다. 그러기에 어쩌다 부모님의 흔적을 발견하면 무척 기쁘다. 해방 전 또는 직후에 작성된 부모님의 호적등본도 매우 흥미로운 자료다. 증조부, 백부와 부모님의 결혼 정보가 비교적 자세히 기록되어 있다. 모두 손글씨로 쓰여 있는 점이 정겹게 느껴진다.

최근에 내 시선을 끈 신문기사가 있다. 요즘 젊은이들 사이에 어른들이 사용하던 옛 장롱들 특히 자개장에 대한 관심이 커지고 있다는 내용이다. 조개껍질에서 영롱한 자개를 아름답게 만들기 위해서는 오랜 수련이 요구된다. 작업도 치밀성과 인내심을 요구한다. 그렇기 때문에 요즘은 자개 수련인들을 찾기 힘들다는 내용도 그 기사에 들어 있다. 한때 지나치게 방의 공간을 차지하고 있지 않나 하고 처분까지도 생각했던 부모님의 장에 대한 생각을 바꾸어 지금도 잘 보관하고 있다. 아름다운 긴 꼬리를 드리고 마주보고 있는 공작 한 쌍의 행복한 자태는 우리 내외에게 어떻게 살아야 하는지를 가르쳐주는 듯하다.

"여보, 당신 가을 · 겨울 조끼와 스웨터들은 이제 부모님 장 가운데 서랍에 옮겨놓았어요. 거기에서 찾아 입으세요."

"네, 잘 알았어요. 부모님 장을 더 자주 열게 되었군요!"

지금 이 글을 쓰면서도 나는 부모님이 사용하시던 여러 장을 둘러보며 그들의 따뜻한 사랑을 느낀다. 내 옷을 당신들의 장롱에서 꺼내는 모습을 보시며 빙긋 웃고 계신 듯하다.

영원히 잊지 못할 부모님의 사랑이여! 두 분의 따뜻한 숨결이 지금도 느껴지는 듯하다.

아버님의 값진 삶을 회고하며

"아버님! 이렇게 우리들 곁을 떠나십니까?"

아버님께 수의를 입혀드리기 전에 마지막 인사를 하라는 안내말을 듣고 나는 얼른 아버님 곁에 다가갔다. 아버님의 팔을 쓰다듬었다. 이어 아버님 볼에 내 입을 댔다. 워낙 열심히 어머님과 안사람이 돌보아 드려서인지 아버님의 체형이 잘 유지되어 있었고, 근육 탄력도 생시와 같게 느껴졌다.

"적어도 구십은 채우실 줄 알았는데, 벌써 떠나십니까, 아버님. 제가 더 잘 모셨어야 했는데, 큰 죄를 지었습니다. 용서하십시오, 아버님!"

안사람의 절규가 들려온다.

"진 교수. 자책하지 마십시오. 여든일곱까지 모셨으면 효도하신 셈이고, 장수하셨네요!"

문상객들의 한결같은 위로의 말이다. 고마웠다.

전민제, 박기채, 이완화 등 원로들의 문상은 평생 잊지 않고 있다. 연로하신 대선배들이 허리와 머리를 숙이며 힘들어하던 모습들이 눈에 선하다. 고맙기도 했지만 걱정도 앞섰다.

문상객들이 많아 내 양 무릎에 퍼런 멍이 들었다. 통증을 전혀 느끼지 못했으나, 어머니와 동생들의 걱정이 컸다.

아버님 생의 끝이 보이기 시작할 때 가족회의를 통해 가족 납골묘를 시골의 우리 임야에 조성하기로 했다. 화장을 마땅치 않게 여기시던 어머님의 표정을 우리 형제는 힘들게 외면했다. 새빨간 고추가 주렁주렁 달리던 고추밭 자리를 부모님은 유달리 좋아하셨다. 고추는 특히 햇볕이 잘 드는 밭에서 무럭무럭 자란다.

"여보, 우리 죽은 다음에 여기에 묻어달라고 애들에게 말해둡시다."

어머님이 아버님의 표정을 살폈다.

"그럽시다. 그래도 자세한 건 애들한테 맡깁시다."

석조물로 꾸며진 가족 납골묘를 바로 그 옛 고추밭에 마련했다. 2003년 11월 초였고 아버님은 같은 달 17일 정오쯤 타계하셨다. 지관(地官)의 도움을 받아 묏자리를 잡을까 생각도 했으나 내가 평소에 듣던 상식을 따라 정하기로 했다. 내 상식이란 배산임수(背山臨水)와 좌청룡우백호(左靑龍 右白虎)의 지형에 정남향을 잡아 모시는 정도였다. 멀리 조산(朝山)의 고봉도 남향 끝에 자리 잡고 있었다. 그러고 보니 내가 잡은 자리가 아마도 아버님이 평소에 보아두신 자리가 아닌가 싶다.

양평군 양동면에 모셨는지라 화장 후 장지까지 가려고 나서는 친지들의 동행을 만류했다. 내 곁에서 의형제 두 명이 우리 가족과 내내 함께했다. 외롭거나 슬플 때, 힘들 때마다 이렇게 함께해준 이들이 있어 나는 든든했다. 의형제, 삼형제 셋이 모두 건강해 백수를 즐기길 바랐다. 그러나 그 사이 가슴 아픈 일이 우리들을 힘들게 하기 시작했다. 첫째 혁이는 상처의 슬픔에서 벗어나는가 싶었으나 놀랍게도 초기 치매 증상을 보이기 시작했다. 막내 동이는 폐암 수술 이후로 계속 치료를 받고 있다. 일주일에 두어 번씩 돌아가며 전화로나마 건강을 묻고 있다. 혁이와 동이는 매주 한 번씩 점심을 함께한다. 나이 여든이 채 되기도 전에 이런 시련들이 찾아오다니….

비록 인생칠십고래희(人生七十古來稀)라 하였지만, 현재 우리나라 평균 기대 수명은 남성이 79세, 여성이 82세를 넘는다. 평균 기대 나이에 가까워지고 있는 우리들인지라 건강이 가장 큰 관심사가 되어버렸다. 우리들에게 평안하고 행복했던 시절이 얼마나 있었던가? 아버님이 아흔 가까이까지 살아 계실 수 있었던 가장 큰 힘은 그분의 낙천적 성격과 폭넓은 포용력 덕분인 듯하다. 어린 시절에 빈한한 강원도 시골에서 제대로 된 영양섭취도 하지 못해 비교적 단신이셨던 아버지는 명석하여 친구들 사이에서는 천재로 통했다. 흡연을 60년이나 하셨다. 그런 까닭인지 폐암이라는 치명적 병마에 시달리셔야 했다. 나를 오로지 사랑으로만 감싸주셨던 아버님.

"여보, 애를 타일러야지 왜 야단을 치시나요!"

혹시라도 어머님이 나를 꾸중하시면 매우 싫어하셨다. 아버지에게는 평생 종아리 한 차례도 맞지 않았다. 그러나 나는 때때로 외로움을 느꼈다. 아버님은 나의 의견을 지나치게 존중하시다보니 내 앞길을 이끌어 주심에 부족함이 있다는 생각이 들을 때도 있었다. 하지만 이후에 생각해보니 아버님의 그런 교육방식을 통해 내가 깊게 생각하고 고민할 줄 아는 인간이 된 듯하다. 나에 대한 아버님의 신뢰가 고마웁기 한이 없다.

"아버님. 속히 일어나셔서 증손자들과 놀이도 하셔야죠! 오늘도 편히 지내십쇼. 저 학교에 갑니다."

"그래, 잘 다녀와. 아범아!"

이 짧은 대화가 아버님과의 마지막 대화였다. '잘 다녀와!'를 화두로 삼아 그 안의 깊은 뜻을 찾아 지금도 나는 수행하고 있다.

삶(生)과 죽음(死)은 예외 없이 함께 오고, 또 가기에 담담하게 아버님의 타계를 받아들였다. 제사의 시간을 통해 그분을 다시 떠올리며 명복을 빈다. 꿈에서는 멀리 나타나셨다가 슬며시 사라지신다. 내가 어떤 삶을 영위하고 있는지 멀리서 살펴보시는 것처럼….

"아버지, 곧 또 오셔야 돼요. 더 자주 보고 싶어요!"

전쟁이 아직 끝나지 않았던 1950년대 초, 아버님은 소위 전투경찰이 되어 어려운 시련을 겪으셨다. 군복을 입고, 카르빈 총을 메며 겪은 전투 당시의 얘기를 해주시곤 했다. 지리산 공비토벌의 힘든 전투생활을 설명해주셨다. 어느 밤 전투에서 목이 하도 말라 고인 물을 손으로 움켜 마시고 다음날 아침에 보니 피구덩이 물이었다는 끔찍한 이야기도 끼어 있었다. 또 언젠가 통일이 되면 '털보부대원'들이 승리의 행진을 서울에서 펼치시겠다는 희망찬 말씀도 하셨다. 아버님의 전투부대장의 별명이 '털보'였던 모양이다.

당시 아버님을 일년에 두어 번밖에 뵙지 못했다. 오랜만에 집에 오셔서 짧게 계신 뒤 다시 소속 부대로 돌아가셨다. 작은 보따리 하나를 들어드리면서 성동교를 건너 현재의 한양대학교 밑에 있던 버스 정류장까지 아버지와 함께 걸어갔다. 아버지와 무슨 이야기를 나누었는지는 정확히 생각나지 않지만 가슴이 답답하고 조금은 슬펐었던 기억이 난다. 내 머리를 쓰다듬던 아버님의 손끝에서 사랑이 느껴졌다.

"그래. 잘 있거라, 정일아. 공부 잘하고 엄마 말 잘 듣고 광자(여동생)와도 잘 지내거라."

버스를 타고 떠나시던 아버님의 모습이 사라지고서 나는 발길을 돌렸다. 다리를 건너 집으로 돌아오는 길이 유달리 멀게 느껴졌다.

'아버님, 극락정토에서 영원한 평안을 누리소서. 어머님도 많이 사랑해주시고요! 착하게 살라던 아버님의 가르침 한시도 잊지 않고, 그렇게 살려고 노력하고 있습니다.'

평소의 체온이 그대로 느껴지는 듯했던 아버지와의 마지막 볼 입맞춤은 영원히 나와 함께하리라 믿는다. 어차피 나도 생과 이별하면 아버님 곁으로 달려가기로 되어 있거늘.

'아버님, 아버님의 값진 삶이 저에게 더할 나위 없는 힘이었음을 세상에 알리도록 노력하고 있답니다. 아버님, 정말 고맙습니다. 아버님 사랑합니다.'

어머님이 배운 첫 영어단어 피쉬(fish)

"마이키(큰아들 마이클의 아명), 피쉬(fish), 마이키, 피쉬!"

어머니가 생선살을 발라 밥숟가락에 얹어 큰놈을 먹이느라 힘들어하고 계셨다. '마이키'라는 이름도, '피쉬'라는 단어도 어색하게 느끼셨을 듯하다.

큰아들의 미국 이름이 '마이클'이어서 흔히 애칭으로 '마이키'라고 불렀다. 만 5세에 미국에서 한국으로 귀국한 그에게는 낯설고 이상한(?) 나라에 온 느낌이었을 듯하다. 급작스럽게 변한 식생활 양식과 배로 늘어난 식구들로 인해 혼란스러웠을 터이니, 적응하기 힘든 환경의 변화가 그에게 밀어닥친 셈이었다. 부모님과 두 동생(대학 1년 여동생과 고교 2년의 남동생)도 갑작스러운 큰 변화에 우리를 만난 기쁨보다는 어떻게 함께 살지가 걱정되는 모양이었다.

혼자서 훌쩍 미국으로 떠나더니 식구를 셋이나 더 붙여 넷이 귀국해 오니 갑자기 3세대(사고방식으로 따지면 4세대라 부름이 더 적절했다) 8명이 한 지붕 밑에 지내게 된 것이다. 식구가 많으니 식비도 만만치 않았다. 솔직히 나는 살림과 관련한 부분을 잘 몰랐다. 현재도 마찬가지다.

따라서 미국에서 살던 때와 달리 육류 소비를 크게 줄여야 했다. 육류 대신 생선이 자주 식탁에 올랐다. 큰아들 '현철'에게 중요한 단백질 공급원은 생선과 달걀이 되었다. 어머니는 우리말에 서투른 손자와의 소통에 여러 문제가 있었고, 그런 와중에 생선을 '피쉬'라고 부르며 큰손자 밥을 먹였다.

조금 있으면 귀국한 지도 46년이 되어간다. 큰아들은 다시 미국으로 돌아가 자신의 가정을 꾸려 대학에 다니는 큰아들에 이어 대학에 막 입학한 둘째아들을 두고 있으니 소위 한국계 미국인 가족을 이끌고 있는 셈이다. 큰아들에게 '피쉬' 얘기를 들려주며 옛 시절을 되살려보고는 한다.

"아빠, 왜 이렇게 오랫동안 비행기를 타지요?"

뉴욕시의 케네디 공항을 출발해, 알래스카를 거쳐 서울로 돌아오는 길은 멀기만 했다. 지루하고 힘들었던 모양이다.

"마이클, 지루하지. 네가 할아버지(grandpa), 할머니(grandma) 어디 계시냐고 묻곤 했지?"

"응, 아빠."

"바로 할아버지, 할머니가 계신 나라 코리아가 이렇게 멀리 있단다."

"그래, 아빠? 곧 할아버지, 할머니 보겠네!"

밖에서 친구들과 뛰어놀던 마이클이 갑자기 울상을 하며 돌아와 푸념을 했다. 미국을 떠나기 전이었다.

"나도 할아버지, 할머니가 있다고 했더니 거짓말 말라고 했어!"

"그러고는 어디 있느냐고 말하래."

"그래서 마이클이 화가 났구나. 코리아에 계신데…. 내가 사진도 보여주지 않았니?"

"그런데 왜 우리 보러 안 와?"

"너무, 멀어서…. 우리가 머지않아 갈 건데…."

"정말, 아빠? 우리 할아버지, 할머니 보러 갈 거야? 아, 신난다."

아이들 사이에는 우리 성인들이 이해 못할 여러 가지가 논란거리가 되는 모양이었다. 그러다가 여러 말씨름에 끼어들게 된 듯한데, 그때 논쟁의 대상 중 하나가 바로 조부모의 존재와 그들의 사랑이었던 모양이다.

'가엾은 것. 타국(물론 그에게는 모국이라야 맞다.) 생활의 어려움을 벌써부터 겪고 있구나.'

혼자 큰놈을 바라보며 혼란스런 심정을 다스리려 노력하곤 했다. 그에게는 색다른 식생활, 이상한 집 구조, 사용하기 싫었던 재래식 화장실, 무덥고 습한 장마 날씨, 너무 많은 식구들, 승차가 힘든 대중교통 이용하기, 가장 크게 고통을 준 언어 문제 등 수없는 어려움이 기다리고 있었다. 그러나 결국에는 잘 적응하고 건강히 성장해준 큰놈이 대견하고 고맙다.

하룻밤을 고국에서 지냈다. 식구들과 이야기 나누느라 뜬눈으로 밤을 지새웠다는 표현이 더 맞다. 고국에서의 새 아침에는 8·15 독립 기념의 태극기가 각 집 대문 기둥에 펄럭이며 장식하고 있었다. 그러나 곧 이어진 대혼란! 기념식장에서 저격사건으로 육영수 여사가 사망하는 사건이 발생했다.

"내가 이렇게 위험한 나라에 가족을 이끌고 되돌아 왔나?!"

내 꿈이 산산조각으로 깨지는 심정이었다.

미국에 있는 여동생은 계속 미국으로 되돌아오라고 전화를 했다.

"오빠, 부모님들도 모시고 미국으로 다시 오세요. 월남이 곧 패망하고 이어서 한국에서 다시 전쟁이 날 거라고 이곳 언론들이 대대적으로 논평하고 있어요!"

나는 큰 혼란에 빠져들었다. 그러나 곧 놀라운 사실을 발견했다. 이런 정황 속에서도 한국 국민들은 별로 동요하지 않은 채로, 아무 일도 없는 듯 일상을 이어가고 있었다! 그러는 사이에 남한의 경제성장 정책이 실효를 거두어, 드디어 국민 일인당 생산이 북한을 앞서기 시작했다는 뉴스가 국민들에게 희망을 주었다. 남북한이 서로를 적대국으로서 대치하며 항상 긴장상태가 유지되었으나, 남한에서는 급속한 경제성장만이 그 상황을 극복할 수 있으리라는 믿음이 강한 듯했다. 또한 그렇게 할 수 있다는 자신감도 있었다.

"현철아, 네가 한국을 떠나 미국에 다시 온 지 벌써 26년 되었다고?"

"네, 아버님. 세월이 빨리 가지요?"

"그러게, 네가 벌써 오십이 다 되었으니…."

"어멈아, 돌아가신 할머님이 가장 먼저 배운 영어단어가 무엇인지 아니?"

"아뇨. 제가 어떻게 그걸…."

"피쉬란다."

"어떻게 그 단어를 배우셨어요?"

"45년 전 이야기란다. 네 남편이 다섯 살 때 한국에 처음 발을 디뎠지. 그때 경험했던 이야기 속에 나오는 우리 집안의 일화란다."

할머니가 현철이 밥숟가락에 생선가시를 발라 살만 얹어주시면서, '피쉬, 피쉬' 하셨거든.

그 많은 식구가 고기로 배 채우기가 힘든 때라 비교적 값이 싼 생선을 먹어야 했어. 물론 현철이는 특별히 고기반찬을 따로 해주기도 했지만….'

나와 안사람만이 실감을 느끼는 경험담이었다. 그 가운데 계시던 그

'할아버지'와 '할머니'는 이미 이 세상을 등진 지 여러 해가 지났다.

'어머니, 그 '피쉬' 먹던 마이키가 벌써 오십이 다 되었답니다. 어머니가 열심히 먹인 그 '피쉬' 덕분에 마이키는 지금도 건강히 잘 살고 있습니다.'

나나 큰아들은 지금도 생선을 좋아한다. 'Fish'라는 단어는 지금도 우리에게 어머니를 연상시킨다. 큰손자를 유난히 좋아하고 사랑하셨던 어머니, 그 할머니가 보고 싶습니다.

순진하고 귀여운 아들 마이클

"Hi, Michael! How are you today? What can I do for you?"

함께 우체국에 들어선 아들을 보고 우체국 아저씨가 말을 건네었다. 크리스마스가 다가와 여기저기에 자그마한 선물을 보내려고 동네 우체국을 들렀다. 뉴욕주의 어빙턴시에 살고 있던 1970년대 초 이야기다. 큰아들 마이클은 아파트 내에서는 물론 작은 동네에서 우체국, 은행, 아이스크림 트럭, 길거리 핫도그 트럭, 케이크 집, 슈퍼마켓 등에서도 여러 사람들의 귀여움의 대상이었다. 마이클을 번쩍 들어 우체국 카운터에 올려 앉혔다. 두리번거리고 있는 아들을 보며 우체국 아저씨가 반가이 맞아주었다. 우체국은 온통 크리스마스 장식으로 치장을 하고 있었다.

"Michael, do you like chocolate?"

"Yes, I do!"

"Ha, ha,··· you do?"

우체국 아저씨가 산타할아버지 모형으로 된 초콜릿 하나를 마이클에게 주었다. 입이 크게 벌어진 마이클은 그 기쁨을 어찌 표현할지 몰랐다.

"마이클, 감사하다고 말해야지."

"Thanks, 아저씨!"

마이클이 영어와 한국어를 섞어 쓰던 시절이었다.

집에 돌아온 후 마이클에게 고민이 생겼다. 이 산타할아버지 초콜릿을 먹고는 싶지만, 그러면 산타할아버지가 없어지고 말텐데….

이를 지켜보던 우리 부부는 마이클에게 제안했다.

"마이클, 저 크리스마스트리 밑에 이 산타할아버지 초콜릿을 두었다가 크리스마스 지나 먹으면 어떻겠니?"

"OK!"

명랑하고 싹싹한 마이클이 선뜻 동의해주어 기뻤다. 그러나 가끔 터무니없는 요구를 하기도 했다. 아파트 근처 한 백화점에서 겨울옷을 고르고 있었는데 마이클이 사라진 것이었다. 키가 작아 옷걸이 속에 파묻혀 보이지 않으려니 하고 주위를 살폈으나 눈에 띄지를 않았다. 걱정이 일기 시작했다. 곧이어 우리 내외는 본격적으로 아이를 찾았다.

"아빠, 나 이 장난감 갖고 싶어!"

장난감 코너에서 아무런 일 없었다는 듯이—물론 아들은 우리들이 왜 뛰어 다니고 있었는지 알 까닭이 없었다—나에게 조르기 시작했다.

"에이, 엄마 아빠 돈 없어. 이 장난감은 매우 비싸고 너보다 더 큰애들이나 사는 장난감이야."

"왜 돈이 없어? 엄마, 아빠 자주 가는 뱅크(은행)에 가면 돈 주잖아!"

얼마나 순진하고 귀여운 응석인가! 세상이 자기를 중심으로 돌아가는 것으로 믿는 아이 특유의, 행복감이 여기저기서 느껴지던 때의 경험이다.

마이클은 자라면서 눈에 띄게 활발한 운동성을 보였다. 대부분의 아이들이 그렇듯 뛰어다녔는데, 마이클이 뛰는 속도는 다른 아이들보다 좀 더 빨랐다. 머릿속에 목표지점만 생각하고 달리다보니 중간에 있는 장애물에 부딪히기 일쑤였다.

마이클이 네 살 때인 것으로 기억한다. 마이클 방의 장들이 열려 있음을 발견했다. 두터운 겨울옷이 보이지 않아 의아하게 생각할 즈음에, 아파트 문을 노크하는 소리가 들렸다.

"Mrs. Jin, please come out and help us. Michael is not in a good shape and is giving us a lot of troubles."

안사람이 그 이야기를 듣고 놀라서 소년을 따라가 아들을 데려왔는데, 마이클이 겨울옷에 땀을 뻘뻘 흘리며 커다란 골판지 박스를 끌고 오고 있었다. 놀라지 않을 수 없었다. 도대체 무슨 일이 있었던 걸까? 안사람이 목격한 현장 상황과 아들 이야기를 종합하면 이렇다.

아파트 뒤쪽에 꽤 높고 넓은 언덕 하나가 있었다. 아이들은 그 언덕에서 골판지나 평판, 두꺼운 비닐지 등을 썰매 대신 사용해 미끄럼 타기 놀음을 하며 함께 어울리곤 했는데, 우리 애도 그 놀음에 끼어들었던 모양이다. 자기 방에 있던 골판지 박스를 끌고 가서 그 안에 앉아 미끄럼 타기 놀이를 했는데, 때때로 박스와 함께 또는 박스 속에서 빠져나와 언덕을 구르다시피 하여 언덕의 풀에 살이 쓸려 아팠을 수밖에 없었다. 그런 문제를 어떻게 해결해야 할지 고민하던 아들이 겨울옷을 찾은 것이다. 짧은 바지와 윗옷 때문에 밖으로 나온 팔과 다리를 두꺼운 겨울옷을 입으면 보호할 수 있을 거라고 생각해서 말이다!

땀범벅이 된 겨울옷을 벗겨보니 예상한 대로 팔다리 여기저기에서 상처가 보였다. 네 살짜리가 커다란 애들 틈에 끼어 그러고 있으니 다른 아이들은 충돌 사고라도 날까 걱정이 되고 불편하게 느껴졌으리라.

여름 무더위 중에 겨울옷을 입고 땀을 비 오듯 흘리며 골판지 박스를 끌고 오는 어린 아들의 모습을 상상하면서 안사람과 깔깔대고 웃었다.

비록 아들을 집으로 데려오기는 했으나, 그렇게 적극성을 가지고 놀이에 동참하려던 아들이 기특하기도 했다. 오히려 귀엽게 느껴졌다.

마이클은 아파트에 들어와 두터운 겨울옷을 벗더니 부지런히 부엌으로 들어갔다. 냉장고 문을 열고 세븐업 한 병을 들고 나와 꿀꺽꿀꺽 마시는 게 아닌가! 얼마나 더웠을까…. 그렇지 않아도 아들은 우유를 포함해 음료를 매우 좋아했다. 주말에 혹시 우리 내외가 평소보다 좀 늦게 일어나면 거실에 앉아서 어린이 TV 프로를 즐기고 있는 마이클 주위는 마치 식탁을 옮겨놓은 듯했다. 방바닥에 우유통, 오렌지 주스병, 요구르트, 식빵 등이 삥 둘러싸고 있었다. 때로는 아이스크림 박스까지 나와 있었다. 우리 내외를 흔들어 깨우지 않고 혼자 먹고 싶은 것들을 냉장고에서 꺼내게 해 미안하게 느껴지기도 했다. 한편 자기 아침을 스스로 해결했던 아들의 요령이 고맙고 신통하게도 여겨졌다.

유아원(Nursery School)에 다니기 시작한 아들에게 큰 변화가 감지되었다. 주로 대화방법에 변화가 생겼다. 상대방에 따라 우리말과 영어를 적절히 바꿔가며 사용했던 언어생활이 달라지기 시작했다. 우리 내외가 우리말로 표현하여도 영어로 응대하는 정도가 점점 늘어났다. 드디어 어느 날 우리들은 마이클에게서 큰 천둥소리를 들었다.

"엄마, 아빠, 이 세상에 엄마, 아빠만 한국말 하고 다른 사람들은 모두 영어를 하잖아! 나 이제부터는 엄마, 아빠에게도 영어로 말할게요!"

우리 둘은 어안이 벙벙했다. 만 네 살짜리한테 우리말을 지키려는 노력이 얼마나 중요한지를 어떻게 설명할 수 있겠나?! 당황스러웠으나 자기의 느낌과 생각을 꾸밈없이 말하는 아들놈이 대견하기만 했다. 순진한 귀여움과 고결함을 함께 느끼며 아들놈을 꼭 안아주었다. 마이클아, 엄마, 아빠는 이 세상에서 너를 가장 사랑한단다.

왜 형에게는 '응' 하고 나에게는 '왜?' 하셨죠?

"여보, 내가 두 아들에게 똑같이 대했겠지요?"

"글쎄…. 아무래도 큰애에게 조금 더 신경쓰지 않았을까요. 첫애였으니까 자연스럽게…."

"그랬었나요?"

"왜 그걸 물어요? 조금 있으면 오십이 될 아들들인데요."

"큰애는 미국에 있어 드물게 만나고 있지만, 둘째는 가까이 살고 있어 자주 만나니까 갑자기 옛 생각이 나서요."

"무슨 생각이 들었기에…"

큰애는 모든 일을 그대로 받아들이는 비교적 순응적인 아이였다. 그러나 형보다 2년 반이 어린 둘째는 모든 일에서 형에게 경쟁심을 느끼는 모양이었다. 물론 형의 경쟁상대가 되지는 못했다. 둘째는 첫째보다 날카롭고 경쟁적인 성격을 지녔다. 따라서 가끔은 우리들의 태도를 비판적으로 평하거나 짜증을 내기도 했다.

더구나 큰애는 둘째보다 활동적이고 체력도 좋아 어린 둘째가 형과 형 친구들을 쫓아다니려면 버거워 보였다. 형보다 체형이 가늘고 기다랗게 생겼고, 운동에는 통 앞서지 못하는 둘째였다. 그럼에도 둘째는 형을 따라 태권도나 붓글씨를 배우러 다니고 천자문도 공부했다.

지구력도 형에 뒤지는 듯했으나, 큰애에게서 보지 못한 둘째만의 몇 가지 특성이 눈에 띄었다. 그 특성은 특히 장난감 놀이에 집중하고 있을 때 두드러졌다. 곁에서 가만히 보고 있던 큰애가 내뱉었다.

"엄마, 얘는 어떻게 혼자서 이렇게 재미있게 놀지요?"

"네가 보기에도 그러냐?"

"네."

둘째가 장난감을 가지고 노는 것을 옆에서 보고 있던 큰애가 감탄을 했다.

둘째는 장난감을 두 팀으로 나누어 적을 만들어 싸우게 하기도 하고, 동지가 되어 평화스럽게 지내기도 하는 등의 변화를 이끌며 놀았다. 큰애는 그런 모습이 부러운 모양이었다. 큰애와는 매우 대조적인 모습이었다.

"여보, 현욱(둘째)이가 형보다 창조적이려나봐요!"

안사람이 슬며시 나에게 즐거운 멘트를 던졌다.

"원래 작은애들이 큰애들보다 융통성이 있다고들 하잖아요, 예부터요."

"글쎄요. 큰애를 쫓아다니더니 많은 걸 배웠나보지요?"

"단순히 배운 데서 끝나지 않고 자기 생각을 곧잘 보태는 것 같구려."

"제발, 독창성이 뛰어난 사람이 되었으면 해요."

학년으로 3년 차이인 형제는 비교적 함께 잘 지냈다. 둘째는 후다닥 하다가도 형의 위력에 꼼짝 못해 조용해지곤 했다. 현철(큰애)이는 민첩하고 활동적인데 비해 현욱이는 정적이고 꼼지락대는 유형으로 둘 사이의 차이가 눈에 띄었다. 그래도 현욱이는 형과 형 친구들의 놀이에 빠지지 않고 함께하려 했다.

"엄마, 현욱이 좀 보세요. 따라오지도 못하는데 꼭 끼어들려 해요. 다칠까봐 걱정도 되거든요."

"알았다, 현철아. 그래도 동생 잘 데리고 놀거라!"

안사람은 큰애를 쫓아다니는 현욱이가 기특했고, 오히려 그렇기 때문에 마음을 놓았다.

공부도 걱정이 덜 되었다. 형이 몇 년 위라 동생 공부를 곧잘 돌보아 주었기 때문이다. 형은 학업에 비교적 뛰어나 우리 내외에게 조금도 부담됨이 없었다.

"엄마, 현욱이는 참 이상해."

"뭐가?"

"수학은 기가 막히게 잘하는데, 왜 영어는 못하지?"

"너도 그게 이상하니?"

"네. 혹시 아빠에게 물어볼까요?"

친구들 중에도 수학에는 뛰어났으나 영어, 국사 등에서 애먹는 예를 많이 보아왔던 터였다. 그들에게는 눈에 띄는 공통점이 있었다. '암기'를 게을리 한다는 점이다. 암기과목을 매우 싫어했다. 어려운 수학 문제가 요구하는 치밀한 분석과 해법 구상, 설계에 뛰어나며, 끈기 또한 대단했다. 그러나 영어 단어 외우듯이 무턱대고 암기하는 일에는 거부감이 컸다. 둘째도 바로 그런 부류에 속한다는 판단을 했다.

"현욱아, 왜 영어단어를 외우지 않니?"

"재미가 없어서요!"

"공부를 뭐 꼭 재미로만 하니? 필요에 따라 하기도 하지…."

"영어 선생님이 형편없어요!"

"무슨 말이니?"

"잘 하는 애들만 좋아해요!"

"그건 자연스러운 일 아니니? 나도 그런 편인데…."

"그건 잘못된 태도지요, 아버지! 선생님은 못하는 애들도 잘 할 수 있도록 지도해야 하지 않나요?"

"네 말이 맞지만…."

그 말에 속으로는 뜨끔했다. 둘째는 자기 철학이 뚜렷했을 뿐 아니라 자신의 의견을 논리정연하게 말했다. 그러나 영어단어 외우기에는 계속 게으름을 피웠다.

"현욱아. 대학에 진학하려면, 또 후에 미국에 유학 가서 공부하거나 연구하려면 영어를 잘해야 되지 않겠니?"

"네, 아버지…."

"귀찮아도, 해야 할 때 해야 된다. 나이 더 들면 외국어 공부가 어려워진단다. 알겠니?"

고등학교 2학년 때 수학반장을 한 현욱이가 대학도 무사히 졸업했고, 결국은 박사과정을 마쳤다. 또 미국에서 3년 가까이 연구생활도 했다. 그러나 처음으로 영어 학술 논문을 작성해야 할 때는 내 도움을 필요로 했다. 늘어난 둘째의 영어 실력에 기쁨을 느꼈다.

"여보, 얼마 전에 현욱이에게서 불평(?)을 듣고 웃었어요!"

"무슨 일이 있었는데요?"

자기가 느끼기에 엄마가 형을 편애했다는 설명이었다. 그러면서 들어준 '예' 때문에 우리 내외는 놀라워하면서도 크게 웃었다.

둘째가 제 엄마를 부르면 '왜?' 하고 반응했으나, 첫째에게는 '응?' 하고 답했다'는 고발(?)이었다.

"정말 그러던, 현욱아?"

"네…."

옛날 일을 지금까지 기억하고 있다는 사실이 놀라웠다. 또한 자그마한 차이가 어린 자식의 마음에 상처를 주었다는 사실에, 부모들의 올바른 언어생활이 얼마나 육아에 중요한지 뉘우치게 했다. 이후 우리 내외는 종종 이 표현으로 농담을 나눈다.

"여보!"

"'왜'요?"

"'왜'요 그러시지 말고 '응?' 하세요!"

"하하하, 그러지요. '응'?"

지금도 신중한 언어생활을 이어가는 둘째에게 이것 저것을 배우며 살고 있다. 둘째가 자기 대학원생들과 나누는 대화를 자주 접하는 나로서는 만족감과 고마움을 짙게 느낀다.

둘째야 기특하다. 더 올바른 표현법을 사용해서 말하도록 노력하마!

할머니의 헌신적 사랑

이제는 훌쩍 커버린 첫손자가 미국에서 태어날 때 숨은 큰 조력자는 안사람이었다.

"여보, 국제면허를 신청해야겠어요!"

"웬 국제면허요?"

"여기, 어바나-샴페인에서는 한국 자동차 운전면허를 인정하지 않나 봐요."

"일리노이주가 그런가요? 불편하군요!"

큰손자 출생 예정일이 다가오면서 안사람이 바빠졌다. 안사람은 큰며느리와 신생아를 위한 준비물을 챙겼다. 더불어 큰아들을 만날 기회도 다가오니 들뜬 듯했다.

"여보, 안사돈이 먼저 가보고 싶지 않을까요?"

"첫아이이고, 미국 병원에는 제가 더 익숙하니 먼저 가보기로 했어요."

"네…."

안사람은 몇 년 전에 나와 어바나-샴페인에서 공부하고 있는 큰애를 방문한 경험이 있어서 자신 있게 혼자 여행에 나섰다. 국제운전면허까지 준비해서…. 겨울(1월) 여행이라 걱정이 되었다. 더구나 눈사태로 자주 비행이 금지되는 시카고의 오헤어(O'Hare) 공항을 거쳐 가기로 되어 있어 날씨가 좋기를 빌었다. 다행히 계획대로 아들 아파트에 도착했다는 소식을 전화로 알려왔다.

"여보, 애들 집에 잘 도착했어요. 애들도 잘 있고요, 다행히 우연이(며느리)도 건강해 보여요."

"잘 됐구려. 당신 고단할 테니 푹 쉬고 큰애기 출산 잘 도와주세요."

"네, 걱정 마세요. 미국과 병원 생활에 비교적 익숙하니 염려하지 마세요. 부모님 잘 돌보고 계세요."

이 소식을 부모님께 말씀드리니 매우 기뻐하셨다. 하와이와 미국 서부를 여행하셨고, 로스앤젤레스 큰딸 집에서 한 달여 지낸 경험도 있으셔서 미국 생활이 어떤지 대략 짐작하고 계신 듯했다. 물론 큰손자가 경험하고 있는 박사과정 생활에 대한 이해는 부족했을 것으로 생각된다. 우리 내외가 미국에서 결혼생활을 시작한 후 1년여 만에 큰애를 낳았을 때 부모님이 보기에는 쉽고 조용하게 출산한 것으로 알았을 터였다.

'어련히 건강한 산모가 애기 잘 순산하도록 병원에서 해줄 텐데, 애미가 꼭 그 먼 미국까지 가야 하니?'라며 조금은 못마땅하게 여기시던 어머님 말씀이 귓전을 울렸다.

"네 어머니, 그러게 말이에요. 그러나 현철이가 연구에 너무 바빠 산모를 잘 돌보아줄 시간적 여유가 부족한 모양이에요. 또 우연이 이 어린게 혼자서 얼마나 무섭겠어요…."

나는 나대로 어머님 마음을 가라앉히기 위해 상황을 설명해드렸다. 안사람이 나를 보며 찡긋했다.

“여보, 이곳에 폭설이 왔어요.”

“네? 그럼 당신 어떻게 그 낯선 길에 운전을 하지요?”

“조심하며 살살 몰지요 뭐….”

“오늘 산기가 있어 둘을 병원에 머물게 하고 왔어요.”

“아이고, 당신 오늘 고생 많았구려.”

“뭘요, 갈 때는 현철이가 운전하고, 저는 올 때만 운전한 걸요.”

“그럼 오늘 밤 비상이겠구려. 언제라도 연락이 오면 다시 병원으로 가야지요.”

“병원이 얼마나 멀죠?”

“차로 15분밖에 안 걸려요.”

병원을 몇 번이나 오간 후에 출산 산고가 찾아왔다. 결국 아들 내외와 안사람이 함께 병원에서 하룻밤을 꼬박 샌 끝에 다음 날 2000년 1월 18일(현지) 오후 3시에 첫손자의 커다란 고고지성(呱呱之聲)이 병원에 울려 퍼졌단다.

첫손자를 안아본 안사람은 부지런히 아파트로 돌아와 산모를 위한 음식(미역국, 전, 불고기 등)을 장만해 다시 병원으로 향했다. 안사람이 기록한 그날의 내용이다.

“… 드디어 순산했다. 3:01PM. 3.7kg; 53.5cm. 아기를 산모 가슴에 얹고, 애기 아빠가 탯줄을 잘랐다. 의사가 그렇게 하기를 원했다. 부부 둘이 함성을 지르며, 건강한 첫애의 무사 탄생을 서로 축하했다. 애기 우는 소리에 나도 덩달아 눈물이 나며 가슴이 벅차 감당하기 어려웠다. 행복했다. 몇 분이 지났는지 아기의 얼굴, 팔, 다리, 고추 등이 보이기 시작했다. 고맙다 애기야. 우리 식구가 되어주어서…. 산모의 위대함과 아름다움을 뽐내고 있는 며느리가 한없이 자랑스럽고 사랑스러웠다. ‘우연아 고생했다. 아름답다!'"

"여보, 재미난 일이 병원에서 일어났어요!"

"왜, 무슨 일이요?"

"글쎄. 산모 먹이려고 몇 가지 음식을 해 병원엘 갔지 뭐예요."

"그런데요?"

"간호원들이 '이 맛있는 냄새가 어디서 나오나 했더니 이 산모실이군요!' 하면서 불고기와 전들을 먹어 하마터면 산모 몫이 모자랄 뻔했어요."

"그래요, 그것 참 잘되었구려. 그럼 다음에 더 많이 준비해가서 파티라도 하시지요!"

2박을 병원에서 보내고 첫손자와 산모, 아비, 할머니가 함께 아파트로 돌아왔다. 드디어 첫손자의 사진이 나에게 이메일로 날아왔다. 식구들이 둘러앉아 애기 얼굴을 뜯어보며 즐거운 멘트를 각자 쏟아냈다.

"우리집 남자들보다 더 남자답게 생겼네!"

아버님(노할아버님)이 가장 반기는 듯했다.

"그러네요. 씩씩하게 생겼네요. 눈, 코, 입이 모두 선이 굵어 남자답네요!"

어머니(노할머니)도 맞장구를 치셨다.

한 달 뒤에 안사람이 애기 사진첩을 들고 귀국했다. 아들 내외를 도와 첫손자의 탄생을 함께한 안사람의 노고를 생각하면 지금도 고맙기가 끝이 없다. 안사람의 고생은 이 일로 끝나지 않았다. 대략 1년 반 후에 다음 차례가 기다리고 있었다.

"여보, 이번에도 또 수고하시고, 건강히 잘 다녀오세요!"

다음 해인 2001년 8월 중순에 두 번째 손자가 태어나려 하고 있었다.

이번에는 사돈 내외가 출산일에 맞추어 도미해 2주간 돌보아 주고, 이어 안사람이 도와주기로 했다. 큰놈이 있어 손이 더 필요했지만 8월이라 날씨 걱정을 하지는 않았다. 그러나 다른 염려스러운 일이 벌어졌다. 큰아들이 클리블랜드의 NASA 글렌센터에서 연구 생활을 시작할 당시 9·11 사태가 터져, 글렌센터가 통제되어 출퇴근에 문제가 생겼다. 국제 면허를 준비해서 도미한 안사람 덕에 매우 적시에 그 면허를 사용할 수 있었다.

제 옆에 누워 있는 동생을 큰놈이 어찌나 샘내던지 애기보다는 주로 큰놈을 돌보아주고 있다는 연락이 안사람에게서 종종 왔다. 어느새 세월이 훌쩍 지나 큰손자는 대학 3년생이 되었고 둘째도 대학생이 되었다. 오늘은 손자들에게 편지를 해 '할머니가 너희를 맞으러 미국에 갔던 일'을 말해주련다. 비록 너무 멀리 떨어져 있으나 너희를 향한 우리의 사랑은 커지고만 있다고 말해주련다. 잘들 있거라, 성언아, 재언아.

과음의 대가
-가장 반가웠던 안사람

“선생들은 모두 술꾼이래! 아침에 우리 담임선생님 입에서 술냄새 난다!”

초등학교 시절 어느 급우가 한 말이 생각난다.

“진 선생, 어제는 어디로 2차를 갔소?”

“2차가 뭡니까, 3차까지 끌려갔는걸요. 하도 취해 집도 못 찾고 헤맸답니다.”

지금 생각해보아도 우리나라 남자들 사회에서 벌어지던 여러 가지 문화를 이해하거나 설명하기가 힘들다. 첫째가 당연히 그들 세계의 음주문화다. 내가 우리나라 남자 성인, 더 정확히 표현하자면 옛 교수사회의 음주문화는 정말 이해하기 힘든 점이 많았다. 가장 풀리지 않는 수수께끼는 그 박봉에 무슨 돈으로 그렇게 매일 저녁을 밖에서 먹고 술자리를 옮겨 다닐 수 있었을까 하는 점이다. 돌아가실 때까지 단골집 술값을 다 갚지 못하였다는 분의 이야기도 들었을 정도였다. 물론 일부 교수들은 월급 외의 수입이 꽤 있는 모양이었다. 당연히 이런 분들은 술친구들이 풍부해 저녁 오락을 걱정하지 않아도 되었다.

둘째는 '저녁시간을 이렇게나 오래 음주로 보내면 연구는 언제 할 수 있는가?'였다. 이때는 학부 강의 부담도 워낙 컸던 시절이라 낮시간은 거의 강의 준비와 강의에 할애되었다. 한 학기에 다섯 개까지 강의하던 때도 있었다. 불가사의한 일이었다. 그러나 별다른 변화 없이 그들의 일상은 돌아갔다.

경제적 여력이 별로 없던 30~40대 시절에는 주로 선배 교수들에게 수동적으로 끌려 다녔다. 그들의 일상을 서서히 배우며 흉내도 내고 때로는 즐기기도 했다. 다니던 술집이 비교적 한정되어 있어 동행자가 적더라도 일단 단골집에 발을 디뎌놓으면, 판은 커지게 마련이었다. 다른 과, 다른 대학교수들이 이미 진을 치고 있게 마련이었으니 말이다. 때로 다른 대학교 교수들도 멀리까지 원정(?)을 왔다.

안암동, 종암동, 돈암동과 미아리로 이어지는 테두리를 별로 벗어나지 않는 지역에 우리들이 들락이던 단골집들이 있었다. 지금은 거의 다 사라진, 허수룩한 옛집들이 낭만의 장소로까지 회상되는 걸 보면, 나도 슬그머니 정을 느꼈던 걸까?

"어, 우리 집이 어디지? 아저씨, 우리 집이 학교 후문 쪽 담 건너편에 있거든요. 여기가 어디지요?"

"네, 손님이 말씀하신 대로 왔습니다. 집을 찾아보시지요?"

"아니, 이 학교 담이 제가 말하는 담이 아닌걸요!"

"손님, 다시 잘 생각해보십쇼. 이 학교에는 후문이 없답니다."

"아하, 죄송합니다. 제가 너무 취했군요!"

"손님, 중곡국민학교가 맞습니까?"

"기사아저씨, 제가 중곡학교라 말씀드렸나요?"

"네."

"아이쿠, 죄송합니다. 용마국민학교를 가야 하는데 예전에 살던 동네에서 애들이 다니던 학교 이름으로 잘못 말씀드렸군요!"

여기까지는 잘 견디고 있었다. 드디어 헤매지 않고 집에 갈 수 있겠구나 싶었다. 취기가 나를 감쌌다.

"손님, 이젠 저도 포기해야겠습니다. 용마학교가 어디 있는지 말씀도 해주지 않고 잠이 드시면 저는 어떻게 합니까?"

지나친 음주로 깜빡깜빡 졸기도 하면서, 자동차 창으로 밖을 보지만 도저히 어딘지 알아볼 수가 없어졌다.

"죄송합니다. 어린이대공원 후문 근처 삼사거리에서 내려주십쇼."

"손님, 저쪽이 어린이대공원 후문입니다. 여기서 내리시지요!"

어찌나 오랫동안 이 기사를 괴롭혔는지조차 기억이 잘 나지 않았다. 일단 택시에서 내렸다. 커다란 길들이 네 방향으로 뻥 뚫려 있었다. 헤드라이트를 밝힌 차들이 휙휙 지나갔다. 도대체 동서남북 방향을 가늠할 수가 없었다. 대로가 빙빙 돌고 있었다.

"이러다가 큰일 나겠네. 정신 차리고 방향감각을 잡아보자!"

그러나 이런 생각도 잠시 어디 앉아서라도 자고 싶다는 생각이 자꾸 들었다. 눈을 부릅뜨고 주위를 돌아보았다. XX모텔이라는 간판이 눈에 띄었다. 비틀거리며 계단을 올라 입구 문을 열었다. 문지기 청년이 달려왔다.

"밤을 지내려는 것이 아니고, 제발 우리 집에 전화 한 통만 걸어주십쇼."

겨우 집 전화번호를 주었다.

"사모님이셔요? 여기 교수님이라는 분이 집에 전화 걸어달라고 부탁해서 전화 드립니다. 지나치게 취하셔서 모시러 오셔야 할 것 같습니다.

이곳은 XX모텔로 대원학교로 가는 길가에 있습니다."
"네…. 약주가 과하신 모양이군요. 그곳에서 기다리라고 말씀 전해 주십쇼. 고맙습니다."
다음날 안사람이 한 말이다.
"세상에! 당신이 나를 그렇게 반기는 모습은 처음 보았어요!"
"무슨 말이요, 당신?"
"글쎄, 어제 밤에 XX모텔 앞에서 당신이 나를 기다리고 있다고 전화가 왔어요. 얼마나 취하셨는지 거기서 집도 못 찾아오시나 했어요."
"글쎄 말이요. 그럴 수가 있을까?"
"부지런히 당신을 찾아갔지요. 그랬더니 멀리서 내가 보였는지 만면에 웃음을 띠며 나를 기다리고 계시더라고요!"
"그냥 서 있읍디까? 당신에게 달려오지 않고요?"
"아마 너무 취해서 몸이 말을 잘 듣지 못하는 듯 했는걸요…."
"고맙소. 앞으로는 절대 과음하지 않겠소!"
"아예, 절주를 하시면 더 좋겠는데요!"
"글쎄요. 그럴 자신은 없는데요…."
그리 즐기던 술자리도 지금은 시들해졌고, 술에 취하기도 이제는 무섭기까지 하다. 기껏해야 저녁상에 곁들이는 포도주 한두 잔이 나를 기쁘게 한다. 문제는 젊었을 시절 어울렸던 후배들이 대접 삼아 이끄는 술자리다.
"에이, 선생님 실력 잘 알고 있습니다. 여기 한잔 더 올리겠습니다."
한 명이 아니고 두세 명이 덤벼드는 날은 문제가 커진다.
숙취가 2~3일 가는 경우도 있으니, 이제는 아예 술자리를 피하려든다. 그리 오래전에 생긴 변화는 아니다. 생각해보니 일흔다섯이 그 경계

나이였지 않나 싶다. 그러나 지금도 막걸리 한두 잔과 포도주 한두 잔이 혀를 감싼 후 인후(咽喉, 목구멍)를 축여주며 넘어가는 그 맛은 나에게 절대적 행복감을 준다.

"젊어서 즐겨 마시라고 그러세요. 나이 먹으면 저절로 많이 마실 수 없게 된답니다. 단 과음은 하지 못하도록 교육하십쇼. 좀 일찍 세상을 등진 친구들에게는 공통점이 있습니다. 젊었을 때 생활에 절제가 덜했고, 건강관리를 소홀히 했다는 점입니다. 또 한 가지 힘든 충고는 과욕을 피할 줄 아는 생활태도를 지니게 하십쇼. 과욕은 특히 정신적 고통과 금전적 궁핍을 안겨주거든요."

이런저런 자리에서 던지고 다니는 나의 충고다.

"여보, 요즈음은 일찍 일찍 집에 잘 돌아오시네요!"

"왜요? 다시 XX모텔에서 당신에게 전화하라고 할까요?"

"글쎄요…. 그때 당신이 나를 보고 지은 표정은 어미 잃은 병아리가 어미를 찾았을 때 품에 파고들어 보여주는 바로 그런 표정이었거든요."

"여보, 부끄럽습니다. 사실 그때 당신은 나에게 이 세상에서 가장 반가운 사람이였지요!"

"언젠 아닌가요?"

하긴 따져보면 안사람이야말로 언제 보아도 가장 반가운 사람이다. 결혼 생활 50년! 반백년을 함께한 나의 반쪽이다.

반세기를 동고동락한 안사람에게 더 큰 사랑을 주어야겠다고 다짐한다.

'여보, 당신을 진정으로 사랑합니다. 백수를 함께 건강히 맞이합시다.'

터무니없는 시도

"여보, 미국에서는 5월 중순경 학년이 끝나잖아요. 학기가 끝나면 곧 한국에 오라고 할까요?"

"왜요?"

미국에 있는 두 손자를 어떻게 하면 조금이라도 더 한국에 익숙하게 만들 수 있을지 궁리하던 중 튀어나온 대화다. 안사람이 괜찮은 아이디어를 찾아낸 듯 의기양양한 표정이다.

"방학 직후 바로 한국에 오게 해 애들이 여기 초등학교에 한 두어 달 다니게 해볼까요?"

"애들과 그 애들 부모와 우선 상의해야 될 일이지요."

"네, 상의해볼게요."

"학기가 차이가 있으니, 잘 생각해야 되겠지요. 또 여기 학교에도 양해와 협조를 얻어야 되겠고…."

커다란 모험을 하기로 했다. 2009년경으로 기억한다. 안사람은 집 근처 초등학교를 방문해 교감과 담당선생님을 만나 상의를 했다. 다행히 협조적이라 우리 의도는 쉽게 시행되었다. 큰 책방에 가서 초등학교 2

학년과 3학년 1학기 교재도 구입하였다. 손자들이 미국에서 이미 2, 3 학년을 마쳤지만, 한국에서 다시 2, 3학년 반에 배치되도록 했다.

가장 다행스러운 일은 두 손자가 책가방을 메고 매일 학교를 부지런히 다니고 있다는 사실이었다. 물론 우리 내외에게 두 손자가 무엇을 배우는지는 관심 밖이었고, 단지 한국생활의 맛을 어떻게 익혀 가는지가 가장 중요했다. 한 달이 지나자 두 놈의 친구들이 우리 집에 오기 시작했다. 학교에서 친구를 만들어가는 눈치였다. 반갑고 고마웠다. 큰놈 성언(Steven)의 적응 속도가 더 빠른 듯했다. 학과 시험성적도 꽤 오르고 있었다.

"성언아, 미국 학생과 한국 학생의 가장 큰 차이가 무어라 생각하니?"

"할아버지, 왜 한국 학생들은 그래?"

"왜? 어떤데?"

"선생님이 교실에 있을 때는 조용하다가, 선생님이 나가면 애들이 막 떠들고 뛰어다녀."

"선생님 계실 때와 그렇지 않을 때 학생들의 태도가 다르다는 말이니 성언아?"

"네, 할아버지. 행동이 달라져요!"

"그렇구나. 내가 어렸을 때도 그랬단다."

사실 성언이의 지적은 나를 뜨끔하게 했다.

"성언아, 학교에서 배우는 내용은 어떠니? 네가 미국에서 배운 내용과 비슷하니?"

"네. 그런데 수학은 좀 어려운 수준이에요. 물론 사회생활 내용은 모르는 것이 많고요."

"친구들은 다정하니?'

"네, 할아버지. 특별히 가까워지고 싶어하는 애들도 있어요."

"그래. 좋은 친구들도 많이 사귀어라, 성언아."

그런데, 아이들의 불평은 전혀 다른 데서 나왔다.

"할아버지, 둘러보면 꽤 깨끗해 보이는데, 이 이상한 냄새는 어디서 나와요?"

"냄새?"

음식 및 목욕문화 등 한국 사람들의 생활에서 만들어지는 냄새가 성언이에게는 익숙지 못했던 모양이다. 작년에 성언이와 재언이를 미국에서 만났을 때 이 얘기를 꺼내니 아이들은 이 냄새를 '한국 냄새(Korean smell)'라고 불러 나를 당황케 했다.

우리말이 성언이보다 뒤진 재언에게는 한국 생활이 더 힘들어 보였다. 학교 수업시간이 흥미를 끌지 못하고, '한국이 어렵다'는 생각을 짙게 주는 듯했다. 비록 두 손자가 미국에서 주말마다 한국말 학교를 다니고, 집에서 제 부모가 주로 한국말을 하며 지내지만 역시 한국어 능력이 많이 뒤지고 있었다. 갑자기 애들의 아버지가 미국에서 자라고 있을 때 우리에게 한 충격적인 말 한마디가 생각났다.

"엄마, 아빠 이외에 이 세상에 한국말을 하는 사람이 하나도 없는데 왜 내가 한국말을 꼭 해야 하죠?!"

"현철아, 네가 크면 왜 두 언어를 잘 구사해야 도움이 되는지 이해하게 될 거야!"

큰아들이 유치원을 다니고 있을 시절 이야기다.

우리 내외는 괴로워하는 아들을 꼭 껴안아주었다. 바로 한국인-미국인으로 살게 하기 위해 우리는 손자 둘을 한국학교에까지 입학시켜 한국을 경험하게 하고 있었다. 무모한 시도가 아닐지 내심 걱정도 컸다. 그런데 우리로서는 이 시도가 얼마나 애들에게 도움이 될지 또는 한국에 대한 친밀감을 키워줄지 궁금했다. 그 결과는 기다려 보아야 알 일이다.

애들이 학교를 다니며 한국에서 두어 달 머무는 동안 우리 내외는 정말 행복했다. 손자 두 녀석이 정원에서 뛰어놀고, 우리들과 시간을 함께 나누고 있다는 사실이 너무나 좋았다. 사랑의 나눔에 우리 내외가 얼마나 매달려 있었는가 싶었다.

"성언아, 재언아, 언제든지 또 한국에 놀러 와라. 다음에는 학교에 가라고 하지 않을게. 또 올거지?"

"네, 할머니, 할아버지. 안녕히 계세요. 건강하세요. 또 올게요!"

손자 둘을 떠나보내는 우리 내외는 눈시울이 붉어졌다.

"애들아, 고맙다. 너희들이 함께 있을 때 우리는 매우 행복했단다. 우리와 한국을 잊지 말고 곧 또 찾아주길 바란다."

"네, 할아버지, 할머니. 우리도 즐거웠어요. 건강하세요. 곧 또 올게요."

그 '곧'이 7년 후에나 왔다. 훌쩍 자란 두 손자가 다시 한국에 왔다. 우리 내외가 기대고 싶을 정도로 커버린 두 손자가 더없이 멋져 보여, 우리 내외의 어깨가 으쓱했다.

'7년 전에 한국 학교 다니느라 고생했는데도, 잊지 않고 다시 찾아왔구나! 7년 전 시도가 터무니없지는 않았나보다!'

또 세월이 지나 두 놈 모두 대학에 다니고 있다. 한국인의 피가 그들 속에 흐르고 있다. 그러나 미국인인 이들에게서는 우리들이 멀게 느끼는 여러 가지를 발견하며, 그 차이점을 이해하려 노력한다. 어차피 '사랑이란 내리사랑이다'라고 하지 않았던가!

그렇게 터무니없고 무모해 보이던 우리들의 시도가 있었기에 손자들과 오늘도 옛 이야기를 나눌 수 있다. 결코 우리의 시도는 헛되지 않았다고 확신한다.

손녀와 함께하는 자연수업

"채언아!"

"네, 할아버지."

"오늘 아차산 잘 왔지!"

"그럼요, 할아버지. 산에 오니까 자연과 훨씬 가까워진 기분이에요."

"와, 채언이가 어른스런 얘기를 하네!"

초등학교 5학년인 내 유일한 손녀 채언이와 집 가까이 있는 아차산 걷기길에 접어들고 있었다.

"할아버지!"

"왜, 채언아."

"할아버지, 왜 산에 오면 공기가 더 신선하다고 느껴지죠?"

"글쎄, 왜 그런지 생각해볼까?"

"나무가 많아 그늘이 져서 그런가?"

"그것도 한 이유가 되지. 그늘이 졌다는 말은 햇볕이 나뭇잎에 가려져 있다는 의미거든. 그러니까 뜨거운 햇볕이 우리에게 내려 쪼이지 않는다는 의미지."

"응, 할아버지."

"아마도 집 실내보다 2-3도는 더 낮을 걸."

"온도가 낮으니까 시원하게 느낀다는 얘기지요?"

"그래, 다음은 또 어떤 까닭이 있을까?"

"식물들은 탄산가스를 빨아들이고 산소를 내뿜는다고 배웠는데, 그러면 산소가 공기 중에 많아 그렇게 느끼나요?'

"그렇게들 흔히 이야기하지. 그런데 할아버지는 실제로 공기 중 산소 양이 조금 높다고 더 신선하게 느낄지는 잘 모르겠어. 저 아래보다 먼지가 적고 공기가 맑아 그렇게 느낄 수는 있겠지. 또 한 가지 더 물어볼까? 숲속을 걸으면 건강에 좋다고 하는데 왜 그런지 배웠니?"

"음, 배운 적이 있는 것 같은데. 뭐더라…."

"네가 기억하기 좀 힘든 과학용어라…."

"식물들이 우리에게 좋은 성분을 준다고 배웠는데 좀 어려운 말이었어요."

"그럴거야. 어른들도 기억하기 힘든 단어지!"

얼마 전부터 우리 일상에 들어온 새로운 단어가 있다. '피톤치드'라는 일종의 과학 용어다. 그런데 이 단어는 러시아에서 들어온 외래어로 phytoncide(s)로 식물(phyton)과 죽임(cide)의 복합어이다. 러시아의 생화학자 보리스 토킨(Boris P. Tokin) 당시 레닌그라드(현 상트페테르부르크) 대학교수가 1928년에 처음 사용한 술어다. 그는 식물들이 자기보호를 위해 여러 가지 휘발성 물질을 배출한다는 사실에 주목했다.

식물들은 병균(박테리아), 곰팡이, 해충으로부터 자신을 보호하기 위해 여러 가지 휘발성 화합물을 배출한다. 식물들의 종류, 생장환경 등에 따라 매우 다양한 화합물을 자기보호에 사용한다. 현재까지 알려진 화합물의 종류가 5천 가지가 넘으니, 식물들이 얼마나 강렬하게 자기보호 방법을 찾아왔는지 놀랍기만 하다. 우리들은 이 향을 좋아해 향초(herb)로 키우기도 하며, 동시에 모기, 파리 등 해충들을 쫓아주길 바란다. 또 피톤치드들의 약리작용에 주목하고 있다. 숲(산림)욕을 즐기면서 면역기능의 향상을 바란다. 아로마테라피(aromatherapy)를 통해 스트레스 해소를 꾀하기도 한다. 자연향균물질에 의한 살균작용에 관해서는 이미 과학적 증거가 쌓여 있다. 일부 피톤치드는 인간과 동물의 심폐기능 강화효과를 준다고 믿고 있다. 최근에는 애견동물 치료제로서의 가능성에도 관심이 쏠리고 있다.

이런 내용을 채언이에게 좀더 쉽게 설명해주었다. 채언이는 끄덕이면서 말을 보탰다.

"그래서 할머니, 할아버지는 로즈마리, 금잔화, 제라늄, 라벤더, 레몬글라스 등 향기 나는 화초들을 키우시나요?"

"그렇기도 하고, 꽃도 예쁘고, 향기도 좋거든."

"우리도 그런 꽃을 키우면 좋겠다."

"그렇지만 너희들은 아파트에 살기 때문에 키우기가 좀 어려울 거야. 햇볕이 잘 들어야 하거든. 우리 집에서는 정원에서 키우고 있지만…."

"그런데 할아버지, 그런 화초 키우면 정말 모기들이 도망가나요? 우리 아파트에는 모기가 들어와 밤잠을 설치게 해 죽겠어요."

"저런 가엾어라. 우리 집에는 전보다 모기가 적어졌다고는 느끼고 있지. 모기향 피우고 자지…."

"엄마, 아빠가 모기향 좋지 않다고 사용하지 않는걸요!"

"그래, 기관지를 자극할 수도 있겠지. 특히 네 아빠 기관지가 좀 약한 편이다…."

"채언아, 한 가지 할아버지가 물어볼게."

"무언데요. 쉬운 질문이지요?"

"응, 정말 쉬운 질문이야. 너 우리 집에 들어서면 종종 할아버지가 향초 잎을 쓰다듬은 후에 네 코에 대어 냄새 맡아보라고 하지?"

"네, 할아버지. 그런데요?"

"왜 쓰다듬으면 냄새가 더 진하게 느껴질까?"

"쓰다듬으면 손에 냄새가 많이 붙으니까 그렇지요."

"그러네. 네 답이 맞네. 그러면 내 질문을 다르게 물어야겠네. 왜 잎을 건드리면 냄새 물질을 더 내보낼까?"

"음. 그건 좀 어려워요. 할아버지!"

"쉽게 생각해보렴. 식물들이 해충이 가까이 오는 것을 싫어해 냄새 나는 화합물을 분비한다고 했지?"

"네, 할아버지."

"그 방향으로 생각해보렴. 채언아."

고개를 갸우뚱거리며 생각에 잠겼던 채언이 빙긋 웃으며 답한다.

"할아버지 답이 생각나지 않아요. 왜 그렇지요?"

"답은 매우 간단하단다. 우리가 향초에 손을 대면, 식물은 해충이 왔다고 판단하지. 그렇게 되면, 해충을 쫓기 위해 빨리 또 강하게 해충 쫓는 화합물을 뿜어내려 노력하거든."

"응, 그렇구나. 그걸 생각 못했어요."

우리 둘은 '피톤치드' 많은 곳이라는 팻말이 있는 곳의 벤치에 앉았다. 소나무들이 밀집되어 있는 곳이라 소나무 잎 냄새를 느낄 수 있었다. 은은한 테르펜(turpentine)향이 건강을 가져다주는 듯했다. 멀리 어린이대공원이 내려다보인다. 채언이와 가끔 어린이대공원도 걸으며,

식물들뿐 아니라 동물원의 호랑이, 새, 사자, 물개 등을 보며 즐긴다.

"할아버지!"

"왜, 채언아?"

"산에 와보면 같은 식물들이 함께 뭉쳐 살고 있는 게 보이거든요. 진달래는 진달래끼리, 개나리는 개나리끼리 모여 있어 빨강 꽃은 빨강 꽃끼리, 노랑 꽃은 노랑 꽃끼리 모여 있어 보기 좋아요. 그렇게 모여 살아야 좋은가보지요?"

"정말 그러네. 식물들은 일반적으로 그렇게 함께 뭉쳐 살기를 좋아하지만, 전혀 그렇지 못하고 멀리 떨어져 살기를 원하는 종류도 있단다."

"어떻게 그게 가능해요, 할아버지?"

"식물들은 자기들이 싫어하는 다른 식물들이 가까이 못 오게 하는 자기 보호 능력을 가지고 있단다. 뿌리를 통해 다른 풀이나 나무가 잘 자라지 못하게 하는 일종의 농약이라 할 수 있는 화합물들을 방출한단다. 때로는 떨어진 잎이 이런 역할을 하기도 한단다. 이런 현상을 타감작용(他感作用, 다른 종의 성장을 감소시키는 현상)이라 부르지."

"그거 참 신기하네요. 할아버지. 모두 화학작용 때문이지요?"

"식물생리학적 현상에 숨어 있는 화학이야기지. 사람과 짐승들뿐만 아니라 식물들도 전쟁을 하고 있는 셈이지. 우리가 그 소리를 듣지는 못하지만…."

"할아버지 고마워요. 정말 유익한 자연시간이었어요!"

이 귀여운 소녀의 어른다운 말을 듣고 나는 채언이를 꼬옥 안아주었다.

"채언아, 자연은 우리에게 많은 것을 가르쳐준단다. 자연에서 많이 배우거라!"

지난 40여 년간의 수집품들

"여보, 무어길래 그렇게 무거워 보이는 걸 들고 오세요?"

"글쎄, 별것도 아닌데… 조심히 받으세요."

"보물이라도 되나보지요?"

"보물까지는 아니지만…."

중국 베이징에서 열린 학술대회에 참여하는 동안 주최 측이 추천한 기념품 가게를 들렀다. 1990년대 초 베이징에서 본 기념품들은 내 시선을 크게 끌지는 못했다. 그러나 중국의 옥과 차(茶) 이야기는 많이 들은 터라 그런 쪽으로 눈을 돌렸다.

안사람을 위해 옥 손팔지 하나와 중국 차 한 통을 사가지고 가게를 나오려는데 내 시선을 끄는 품목을 하나 더 발견했다. 돌을 깎아 만든 큰 말이었다. 옥돌이라 했다. 값이 꽤 나갔다. 100여 달러였다고 기억한다. 물론 흥정한 값이었으니 호가는 더 높았으리라. 초록빛이 도는 하늘색 돌의 색깔과 뛰어오르는 말의 기상이 나를 움직였다. 점원은 신문지 여러 장으로 둘둘 말고 끈으로 묶어 나에게 주었다. 그런 채로 집을 들어섰으니 안사람이 좀 놀랄 만도 했다.

"어이쿠, 되게 무겁네요! 돌이거나 쇠겠군요!"

"어서 풀어보세요. 당신 것이 아니라 죄송하기는 하지만요…."

"옥돌 말이군요. 정말 멋있어요! 무거운 짐 들고 오느라 고생 많으셨네요!"

"무거워 좀 힘듭디다. 트렁크에 넣어 갖고 오기가 불안해 직접 들고 왔지요!"

"당신 말 수집에 큰 자리를 차지하겠네요."

언제부터인가 수집하기 시작한 말 조각품이 집안의 여러 곳을 차지하고 있다. 침실 구석 진열대, 안방 장식장 속과 위, 거실 책장 위, 여기저기 장식대, 이층 방 책상, 축음기판대, 옷장 위 등에 정돈되지 않은 채 여러 자세의 말들이 자리하고 있다. 매우 작아 눈에 잘 띄지 않는 유리 말부터 들기가 힘들 정도로 큰 청동말에 이르기까지 크기는 물론 자태도 매우 다양하다. 말 수집품 중 중국에서 가지고 온 조그만 말 세 필이 특별한 의미를 지니고 있어 가끔 들여다본다. 말을 타고 있는 원숭이, 말 등에 붙어 있는 매미, 제비 등 위에서 비상하고 있는 말. 이들은 모두 빠르게 멀리 비상하는 의미를 지닌다. 크게 성공하거나 높게 출세하라는 소망을 뜻한다.

두 번째 수집품은 작은 숟가락들이다. 우선 부피가 작고, 비싸지 않은 기념품이라는 장점이 있다. 특히 국가명과 도시 또는 관광지명 혹은 건물명이 씌어 있어 좋다. 내가 어느 도시 또는 어느 곳을 방문했는지 기록이 되어 큰 의미를 지닌다. 물론 숟가락의 모양도 다양하지만 숟가락에 새겨 넣은 문양과 그림들 또한 그 지역이나 장소의 특징을 축약해 보여주기 때문에 추억거리를 제공한다. 역사적 기념내용이 담겨 있기도 하다. 재료들도 다양하다. 스테인리스 스틸류가 가장 흔하고, 청동,

퓨터(pewter, 백랍), 주석의 합금, 구리, 은, 유리, 자기, 나무 등으로 만들었다. 신랑·신부의 끊이지 않는 영원한 행복을 비는 나무 숟가락(Love Spoon)은 특이하다. 손잡이 부분을 두 가닥의 나무줄기가 서로 꼬여 있는 모양으로 조각했다.

2008년에 영국 카디프(Cardiff)에서 개최된 한 국제회의에 참여했을 때 결혼 40주년 기념으로 40이라는 숫자가 하트 모양 위에 있는 사랑의 숟가락을 사서 침실 벽에 걸어두었다.

큰아들의 돌이 가까워졌을 때 세 식구가 나이아가라 폭포 구경 기념으로 산 스테인리스 스틸 기념 숟가락이 첫 숟가락이었다고 기억한다. 따라서 숟가락 수집도 어연 50여 년이나 된다.

"할아버지."

"왜 성언아?"

"숟가락들 정말 많이 모으셨네요. 모양도 가지각색이고, 전 세계 숟가락이 다 모인 것 같아요."

"그렇지, 성언아?"

"그런데 할아버지 죽으면 이 숟가락들 어떻게 하실 거예요?"

"성언아, 혹시 네가 갖고 싶으냐?"

"네, 할아버지!"

"그럼 잘 되었네. 네게 다 주지. 네가 제일 큰손자니까 너에게 우선권이 있지!'

"아이구, 고맙습니다. 할아버지."

그렇게 해서 내가 모은 기념 숟가락들은 일찌감치 큰손자의 몫이 되었다.

"그럼 이 말들은 누구에게 줄까? 둘째손자 재언이에게 주어야 하나?"

아직 재언이가 무엇을 바라는지는 더 기다려보기로 했다. 성언이와 재언이는 미국에서 태어나 평생 미국에서 살았기 때문에 정서적으로 우리들의 생각과 많이 다름을 종종 느껴 그 애들을 대할 때 조심스럽기도 하다. 큰놈은 이미 대학생이고 둘째도 금년에 대학에 진학한다. 셋째 승언이는 서울에서 태어나 제 부모를 따라 미국에서 좀 산 경험은 있으나 전형적인 한국 고교생으로 학교에 다니고 있다. 유치원 입학 때까지 우리 내외와 함께 살았기 때문에 미국 애들보다 훨씬 편하다. 지금도 우리 침대 속을 편하게 파고든다.

"승언아, 네 큰형이 이 기념 숟가락들 갖기를 원하는데, 너는 할아버지 수집품 중 어느 것들을 가질래?"

"글쎄요. 할아버지가 무엇을 주길 원하시는지요…."

"승언아, 너는 나와 띠동갑인 걸 알지?"

"네, 할아버지. 말띠요!"

"그렇지. 승언아. 그럼 넌 이 말들 가지면 되겠네!"

"그러면 좋지요. 할아버지."

승언이와 나는 정확히 60살 차이 나는 말띠생이다. 우리는 임오년(壬午年)생이다. 따라서 내 말들을 승언이에게 양도(?)하는 일이 지극히 당연스럽게 느껴진다.

"여보, 그러면 우리에게 유일한 손녀 채언이에게는 무엇을 주실래요?"

"글쎄요. 별로 없지만 제 장신구들을 줄까요?"

"그건 좀 더 잘 생각해야겠네요. 두 며느리가 있으니…."

"그 점은 당신도 마찬가지예요. 두 아들이 있잖아요. 손자들보다 아들 몫을 잘 생각해야 되겠네요."

아들들의 평소 관심사가 무엇이었는지 다시 생각해보아야 될 일이다.

"여보, 우선 채언이에게는 모조품 장신구 정도로 마음 먹으시지요!"

"네, 그게 좋겠네요. 좀 더 크면 어련히 제 물건 갖겠다고 하려고요…! 셋째 재언이에게는 제 애비가 가지고 놀던 기타를 주면 좋겠네요. 재언이는 첼로 연주가이니까 기타에 관심을 가지고 있을 듯해요."

"좋은 생각이군요. 제 애비 애정이 깃들어 있는 악기니까 의미가 크겠네요. 기타 산 지도 30여 년이나 됐으니 이제 골동품에 가깝네요."

서산대사(西山大師, 1520~1604, 休靜)의 마지막 유훈이 떠오른다.

> 자네가 움켜쥔 게 웬만큼 되거들랑
> 자네보다 더 아쉬운 사람에게
> 자네 것 좀 나눠주고
> 그들의 마음 밭에 자네 추억 씨앗 뿌려
> 사람 사람 마음 속에
> 향기로운 꽃 피우면
> 천국이 따로 없네 극락이 따로 없네.

미국의 두 손자와의 교신

나의 두 손자는 미국에서 태어나 그곳에서 살고 있다. 한국에서, 바로 내 옆에서 뛰어논다면 얼마나 좋겠냐만, 그러지 못하는 상황이 안타까울 따름이다. 어느새 성언(Steven)과 재언(David)이 대학생이 되었다. 드물게 만나고 있는지라 이 아이들과 '대화'하는 것이 어느새 풀어야 할 과제가 되고 말았다. 여러 면에서 한국의 청소년들과는 많은 차이가 있는 터라 평소에 어떤 방식으로 대화를 할까 하고 궁리하는 일이 잦아졌다.

'어느 방법을 택하든 성언이와 재언이의 일상계획과 상충하지 않으며, 개인 생활을 침해하지 않아야 한다.'

몇 가지 교신 방법 중 이메일을 택했다. 자기들이 우편을 열어보고 싶을 때 보면 되므로 시간적 자유가 허용되는 장점이 가장 좋았다. 나에게도 가장 편한 방법이다. 아이들이 어렸을 때는 어찌나 보고 싶던지, 가급적이면 1년에 한 번은 미국을 방문하여 아이들을 보려고 했다. 미국에 출장이라도 가야 하는 경우가 생기면 아이들이 사는 텍사스까지 내려가는 경로를 택하곤 했다.

그러나 두 손자가 중 · 고등학교에 진학하면서부터 졸업식 때가 아니면 방문이 점점 드물어졌다. 나이 들어가는 우리 부부에게 미국 동부(현재는 메릴랜드)까지의 비행이 육체적으로도 점점 부담이 되어갔다. 꼭 얼굴을 보지 못하더라도 할아버지와 손자 사이에 소통은 계속 유지하고 싶었다. 할아버지와 할머니가 가까이 있는 것처럼 되도록 자주 교신하고 싶었다.

무엇을 생각하며 어떻게 지내고 있는지가 항상 궁금하다. 학교생활, 교우관계, 학업 성적, 교실 밖 활동, 취미, 미래를 위한 설계 및 계획, 소수민족 출신이 겪는 경험 등 손자들이 겪을 무수히 많은 일들이 궁금할 따름이다. 물론 한국에 있는 손자, 손녀에게서도 이들 정보를 세세하게 듣지는 못하고 있지만 미국의 손자들이 지키고 싶어하는 프라이버시(privacy)의 범위가 한국의 청소년들보다는 훨씬 넓으리라는 생각에 조심스레 다가가겠다는 심정으로 거리를 좁혀가고 있다. 첫손자는 의견을 표현하는 데에 더 적극적인 아이라 어떤 생각을 하고 있으며 어떻게 지내고 있는지를 이메일을 주고받는 것만으로도 그 근황을 비교적 알기가 쉽다. 둘째는 응답에 조금 소극적이어서 아쉬움을 느끼던 중 2019년 여름, 한국을 방문하여 함께 지내게 되었다. 그 시간 동안 훨씬 가까워졌음을 느낄 수 있었다. 그 후로는 내 이메일에 지체없이 답을 주어 매우 기쁘다.

단순히 두 손자의 안녕을 빌고 원만한 인격을 갖춘 사람으로 자라게 돕고 싶다는 마음만으로 교신을 지속하지는 않는다. 그보다 자신들의 뿌리를 알고, '비록 몸은 먼 곳에 떨어져 있지만, 나에게도 할아버지와 할머니가 계시다. 그분들은 매우 훌륭한 분들로 우리 형제를 위하여 꼭 필요한 분들이셨다.'고 후에 기억해주길 바라는 마음이다.

그래서 나는 성언이와 재언이에게 이메일로 교신하며, 때로는 우리 둘의 최근 사진도 함께 전송한다. 가장 최근에 성언, 재언이와 주고받았던 전자편지를 수정 없이 글에 첨부한다. 손자들아, 잘 성장해 행복하게 살기를 바라고, 이 세상이 너희 둘로 인해 조금이라도 더 살기 좋은 곳이 되도록 노력해주기를 바란다. 사랑한다. 성언아, 재언아.

Dear Steven:

How is your NSF REU project moving? Do you have an interesting research project? Are you receiving a satisfactory mentoring from your professor in Ohio? Do you interact much with the other student, who I remember is another Korean-American? Are you finishing up earlier research too?

What is occupying your leisure time?

Social distancing for such a long time is making me a little restless, because there are several important businesses which require meetings and close discussions to make important decisions. So everything slows down in my case. Many old people are not accustomed to new technologies to have meetings online, which gives me additional difficulties. I simply have to be patient and reduce speed in decision making.

Is the COVID 19 situation in Maryland getting better, Steven?

Please try to stay safe from the virus and to maintain good health.

Love,

Grandpa in Seoul

2020년 5월 30일 오후 4:15

\

Hello Grandpa,

I hope you are doing well. Thanks for the email. The social distancing is also not enjoyable for me. In mathematics, it is much better to be able to meet people and work together with chalk and a blackboard rather than chat online. As you mention, many of my professors are quite elderly and have a harder time with the electronic resources. Nonetheless, I am having fun with my work and making good progress.

My NSF REU project is quite nice. My advisor is a Russian fellow, which means his personality is quite intense, but he is still kind and he is a good mentor. Our project involves an algebraic structure called "rings." I am not sure if you have heard of ring theory before, but you can imagine rings are similar to "groups," but with some extra structure. I know you are quite familiar with group theory, since group theory has immense applications in chemistry (IR spectroscopy, molecular orbital theory, x-ray crystallography). I do not know anything about chemistry but I am sure you know what these things are. Our research group is working to understand the structure of certain rings called "multivariate differential polynomial rings over a locally nilpotent base." I am enjoying the work very much. We have made lots of progress, but there is still a lot of work to be done. You are right that I am working alongside a Korean graduate student. She is a nice girl, but she has a hard time speaking English, because she did her undergrad in Korea. I sometimes help to communicate between her and our advisor in this respect.

I am also working on various other projects at the same time. I am not really close to finishing anything yet, but I am making good progress. In math, papers can often take many years to complete. When I am not working on research, I am spending time preparing for my quals. At UMD, Ph.D. students must take qualifying exams in two subjects. I will be taking my first exam this August, so I am preparing for this. I have never prepared for such a difficult exam in my life. At Maryland, over half of the math Ph.D. students fail the exams on their first try. I will do my best not to make such a mistake!

I hope you and Grandma are staying safe. I am making sure that we are safe as well. Things start to be opening up slowly, and we have been told that our fall semester might be partially in person. I suppose this is somewhat promising, but it certainly means we should exercise extra caution.

Love,

Steven

2020년 5월 31일 오전 6:53

Dear David:

I heard good news from your dad that you have gotten a couple of internship appointments. What organization are they? What kind of assignments are you working on? They must be online jobs which you take care of at home. Right?

Congratulations that you successfully ended the second semester in university. It was a pity that you could not attend classes because of the COVID 19 pandemic. The situation is the same in Korea too. All the lectures are given online and this semester will be over in a couple of weeks.

Sometimes I wonder why scientists are not able to conquer such a small (ca. 12 nm) virus which does not even have it's own life. While we humans so easily kill high animals including human beings, they do not know how to handle small aggregations of molecules. Isn't it absurd, David? Do you know the fact that we live together with cold viruses for so long! There are not yet perfect vaccines even for common colds ! I strongly believe scientists should work much harder to this end.

Well, I hope you keep trying to maintain good health and staying safe from COVID 19.

With Love,

Grandpa in Seoul

2020년 5월 30일 오전 3:56

＼

Dear Grandpa,

I hope you have been well and healthy! The spread of the virus is being slowly contained in the US, so things are looking hopeful. I pray that Grandma and Grandpa stay safe!

I am interning for two organizations over the summer: the Baltimore Development Corporation and the Federal Public Defender for the District of Maryland. The first one is the economic development agency for the city of Baltimore--I haven't been receiving much work from them just yet, but seems like they want me to help with marketing, though I would prefer to work with the business department on helping small businesses recover from the pandemic. In the second organization, I am helping the federal public defenders (국선변호인) with their responsibilities, which mostly entails investigating cases and clients' backgrounds. Of course, I am doing everything from home.

Thankfully, Korea seems to be doing a good job of containing the virus and mitigating the spread! Nonetheless, I hope you and Grandma continue to stay well.

Love,

David

2020년 6월 8일 오전 11:44

휠체어를 타고 다닌
안사람과의 특별한 여행

우리집엔 휠체어가 하나 있다. 매우 특별한 휠체어다. 미국 텍사스의 알링턴시 → 마이애미 → 푸에르토리코 → 뉴욕시 → 인천공항 → 우리집의 긴 여정을 함께한 휠체어다. 잠깐 어머님도 사용하셨지만 그 휠체어의 주인은 안사람이었다. 불행의 연속이었다. 나는 척추관 협착증 수술 후 빠른 회복을 위해 꾸준히 운동을 하려고 뒷산에 자주 올라갔다. 어느 날 거의 다 내려왔는데 동행하던 안사람이 넘어져 안아 일으켜도 혼자 서질 못하는 것이었다. 아들에게 전화를 했다.

일반 차량 출입이 금지된 위치였지만, 상황을 설명하고 사고 현장까지 차를 갖고 왔다. 대학 병원에서 검사하니, 왼쪽 발목 윗뼈에 제법 큰 골절이 생겼음을 발견했다. 결국 발목에서 무릎 가까이까지 깁스를 해야 했다. 참 난처한 일이었다. 내 허리도 아직 요양을 필요로 하는데 안사람까지 절름발이 신세가 되었으니…. 더구나 곧 있을 푸에르토리코(Puerto Rico)에서 열리는 국제 학술대회에 참여해야 했기에 그 기간 동안 안사람을 누가 돌보게 해야 할지 걱정이 되었다. 임시로 간병 겸 수발을 들게 할 사람을 구할까 했으나 안사람이 어떻게든 자력으로 해결할 테니 걱정 말라고 고집했다.

"여보, 좋은 생각이 떠올랐소."

"무슨 생각이요?"

"나와 함께 갑시다."

"큰애(텍사스 알링턴시) 집에 머물던지, 나와 함께 푸에르토리코를 거쳐 뉴욕시 바비에게 들러 집으로 돌아옵시다."

"그게 가능할까요?"

"왜 불가능하다고 생각해요. 항공사에 특별 서비스를 요청하면 휠체어 서비스를 받을 수 있거든요. 당신이 나와 동행하는 게 차라리 내 마음이 편할 것 같소."

"생각 좀 해보고요…"

한쪽 목발을 사용하면서 인천공항에 도착하니 KAL기의 돌보미 휠체어가 안사람을 기다리고 있었다. 안사람이 휠체어에 앉아 있는 덕(?)에 모든 수속이 우선적으로 처리되었다. 안사람도 안도하는 눈치였다. 그제야 나도 안심이 되었다.

'괜찮네! 어쩐지 같은 처지의 여행자들을 가끔 볼 수 있었구나. 앞으로의 긴 여정도 계속 이랬으면 좋겠네.'

장장 열서너 시간의 비행 끝에 미국 텍사스주의 댈라스 공항에 도착했다.

"어머님 괜찮으세요?"

눈이 휘둥그레진 아들이 맞이해준다. 비행 중에 벋정다리 신세로 불편하게 긴 시간을 견뎌낸 안사람이 안타깝기만 했다.

"응. 견딜 만했단다. 도와주느라고 아버지가 고생 많이 하셨지."

주차장까지 이동했다. 안사람은 공항에서 빌려준 휠체어에 앉아 큰

아들과 이야기를 나누고 있었다. 나는 안사람 목발을 들고 따라갔다.

천정이 높고 넓직한 아들 집에 들어서니 두 손자와 며느리가 반겨준다. 앞으로도 긴 여정이 남아 있긴 했지만 우선 몸과 마음이 편해졌다. 텍사스주는 사막지대라고는 믿어지지 않았다. 키 큰 나무들이 가지를 넓게 드리우며 동네를 뒤덮고 있었다. 공항에서 집에 오는 동안 본 황량한 텍사스 고속도로 변과는 매우 대조적인 모습이었다. 가로수 한 그루도 보기 힘든 텍사스의 고속도로에는 참으로 정이 들지 않는다. 울창한 숲이 길 양 옆을 지키고 있는 동북부의 풍경과는 너무나 달랐다.

우리 둘의 일정을 듣던 아들과 며느리가 휠체어를 사라고 권했다.

"아니다. 그걸 한국에 갖고 가 무얼하게. 네 어머니도 곧 목발조차도 필요 없게 될 터인데."

"사용하시다 보관하면 되잖아요."

"그걸 보관해 무얼하려고?"

"누가 알아요. 할머님이 연로하시니 후에 필요하시게 될지요!"

결국 우리는 휠체어를 구입하고 말았다. 이때부터 여행 경유지 공항과 친구들에게 부지런히 이 사실을 알렸다. 나와 휠체어 탄 안사람이 동행한다고…. 전에는 안사람이 목발을 이용하고 있으니 그에 대비해달라고 부탁했는데, 형편이 달라졌다. 한쪽 목발이용에 익숙지 못했던 안사람도 휠체어를 이용하는 걸 훨씬 편하게 느끼는 듯해서 기뻤다. 휠체어에 앉아 있는 환자가 혹시 옆으로 쓰러지는 것을 방지하기 위해서인지 휠체어 무게가 상당했다. 따라서 접어 자동차에 싣기에는 꽤 힘이 들었다. 목발 하나도 함께 가지고 다녀야 했다. 예상했던 대로 공항 서비스는 훌륭했다. 탑승과 착석과정에 전혀 문제가 없었다. 비행 중 화장실 이용시에는 목발과 약간의 부축을 이용하여 문제를 해결했다.

댈라스 공항과 마이애미 공항을 거쳐 푸에리토리코의 산후안(San Juan)공항에 도착했다. 안사람은 처음 찾는 곳이다. 덥고 습한 공기가 우리를 감쌌다. 휠체어를 타고 있던 안사람을 본 행사 담당 교수의 표정이 복잡해 보였다. 휠체어를 접어 자동차 뒤쪽 칸에 넣기가 그리 쉽지는 않았다. SUV 차의 높이가 더욱 힘들게 했다. 호텔에 도착하니 안사람의 얼굴이 환하게 펴졌다. 호텔 직원들이 친절하게 도와주었기에 안사람의 거동이 용이했을 뿐 아니라, 안사람이 휠체어를 굴리며 여기저기 다니며 여러 볼거리들을 구경하기도 했다. 여러모로 불편했을 서울 집에 혼자 두고 오지 않고 동행을 결정한 것에 만족감을 느꼈다. 안사람과 산후안의 오래된 거리와 해변가의 요새성도 즐겁게 구경할 수 있었다. 카리브해중의 푸에르토리코 섬에 발을 디뎠다는 사실 자체에 우리 부부는 특별한 의미를 두었다. IUPAC회장이기 때문에 맛볼 수 있는 특별한 경험이 남다른 행복감을 주었다.

정말 잊지 못할 일이 며칠 계속되었다.

"진 회장, 걱정 마십쇼. 프로그램상의 시간표는 그냥 시간표일 따름입니다."

전에는 모르고 있었던 라틴아메리카 국가들의 화학연합회(FLAQ: Federation Latinoamericana de Associaciones Quimicas: Latin American Federation of Chemical Association)가 학술대회를 개최하고 있었다. 개회식에서 축하 연설을 하기로 되어 있으니 자연히 나는 긴장되어 있었다. 그러나 시간이 지났는데도 개회식이 열릴 기미가 안 보였다. 강연장 밖에서 커피를 마시며 환담에 열중하고들 있었다. 참으로 이해되지 않았다.

"진 회장, 스페인식 행사 진행에 익숙지 않으시군요. 그냥 기다리면 이들 방식으로 끝은 납니다."

IUPAC 일을 함께하던 데이비드(David Black)가 귀띔해주었다. 문화의 차이를 절감했다. 시간을 우스울 정도로 지키지 않았지만 지나고 보니, 계획된 모든 프로그램이 진행, 완료되어 놀라울 뿐이었다. 신기했다. 일하는 방식의 차이일 따름이었다. 국제인이 되기 위해서는 여러 문화를 이해하고 받아들일 줄 알아야 된다는 점을 자성할 수 있는 기회였다. 하루 일과 후 벌어지는 춤 파티는 정말 볼 만한 광경이었다. '그리 점잔 떨던 과학자들이 저렇게 잘 놀기도 하는구나!' 하고 감탄했다. 또 한 가지가 나를 놀라게 했다. 푸에르토리코가 미국 제약의 본산지라는 점이다. 세금 특혜를 주어 푸에르토리코 정부가 미국 제약회사들을 유치한 결과였다.

산후안에서 뉴욕 케네디 공항으로 날아가니 바비가 반가이 맞아주었다. 나의 가장 친한 급우다. 바비의 허리가 안 좋다는 것을 잘 알고 있으므로 내가 안사람 휠체어를 접어 얼른 바비 차의 뒷트렁크에 넣었다. 예전부터 바비와 프레드(Fred, 바비 어머니 쪽 친척)는 일주일에 한 번씩 맨해튼 남쪽에 있는 워싱턴 광장에서 열리는 야채장에서 싱싱한 야채를 구입해 왔다.

휠체어를 타고 있는 안사람을 세 남자가 보위(?)하며 야채 시장을 갔다. 만약을 위해 목발도 가지고 나섰다. 맨해튼에서 살던 옛 시절이 떠올랐다. 미국에서 정착했던 첫 장소가 맨해튼인지라 우리 내외의 맨해튼에 대한 애정과 추억은 지금도 남다르다. 즐거운 시간이 빠르게도 지나갔다.

케네디 공항에서 우리 넷은 카메라 앞에서 포즈를 잡았다. 휠체어를 타고 있던 안사람 주위로 우리 셋이 서서 활짝 웃었다. 흩어지는 아쉬움은 서로 따뜻한 포옹으로 숨겨버렸다.

"여보, 정말 잘 따라나섰지?"

"네, 힘든 면도 있었지만 재미도 있었어요. 고마워요!"

"고맙긴…. 이제 휠체어에 앉아서도 세계여행이 가능한 걸 체험했지요?"

"네, 그러긴 하지만, 다음에는 휠체어 없이 더 먼 여행 다시 가요, 여보."

크게 자란 정원의 잔디를 보면서 우리는 스윗홈의 푸근함과 행복감에 젖어들었다.

결혼 50주년, 금혼식을 기념하며

결혼한 지 50년. 2018년 9월 7일은 우리 부부의 금혼식일(金婚式日)이었다. 50년 전 미국에서 한 결혼식도 매우 조촐했으며, 금혼식도 잔치 없이 우리끼리의 추억으로만 깊이 새길까 했으나 그렇게만 되지만은 않았다. 물론 지난 50년 세월의 갈피가 새록새록 느껴졌다. 행복했고 잘 살았다고 느껴진 때가 더 많은 50년이었다. 그러나 아무 일도 없었던 듯 여느때와 같이 넘어가기는 왠지 아쉬웠다.

"여보, 우리 결혼 50주년 기념을 어떻게 할까요?"

"당신, 원래 그런 형식 차리기 싫어하시잖아요."

"그래도, 평생 한 번밖에 없는 금혼식인데…."

"어느 날은 한 번 더 있나요, 뭐…."

검소하기가 둘째라면 서러운 안사람인지라 약간의 설득이 필요했다. 합의 내용은 간단했지만 안사람의 동의를 쉽게 끌어내지는 못했다.

첫째, 동생과 아들 식구들과의 저녁

둘째, 우리 둘만의 오찬

셋째, 기념 사진 찍기

넷째, 인생 첫 크루즈 여행 가기

결혼 50주년 행사가 처음 생각과는 달리 점점 거창해졌다. 우선 셋째 번과 넷째 번 내용에 관해서는 안사람과의 의견 합일이 필요했다. 기념사진을 어떻게 찍을지에 대해 의논한 결과, 부모님 회혼식 사진을 담당했던 사진관으로 가서 상의한 뒤에 결정하기로 했다.

어떤 한복 및 양복 결혼복 차림으로 촬영할지와 어떤 자세를 취할지만 결정하면 되었다. 사진관 주인이 사진 예술에 평생을 바치며 살아온 사람이어서인지 우리들을 쉽게 설득했다. 결정을 쉽게 끝내고 기념사진을 찍었다. 사진들이 쏙 마음에 들지는 않았으나 그 아쉬움의 이유는 우리의 젊음이 이미 많이 지나가버린 탓으로 돌렸다. 지금도 종종 그날의 사진을 들여다보며 우리의 추억이 새겨진 50년을 회상한다. 친지들에게 보여주기라도 하면 반응이 매우 긍정적일 뿐만 아니라 금혼식을 그냥 넘긴 친구들에게는 잊고 지낸 금혼식을 일깨워주는 듯했다. 전통 예복을 입고 찍은 사진은 역시 의상 색깔이 화려해서 눈길을 끈다. 더구나 우리 둘은 전통 혼례 예복을 입어본 경험이 없는지라 새로운 경험이었다. 그에 비해 소위 서양식 예복을 입고 찍은 사진은 크게 관심을 끌지 못했다.

지난 2001년, 부모님 회혼식일(回婚式日)에는 집 정원에서 가족들만 모인 가운데 축하연을 가졌다. 부모님은 서양식 예복을 입고 찍은 사진을 전통복 차림으로 입고 찍은 사진보다 훨씬 좋아하셨다. 물론 두 분의 결혼식은 전통식으로 행했다. 불행히도 부모님들의 결혼사진은 6·25 동란 중에 모두 잃어 남은 것이 없어 안타까울 따름이다. 어머님의 연지 곤지 예쁜 모습이 내 기억 속에 지금도 생생하다. 사모관대 차림을 한

늠름한 신랑의 모습도 마찬가지다. 부모님의 회혼식 사진은 내 서재 책상 맞은편 벽에 지금도 걸려 있다. 흰 면사포 차림의 어머님과 연미복 차림의 아버님이 함께 팔짱을 낀 채 나를 내려다보고 계신다.

가장 큰 난제는 크루즈 여행이었다. 결과적으로 우리가 함께한 여행 중 가장 즐겁고도 기억에 많이 남는 여행이었다. 평소 거래하던 여행사를 통해 이탈리아와 그리스 연안을 따라 동지중해를 여행하는 경로의 크루즈를 추천받았다. 10여 일에 걸친 긴 여행 스케줄과 적지 않은 비용 때문에 잠시 주저했지만, '금년은 우리 둘의 금혼년인 특별한 해가 아니던가! 근면하고 검소하게 살아온 우리 자신에게 이 정도의 대접은 한 번쯤 해도 되지 않을까!' 하고 크루즈 여행을 가기로 마음 먹었다.

인천공항 → 이탈리아, 밀라노 → 베로나 → 베니스 → 바리를 거쳐 그리스의 코르푸 → 산토리니 → 아테네 → (크로아티아) 두브로브니크 → 베니스 → 밀라노 → 인천공항

크루즈는 코스타 델리지오사, 크루즈 선의 항해 거리는 3,574킬로미터. 크루즈 선의 크기는 92,600톤으로 건물 12층 높이에 맞먹었다. 승객 수는 2천 명이 넘고 승무원 수만도 930여 명이 되었다. 여행 중 들른 도시와 항구의 아름다움, 도시의 역사, 음식, 잊지 못할 일주일 간의 선상생활…. 후회 없는 결정이었다. 우리 내외는 지금도 종종 크루즈 여행을 떠올리며 언젠가 서지중해 크루즈 여행을 할 수 있을까 하는 기대를 가져본다. 선장이 호스트가 되는 만찬에서는 모두가 들떠 있었다. 안사람은 한복으로, 나는 나비 넥타이로 단장했다. 선상의 사람들이 안사람이 입은 한복의 아름다움에 감탄을 표하며 눈인사를 보내주어 기분 좋은 저녁이었다. 여행 중 들른 모든 곳이 독특한 즐거움을 주었으나, 이탈리아 북부에 위치한 고대 도시 베로나(Verona)는 예상치 못한 놀라움

을 선사해주었다. 우리 내외가 이름조차 잘 모르고 있던 고도였으나, 도시 전체가 유네스코 지정 세계 문화유산인 인구 26만의 조그만 고대 로마의 요새도시다. 여러 문화유산 중 로마시대의 아레나, 콜로세움과 원형경기장 줄리엣의 집과 발코니, 단테의 대리석상 등이 나의 관심을 가장 끌었다. 아디제 강가의 오래된 교회 건물들도 인상 깊었다. 줄리엣의 집에는 방문객이 입구를 메웠고 작은 중세의 궁에 발코니를 1930년대에 더했다고 한다. 그 발코니에서 로미오와 줄리엣이 사랑을 나누었다는 이야기가 전래되고 있다. 좁은 마당 한켠에 있는 줄리엣의 동상은 모든 사람들이 사진 속에 남기고 싶은 기념물이 되었다. 『신곡』으로 유명한 단테의 대리석상을 만나는 예상하지 못한 환희도 맛보았다.

그리스의 대문호 니코스 카잔차키스는 그의 한 소설에서 '죽기 전에 에게해를 여행할 행운을 누리는 사람은 복이 있다.'고 말했을 정도로 에게해는 아름다웠다. 그 속에 '빛에 씻긴 섬' 산토리니 섬이 있다. 우리나라 TV에서도 수없이 보여준 산토리니 섬. 하얗게 채색된 가옥들이 만드는 흰 미로, 푸른 대문, 파란 지붕의 교회당이 환상적 절벽 위에 다닥다닥 붙어 있다. 에게해의 눈부신 바다의 녹청색이 배경이 되고 있는 이 아름다운 섬. 블루와 화이트의 잊지 못할 조화를 만끽했던 산토리니 섬의 방문은 눈을 감고 있어도 생생하게 재생된다.

베로나가 깊은 역사의 냄새를 맘껏 마실 수 있게 해주었다면, 산토리니는 자연과 인공의 아름다운 조화가 내뿜는 향기로 목욕하게 해주었다. 여행의 또 다른 맛을 알게 해준 금혼식년의 크루즈 여행이었다.

"여보, 오늘 점심은 삼청동에서 합시다!"

"그 비싼 집에서요?"

"비싸긴 뭐가 비싸요! 오늘이 우리 결혼식 50주년 날인데, 열심히 살아온 우리 둘에게 고맙다고 좀 합시다."

"예약하셨어요?"

"아니. 지금 전화할게요. 르꼬숑으로요."

언젠가 삼청동에 있다던 스페인식 레스토랑을 찾다가 큰 길가에서 살짝 빗겨 있는 프랑스식 가정식 레스토랑을 발견하고 점심을 즐겼던 추억이 담긴 곳이다. 가정집을 음식점으로 사용하고 있어 아늑한 느낌이었다. 셰프도 친절하고 교양 있어 보였다. 후에 학교 신문을 보니 그를 동문 대표 셰프로 소개하는 기사가 떠서, 정상윤 셰프였다는 사실을 알게 되었다.

매우 상쾌한 오찬이었다. 정 셰프도 우리 금혼식일을 축하해주었고, 셋이 기념 사진도 촬영했다. 식사 후 경복궁 담을 끼고 안사람과 걷는 재미도 솔솔했다. 외국인, 특히 여성 관광객들이 한복을 입고 다니는 모습도 이젠 익숙한 광경이 되었다.

전날 있었던 동생들 내외와 둘째 내외, 승언, 채언이와의 축하 저녁자리도 만족스러웠다. 촛대가 5개 꽂혀 있는 걸 보며, '이제 우리 겨우 5살이네!' 하며 모두들 깔깔대고 웃었다.

'여보, 우리 열 살 될 때까지 건강하고 행복하게 삽시다! 당신을 진정으로 사랑합니다!'

덧붙이는 글

막상 마지막 글을 마치고 나니 홀가분하기보다는 아쉬움이 더 컸다. 그 아쉬움은 여러 갈래로 다가왔다. 우선 '내가 이 책 속의 글들을 왜 썼을까? 무엇을 원했지? 이 책을 통해 나의 목적과 바람을 조금이나마 채울 수 있을까?' 하는 질문들이 꼬리를 물고 계속되었다.

이 책의 글 속에도 먼저 펴낸 책에서처럼 나의 삶과 생각을 녹여내기 위해 노력했다. 그러나 여전히 만족스럽지 않다.

'왜 그럴까?'

답은 간단하다. 대학을 떠난 지 여러 해가 되었건만 아직도 '미완성'이라고 느끼고 있는 교육자의 책무를 계속하여 '완성'에 가까워지게 하고 싶은 내 욕심을 조금이라도 달래고 싶었다. 바꾸어 말하면, 못 다한 가르침과 미처 표현하지 못한 내 속마음을 글로 남기고 싶었다. 이런 내 욕심이 헛되지 않았음을 초등학교 6학년 이성현 군이 보내준 편지가 잘 보여주고 있다.

진정일 교수님께

안녕하세요. 교수님. 뵌 지 오래되었지만 이렇게 편지를 씁니다. 교수님이 쓰신 『과학자는 이렇게 태어난다』와 『오늘도 나는 과학을 꿈꾼다』 등을 읽었을 때 교수님이 어떻게 배우시고 어떤 경험을 하셨고 어떻게 가르치셨는지를 보고 속으로 감명 받았습니다. 특히 『과학자는 이렇게 태어난다』의 내용에서 학생들에게 석사과정 중 오랜 시간을 들여 얻은 화합물이 그저 소금결정이었다는 이야기를 들려주셨다는 것과 실패는 좌절을 안겨주지만 그것을 스승 삼아 미래에 탐구심과 합리적 사고방식을 갖추게 한다는 내용이 인상적이었습니다.

이후 직접 교수님을 만나게 되었을 때 저는 처음으로 화학을 연구하신 교수님을 만나는 것이었기 때문에 무척 설렜습니다. 교수님이 그 자리에서 하신 여러 가지 말씀 중에 "나는 내가 누구냐고 물었을 때 'I am a chemist.'라기보다는 'I am a scientist.'라고 말하고 싶다"라고 말씀하신 것이 아직까지 제 마음속에 깊게 남아 있습니다. 화학 한 가지만을 연구하는 'chemist'가 아닌 광범위하게 과학을 연구하는 'scientist'라고 하신 말씀은 저에게 화학만으로 진로를 좁게 결정해두지 말고 과학이라는 폭넓은 학문으로 정하라는 것과 동시에, 과학 이외의 수학, 영어 같은 다른 분야에도 충분한 관심을 갖고 공부해두라는 의미를 주셨고, 그것은 제 장래에 분명히 영향을 끼칠 것이라고 믿습니다. 만약 제가 좋은 과학자가 된다면, 저는 교수님이 그날 해주신 말씀을 잊지 않겠습니다.

2020.5.18. 월요일

이성현 드림

이 책이 독자들의 깊은 사랑을 받길 바란다.

2021년 1월

회당(回堂) 진정일

어느 화학자의 초상

1판 1쇄 찍음 2021년 1월 20일
1판 1쇄 펴냄 2021년 1월 25일

지은이 진정일

주간 김현숙 | **편집** 변효현, 김주희
디자인 이현정, 전미혜
영업 백국현, 정강석 | **관리** 오유나

펴낸곳 궁리출판 | **펴낸이** 이갑수

등록 1999년 3월 29일 제300-2004-162호
주소 10881 경기도 파주시 회동길 325-12
전화 031-955-9818 | **팩스** 031-955-9848
홈페이지 www.kungree.com
전자우편 kungree@kungree.com
페이스북 /kungreepress | **트위터** @kungreepress
인스타그램 /kungree_press

ISBN 978-89-5820-707-8 03400